农业农村面源污染防控技术

NONGYE NONGCUN MIANYUAN WURAN FANGKONG JISHU

张庆忠　梅旭荣　朱昌雄　主编

中国农业出版社
农村设物出版社
北　京

编 写 人 员

主　编　张庆忠　梅旭荣　朱昌雄

副主编（按姓氏笔画排序）

王玉峰　江丽华　杜章留　李学德　张富林　尚洪磊
侯志研　耿　兵　夏训峰　钱　铃　黄宏坤　韩　巍

参　编（按姓氏笔画排序）

丁仕奇　于金成　王　芊　王　梅　王一丁　王丽君
王根林　牛世伟　邓林军　石　璟　叶成红　白　伟
冯　晨　托　娅　朱建超　刘　翀　刘冬碧　汤　婕
孙　阳　孙　雷　苏建党　李　喆　李仁杰　李玉梅
李昊儒　李晓华　杨　岩　杨志会　吴茂前　吴媛媛
何鑫淼　谷学佳　张　闯　陈天河　范先鹏　国　辉
周继文　郑　宏　郑利杰　居学海　郝卫平　段青红
娄翼来　夏　颖　顾金刚　徐　钰　徐　斌　徐汝民
徐道荣　高生旺　高馨婷　黄淑萍　盛清凯　董　俊
董　智　韩永伟　靳　拓　熊向艳

前言

本书是国家“十二五”科技重大专项“水体污染控制与治理”“流域农业面源污染防控整装技术与清洁农业流域示范”的研究成果。该课题是农业面源污染防控共性课题，立项的初衷是研究编制农业面源污染防控的共性整装技术，为我国典型流域农业面源污染防控提供技术支撑。该课题自2008年底开始动议，历经波折，2015年终于立项。研究内容虽与最初的设计不尽相同，但研究编制一套农业面源污染防控技术清单的初衷基本得以保留，技术范围从农业扩展为农业农村，任务数量由一套变为八套：把一套农业农村面源污染防控技术清单细拆为稻田面源污染防控技术清单、小麦玉米面源污染防控技术清单、露天菜地面源污染防控技术清单（大葱、甘蓝、豇豆）、设施菜地面源污染防控技术清单（黄瓜、番茄、芹菜）、集约化生猪养殖面源污染防控技术清单、规模化奶牛养殖面源污染防控技术清单、集中式家禽养殖面源污染防控技术清单、农村生活污染防控技术清单（含生活污水和生活垃圾）。一套与八套的关系是合与分的关系，笔者在课题研究任务里做了“分”，在本书里又主动做了“合”。本书只是编制技术清单的一个开始和引领，相信后续还会有更多的农业农村面源污染防控技术清单乃至农业农村绿色发展技术清单，而且会编得更好、更有水平、更有针对性。

本书的出版恰逢其时。生态环境是最普惠的民生福祉，生态环境也是生产力，“要把生态环境保护放在更加突出位置，像保护眼睛一样保护生态环境，像对待生命一样对待生态环境”。人类只有尊重自然、顺应自然、保护自然，才能实现经济社会可持续发展。2012年，党的十八大提出要大力推进生态文明建设，把生态文明建设融入经济建设、政治建设、文化建设、社会建设的各方面和全过程，努力建设美丽中国，实现中华民族永续发展。2015年10月，党的十八届五中全会提出“创新、协调、绿色、开放、共享”的发展理念，绿色发展由此成为国家发展的导向。各行各业贯彻绿色发展理念、推进生态文明建设的学习和实践不断深入，不仅成为深化供给侧结构性改革、推动经济转型升级的动力，也是实现我国社会经济高质量发展的基本遵循。在农业农村领域，推动农业绿色发展、建设农业生态文明、实现农业可持续发展，是新时代的必然要求。2016年，中央1号文件《关于落实发展新理念加快农业现代化实现全面小康目标的若干意见》第一次明确提出“加强资源保护和生态修复，推动农业绿色发展”。2017年，中央1号文件又进一步明确了“推行绿色生产方式，增强农业可持续发展能力”。2017年9月，中国共产党中央委员会办公厅、国务院办公厅联合印发《关于创新体制机制推进农业绿色发展的意见》，这标志着我国确立农业要走绿色发展之路。农业绿色发展的鲜明特征是绿色，核心要义是发展。党的十九大提出实施乡村振兴战略，2018年，中央农村工作会议提出实施乡村振兴战略“必须坚持人与自然和谐共生，走乡村绿色发展之路”，即必须坚持以绿色发展引领乡村振兴。以绿色发展引领乡村振兴是一场革命，扎实推进农村人居环境整治被看作实施乡村振兴战略的第一仗。防控农业农村面源污染是坚持农业农村绿色发展的应有之义，因此本书收录的技术，不仅是服务于农业面源污染防控和农村人居环境整治的技术，也是服务于农业农村绿色发展、服务于乡村振兴战略的技术。

本书中的内容只是一个尝试，还存在不少缺憾。一方面，本书不可能涵盖全部技术，很多科学家研发的更好的技术没有收录进来；另一方面，编写者的认识和技术水平有限，技术上可能还存在不少瑕疵。本书所筛选的技术虽然都是经过验证的，但不能保证每个技术都是最好的、最实用的，有的技术会被广泛接受并大规模推广应用，有的技术也可能最终被淘汰。另外，应用本书的技术，切忌盲目照搬照抄，需要根据当地的实际情况做调整，对于富有创造力的农民来说，这样的调整并不难。每项技术的最后都附有编制者的详细信息，在应用的过程中有技术问题也可以联系他们。

感谢国家“十二五”科技重大专项“水体污染控制与治理”的资助。本书技术的筛选和内容的编制也借鉴了中日国际合作项目“中国可持续农业技术研究发展计划”的思路。水稻侧深施肥插秧一体化技术就是源自该中日国际合作项目，从日本引进并熟化的；异位发酵床处理猪场粪污技术也是在该项目的基础上研发的，目前这两项技术都已经入选农业农村部2018年十项重大引领性农业技术。中国农业出版社的张洪光女士、阎莎莎女士、史佳丽女士、王琦瑢先生在商定书名、校对和审定方面做了大量工作，在此对他们的付出表示衷心的感谢！

编　者

2019年8月

目录

第三篇　农村生活污染防控技术

导　论
——防控农业农村面源污染要坚持正确的技术方向

我国农业农村面源污染研究与防控工作，相较美国、日本、欧洲等发达国家和地区起步较晚。我国农业经营的规模、生产水平和农民群体有自己的特点，农业管理的体制机制也有自己的特色，农业科技创新与成果转化也与国际的路径不完全一致，这就导致我国农业农村面源污染防控工作在学习西方发达国家和走自己的路之间左右摇摆。总的来看，我国农业农村面源污染的防控工作取得了不少成绩，但我国农业农村面源污染防控的技术路径仍值得进一步探讨。

一、我国农业农村面源污染的现状

农业农村面源污染已经成为我国环境治理领域的难点和热点工作。据第一次全国污染源普查公报，2007 年我国农业源排放化学需氧量（COD）1 324.09 万吨、总氮（TN）270.46 万吨、总磷（TP）28.47 万吨，分别占全国污染物总排放量的 43.7%、57.2%、67.3%。我国农业源化学需氧量、总氮、总磷排放量已经超过生活源和工业源，成为主要污染源，对水体环境造成严重的污染和威胁。2016 年，在我国 109 个监测营养状态的湖泊（水库）中，贫营养 9 个，中营养 67 个，轻度富营养 29 个，中度富营养 4 个。其中，太湖、巢湖和滇池湖体分别为轻度、中度和重度污染。在 5 100 个地下水水质监测点位中，优良级、良好级、较好级、较差级和极差级点位分别占 8.8%、23.1%、1.5%、51.8%和 14.8%。

农业面源污染的来源包括种植业和畜禽、水产养殖业。

我国种植业生产中存在化肥使用强度大、利用率低的问题。我国耕地面积不到全球的 1/10，但是近年来氮肥的使用量却占全球的 1/3，果园和设施蔬菜化肥过量施用现象较为突出。2015 年，我国化肥用量 6 022 万吨，利用率仅为 35.2%。有研究表明，我国当季农田肥料利用率只有 30%～35%，集约化蔬菜主产区蔬菜对氮肥的利用率只有 10%～20%，化肥不合理施用不仅造成农作物产量和品质下降，而且还因为肥料流失引起水体富营养化。根据第一次全国污染源普查公报，我国种植业源总氮流失量 159.78 万吨，总磷流失量 10.87 万吨，分别占农业源的 59.1%和 38.2%。按 2007 年全国氮肥施用量 3 700 多万吨计算，氮流失量占氮肥施用量的 4.3%，成为主要的水体氮负荷“贡献者”。

畜禽养殖业在给人们提供大量肉蛋奶的同时也产生大量的废弃物，如畜禽粪便、养殖污水等，尤其是改革开放以来，大量规模化养殖场和密集养殖区出现，产生的废弃物无法像传统散养畜禽粪便还田利用而得到有效消纳，大量粪便污水肆意排放造成的环境污染问题日趋严重，成为我国主要污染源之一，已经引起社会广泛关注。我国每年畜禽粪污产生量约 38 亿吨，综合利用率不到 60%。水产养殖过程中大量饲料、养殖用药的使用，造成集中养殖区域水环境污染。畜禽养殖粪污的量远超工业固体废弃物的数量。根据第一次全国污染源普查数据，农业源中畜禽养殖业排放化学需氧量 1 268.26 万吨、总氮 102.48 万吨、总磷 16.04 万吨，分别占全国污染物总排放量的 41.9%、21.7%、37.9%，占农业源排放量的 95.8%、37.9%、56.3%。

我国农村生活面源污染治理同样急迫，农村生活垃圾、生活污水治理工作仍处于起步阶段。我国每年产生农村生活垃圾约 1.75 亿吨，农村生活污水 136 亿吨。相关数据表明，2016 年，全国农村生活垃圾处理率达到 60%，全国农村生活污水处理率为 22%。这就意味着，与城市环境建设相比，过去农村环境治理重视程度不够，历史欠账较多，农村生活污染治理仍有很长的路要走。另外，农村生活垃圾、生活污水治理的技术和效果仍需要时间的检验，技术优劣很难在短期内下定论。2018 年 10 月 27 日，搜狐、新浪等媒体报道了一则新闻，浙江省嘉兴市绿色能源有限公司申请跨省转移 1 万吨垃圾焚烧飞灰固化物，原因就是浙江省主要采用焚烧法处理农村生活垃圾，导致省内处理能力饱和，找不到处理飞灰的地方，反映出这种处理方式经不起时间的检验，缺乏可持续性。

二、我国农业农村面源污染防控取得的成绩

根据农业农村部的公开资料，我国农业农村面源污染防控取得了一定成绩。主要有以下几个方面：

一是体系队伍建设不断加强。已形成了由两个国家级总站为龙头，33 个省、自治区、直辖市和计划单列市农业环保站为主体，326 个地级站和 1 794 个县级站为基础的四级农业环境保护管理体系，为农业生态环境监测与防控提供了队伍体系保障。

二是监测能力不断加强。逐步建立健全了全国农业面源污染国控监测网络，开展了农业面源污染长期定位监测工作，基本掌握了全国农业面源污染状况，形成了常态化、动态化、制度化的长效机制。

三是节肥节药技术大面积推广应用。实施化肥农药零增长行动，开展化肥减量增效试点，扩大测土配方施肥实施规模，加大农作物病虫害绿色防控力度。2015 年初，印发了《到 2020 年化肥使用量零增长行动方案》《到 2020 年农药使用量零增长行动方案》，启动实施化肥农药使用量零增长行动。2015 年，测土配方施肥推广面积近 16 亿亩*次，化肥使用量增幅仅为 0.45%。深入实施绿色防控，设立国家级绿色防控示范区 150 个，陆续淘汰高毒农药，大力推广使用高效低毒低残留及生物农药。开展农作物病虫专业化统防统治与绿色防控融合推进试点建设，建立示范基地 218 个。2017 年，我国水稻、玉米、小

* 亩为非法定计量单位，1 亩=1/15 公顷。——编者注

麦三大粮食作物化肥利用率为 37.8%，农药利用率为 38.8%，化肥、农药零增长提前 3 年实现。

四是畜禽水产养殖污染防控取得明显进展。印发了《促进南方水网地区生猪养殖布局调整优化的指导意见》，科学划定禁养区，优化养殖布局。组织实施畜禽标准化养殖项目和畜禽粪污资源化利用试点，开展畜禽标准化示范创建，创建标准化示范场 3 397 个，有效提升畜禽养殖污染防控水平。推进农村沼气转型升级，建设规模化大型沼气工程 386 个、规模化生物天然气工程试点 25 个，新增沼气生产能力 4.87 亿米^3，处理利用畜禽鲜粪等农业有机废弃物 950 万吨。自 2006 年以来，持续开展全国水产健康养殖示范创建活动，目前已创建渔业健康养殖示范县 17 个、水产健康养殖示范场 6 218 个。

五是农村清洁工程建设有序推进。组织实施农村清洁工程试点，在全国 20 余省建成农村清洁工程示范村 1 600 余处，示范村生活垃圾、生活污水的处理利用率达到 95%以上。

六是合力推进农业环境综合治理示范建设。已形成了由 1 个生态循环农业试点省、10 个循环农业示范市、283 个国家现代农业示范区、1 100 个美丽乡村以及若干个生态农业示范基地构成的现代生态循环农业典型带动体系。在重点流域和重要水源地保护区实施畜禽养殖废弃物及农业氮磷污染综合防控示范区建设，积极探索流域农业面源污染防控的有效机制。

三、防控农业农村面源污染要探讨的几个问题

（一）厘清面源污染的概念

农业面源污染（agricultural non-point source pollution）是相对于点源污染而言的，其原来的内涵是指非点状的污染源对水体的污染。所谓非点状的污染源是指不同于工厂排污口的且主要来自农田的氮磷等养分流失、农村分散的生活污水、养殖污水随地表径流排放的污染源。这类农业面源污染具有分散性、隐蔽性、随机性、不确定性、空间异质性和不易监测的特点。农业面源污染的概念传入我国后，概念被泛化。泛化后的农业面源污染包含了农田氮磷等养分随地表径流、渗漏损失导致的污染（也有人把氮肥的气态损失再经过大气沉降进入地表水的污染负荷算在内，数量也极为可观）与规模以下养殖废弃物的污染、农村分散式生活垃圾和污水污染、农田残膜污染、秸秆田间焚烧污染、农田农药及包装袋污染等。换言之，只要是非点状的农业源的污染，不管其是对水体、土壤还是大气的污染，都算作农业面源污染，这算是面源污染广义的概念。甚至于有些情况下，把土壤重金属污染也放入农业面源污染之下。这种概念的泛化，就把一个专门的问题变为不同门类的污染问题，由于问题不聚焦，技术研发和管理措施就缺乏了针对性，不利于问题的探讨和解决。

仅指对水体污染的农业面源污染也有广义和狭义之分。广义的农业面源污染概念包括了农业生产面源污染和农村生活面源污染，狭义的概念仅指农业生产导致的面源污染，即种植业和养殖业面源污染。此外，有人认为农村面源污染概念包括了农业生产面源污染和农村生活面源污染两部分，即农业面源污染是农村面源污染的一部分，导致农业面源污染概念和农村面源污染概念混淆不清。这种概念的不清和乱用，特别是在部门条块分割的情

况下，各说各话，容易造成面源污染防控责任不清，工作形不成合力。

本书中，农业面源污染仅指农业生产面源污染，即种植业、养殖业面源污染，农村面源污染仅指农村生活面源污染，即生活垃圾和生活污水造成的面源污染，且都是对水体的污染，即狭义的概念。

（二）农业农村面源污染防控的主体

农业农村面源污染是在农业生产和农村生活的过程中产生的。治理农业农村面源污染必须针对这些过程且要跳出这个层面去研究、分析和解决问题。防控农业农村面源污染必须改变农业生产方式和农民生活方式，这是共识，然而防控农业面源污染的主体是谁，如何防控农业农村面源污染，现实中却有着不一样的看法。

一种看法是“谁污染，谁治理”“谁污染，谁付费”。这种看法把农民看作农业面源污染防控的主体，但借用的是工业企业和城市治污的思维，主张用管和罚的办法促使农民自己改变生产和生活方式。这种简单粗暴的认识不符合农业农村的实际，注定无法奏效。一方面，农业仍是弱势基础产业，保障粮食安全是重中之重，农业剩余价值不足以支撑面源污染防控的成本；农民仍是弱势群体，城乡居民人均收入之比为 2.7∶1，农民自身难以负担农业生活垃圾、生活污水处理设施的建设、管理和运行。另一方面，农业面源污染具有分散性、不确定性、不易监测等特点，难以准确追溯到污染制造者和精确量化污染的程度，即使谁污染谁付费，但执法成本太高，难以操作。

另一种看法是“政府干，农民看”。当前的农业面源污染防控主要是政府实施的工程或者是科研院所承担的项目，缺乏农民参与。这种实际操作把农民排除在农业农村面源污染防控主体之外，事实上，农业农村面源污染防控的主体是农民。如果不能让小农户、合作社等农业生产者主动采用农业清洁生产技术，不能让农民自觉践行绿色生活方式，政府只管治理末端污染，农业农村面源污染防控不会取得决定性胜利。

（三）农业农村面源污染防控的技术路径

1. 科学确定防控的关键节点　过去有一段时期，我国农业面源污染治理以末端治理为主。后来随着对面源污染物迁移规律把握和认识的不断深入，提出了“源头阻断、过程拦截、末端治理”的综合防控思想，并不断改进，改为“源头减量、过程拦截、末端利用”，这是一次进步。于是一些种植业面源污染防控的研究项目开始沿着污染物迁移的路径布设技术措施，例如，优化农田水肥管理，在沟渠里设置挡水板或者直接利用浮床栽种植物以吸附氮磷等营养物质，在农田排水进入水体前设置前置库，在入湖入河口的湖滨带、河滨带设置人工湿地等。以上这些措施对防控种植业面源污染都有帮助，但重点不突出，且有些环节值得商榷。

种植业面源污染防控的关键在生产环节这个源头。我们不否认生态沟渠确实有拦截农田排水中氮磷等营养物质的作用，但生态沟渠技术不够实用，还存在不少问题。①节约集约利用水资源是国家战略，2017 年我国农田灌溉水有效利用系数为 0.542，这意味着使用 1 米^3 的水仅有 0.542 米^3 被农作物吸收利用，与发达国家 0.7～0.8 的利用系数差距很大。减少沟渠水的渗漏和蒸发是提高利用系数的重要举措，这就意味着沟渠硬化防渗是方向，因此不适宜种植植物。②沟渠很难保证常有水，如何让种植的植物一直保持存活是个问题。③从农民需求角度看，沟渠种植植物如果太密，既不利于涝时快速排水，也不利于灌溉时进水，影响农田管理。种植业面源污染源头的关键在于施肥。农田水分管理固然重要，且降雨径流是产生农业面源污染的主要原因，但以水分管理为主防控面源污染操作性不强。一方面，天降暴雨不可控，虽然有天气预报，但强降水难以阻挡，产生降雨径流是必然的；另一方面，稻田干湿交替是农艺需要，虽然排水量或多或少，但农田总要排水，有些半干旱地区，如宁夏黄灌区，农田还需要排水洗盐，否则盐渍化会加重。因此，防控种植业面源污染，优化施肥管理是根本。

养殖业面源污染防控的关键在粪污收集这个源头和粪污还田利用。张维理等早在2004年介绍发达国家农业面源污染防控的经验时就指出，“在进行农田面源污染控制上，主要是在全流域范围内广泛推行农田最佳养分管理，通过对水源保护区农田轮作类型、施肥量、施肥时期、肥料品种、施肥方式的规定，进行源头控制。即使在对农民有巨额补贴的欧洲国家，能够采用污水处理设备的畜禽养殖场也很少，为此畜禽场面源控制，主要通过制定畜禽场农田最低配置（指畜禽场饲养量必须与周边可蓄纳畜禽粪便的农田面积相匹配）与畜禽场化粪池容量、密封性等方面的规定进行。管理部门在进行监控时，主要不是检查农村畜禽场排放污水是否达标，而是重点检查农田最低配置、畜禽场化粪池容量等。实际上，在这些指标达标的条件下，极少会发生畜禽场的场地径流。”

当前，农业面源污染防控的研究过于强调系统性、整体性，而迷失了问题的关键，甚至有些研究者张冠李戴，把农业面源污染的首要问题归于水分管理。

同样，农村面源污染防控也要抓住农村生活的特点，首先做好生活垃圾分类，并选择合适的处理和利用技术。我国有58.8万个行政村，占据17万千米^{2}的土地，农村的情况千差万别，必须因地制宜、分类施策。

2. 正确认识稳定产量与控制污染的关系　农业具有多功能性，农业的功能大致可分为经济功能、政治功能、社会功能和生态功能。当前，“三农”工作是全党工作重中之重，保障粮食安全则是我国农业生产的重中之重。我国粮食产量虽然已经连续5年达到6亿吨，但粮食供给仍属于紧平衡状态。粮食安全既是经济问题，也是政治问题，是国家发展的“定海神针”。防控农业面源污染必须把保障粮食安全作为前置条件，不能只强调防控面源污染而不管粮食安全。忽视粮食安全，只管面源污染负荷削减，只盯水质达标的倾向是偏颇的。根据水体水质目标，计算需要减排的面源污染负荷，即通过倒推的方式，确定农业要减排的目标是不可取的。且不说基于农业面源污染的特点，农业面源的流失系数、入湖入河系数本就不清楚，难以准确计算入湖入河负荷，只如此设想制定农业面源污染负荷减排目标，就是不符合国情的。

建设农业清洁流域，应该是在保障粮食安全的前提下，最大可能且可行地减少农业农村面源污染负荷。农业清洁流域可看作是在流域或者景观的尺度上，农业发展方式能满足粮食安全需求且不造成危及系统健康的生态与环境问题，流域生产、生活、生态功能安排合理，达到农业与环境协调发展的一种可持续农业模式。这种模式是农业多种功能的平衡，以粮食安全为本，以生态环境健康为追求的方向，是流域尺度上的农业绿色发展。

3. 端正技术高精尖与实用的关系　防控农业农村面源污染需要不断深入研究有关科

学问题并不断研发新技术。但技术研发不能忽视农业农村农民生产的实际，即不能忽视农业的发展阶段、发展水平、发展规模，不能忽视农村的生活习惯、区域特点、经济发展水平，不能忽视农民的观念、教育程度、年龄结构等因素。

目前，我国农村人口5.76亿人，约2.1亿户，按照18亿亩耕地计算，户均耕地面积8.6亩。再过20年，也还会有至少4亿人在农村。按18亿亩耕地计算，那时人均耕地也不过4.5亩，户均耕地面积20亩左右。根据笔者在吉林和山东的调研情况，每户至少有3块农田，因此每块农田的面积都不大。2017年底，我国注册登记新型农业经营主体300万家，其中农民合作社200万家。但真正按照合作社规范运营的估计不超过20%。截至2017年初，全国土地流转面积占家庭承包耕地总面积的35%左右，预计未来小农户仍是我国农业的主体。2015年，农业劳动力平均年龄50岁，农村留守的主要是老人、妇女和儿童。从吉林和贵州的几个村调研情况看，农村留守从事农业人口的受教育程度普遍为小学文化，年龄大、文化程度低是我国农村从事农业生产人口的普遍现状。从他们的需求看，他们关心的农业生产技术核心是“一多一少一不”，即要多挣钱、少费工、不复杂。

然而在现实的技术研发过程中，或者是研发人员只重科研，不了解实情，或者是考核制度不合理，发表文章重于技术应用推广，导致技术研发一味追求“高精尖”，研发的技术多华而不实。一些所谓高新技术、减排效果大的技术往往是没有实用价值的。农民的现状决定了耗工费时、没有经济效益的技术不会被推广应用。此外，农业农村面源污染的特点决定了要以源头治理为主，体现在施肥和生产管理中，强调种植业面源污染防控工程示范也是不切实际的。

防控农业农村面源污染，一个行动胜过一千句口号。控制农业农村面源污染必须从小事做起，从一个又一个具体的措施做起，只要有效果都可以尝试和实践，不必拘泥于这个技术是不是最好的。如果没有比这更好的方案，可以在实践中去比较总结，而不是只做无休止的辩论却不落实到行动中。对于防控农业农村面源污染，简单实用可能就是最好的解决方案。日本的半量投入农业法非常普遍，即各地在原来常规农业化肥、农药施用量及施用次数的基础上，只要化肥、农药各减一半，政府就会提供相应的补贴，并允许农产品标注相应的标识，以获得更好的市场认可。

4. 处理好特色与借鉴的关系　无论如何强调原始创新都不为过，但追求原始创新也必须建立在实事求是的基础上，不能否定借鉴的意义。我国农业有自己的特点，但我国农业面源污染的特点与发达国家相比，还是共性多于个性。一味强调我国农业的特色，不愿或者没有借鉴发达国家治理农业农村面源污染的经验则是非常遗憾的。习近平总书记提出，“必须坚持走中国特色自主创新道路，面向国际科技的前沿，面向经济主战场，面向国家重大需求”。第一个面向就是面向国际科技的前沿，这就要睁眼看世界，不能闭关锁国搞研究。

发达国家研究和治理农业面源污染比我国要早，这是因为发达国家集约化农业比我国发展得早。20世纪80年代末，发达国家已经出现并意识到了严重的农业面源污染问题，国家层面的研究与治理工作也同期开展。我国农业面源污染的研究虽然也大致始于20世纪80年代，但受到的关注不够，特别是国家层面的治理工作起步较晚。即使是研究也多步国外的后尘，如我国当前使用的农业面源污染模型基本还是以国外模型为主。欧盟及美国、日本等发达地区和国家研究与治理面源污染的工作都走在我国前面，有很多成功的经验，也有一些失败的教训，其经验教训都值得我国借鉴。以创新的名义过分强调我国农业面源污染的特色，对国外的做法不屑一顾，是不谦虚的，也是不客观和不科学的。这样不顾实际的事例也是存在的，例如，在我国的研究中，有人提出要研究农业面源污染物入湖入河的流失系数，国外发达国家没有搞出来，我们要搞出来。且不论由于农业面源污染的空间异质性，一个点的数据有何普遍意义，就算在一个点上，单是影响农业面源污染物迁移的因素众多，年际差异巨大，如何研究？这样的“创新点”不是好的科学问题。

（四）几个观念方面的问题

随着我国对环保问题的重视，特别是环保督查问责，地方政府加大了农业农村面源污染防控的力度，同时面源污染问题也令地方政府非常头痛。根据笔者的了解，各地在农业农村面源污染防控工作中过分强调技术，对管理的作用重视不够。一方面是观念的问题，另一方面是资金投入不足的问题。因此，不少地方政府官员寄希望于技术进步，期望通过应用一项或者几项新技术，政府不需要资金投入，农业农村面源污染问题就可以迎刃而解。事实上，国外的经验表明，农业农村面源污染防控技术固然重要，管理发挥的作用也非常重要，管理与技术相配合是农业农村面源污染防控的法宝。

产业化是环保领域一个绕不过的话题。产业化在农业农村面源污染防控中的作用及如何发挥，或者说两者之间的关系是什么，值得探讨。环保产业是个大产业，培育壮大环保产业十分必要。习近平总书记在 2018 年 5 月全国生态环境保护大会上指出，全面推动绿色发展，要培育壮大节能环保产业、清洁生产产业、清洁能源产业。但目前有种观点认为，农业农村面源污染防控必须走产业化之路，研发的防控技术必须能够产业化才有出路，才是可行的，否则就不够“时髦”、不符合需求；再者，研发的技术必须能够在使用中盈利才是好技术，即不需要政府投入或者污染者买单，只通过污染治理变废为宝就能盈利，否则就是技术水平太低。这种对产业化的理解过于片面。培育壮大环保产业是要让环保企业成为市场的主体，环保企业可以通过工程项目实现盈利，但这不意味着治理污染这件事就会带来额外的经济效益。治污如同治病，如同医生治病可以让医院和医生有经济收入，但绝不是病人因为生病而获利，相反病人或者其单位要付费。此外，有些研究项目必须要企业参与甚至由企业主持就是符合环保产业化的道路，并在申报指南中作为硬性规定，这也让很多有识之士诟病。一方面，当前的环保企业研发能力不足、研发条件不具备，由环保企业承担科研项目为时尚早；另一方面，政府培育环保企业的急切心情可以理解，但用行政的手段干预本该由且完全能由市场机制解决的事情就是拔苗助长，令人叹息。

四、农业农村面源污染防控行动的实施方式

（一）准确定位利益各方

防控农业农村面源污染要坚持政府主导、农民主体、市场参与的推进机制。在面源污染防控中尊重农民主体地位，就是要尊重农民的意愿，照顾农民的利益，引导农民参与，

让农民有知情权、选择权、利益补偿权，让农民自觉践行绿色生产方式和生活方式，充分发挥农民积极性、主动性和创造性。因此，从政府的层面看，开展农业农村面源污染防控行动，一方面要完善健全农业农村面源污染防控的法律法规体系；另一方面要采取切实可行的行动计划，发布清洁生产技术清单和技术手册，并针对技术清单制定补贴标准，引导鼓励农民、农业生产企业采用清洁生产技术，引导农民采用绿色生活方式并采用符合当地实际的可行有效的生活垃圾和生活污染处理技术。

从实施农业农村面源污染防控行动计划的角度来看，政学研用的结合也很重要。由科研工作者编制一份行之有效、经济可行、农民易学乐用的技术手册，再由政府认可发布并明确奖励办法，一线用户在环保要求倒逼、治污奖励激励下积极实施，是动员全民打赢农业农村面源污染防控攻坚战的好办法。

（二）本书编制的思路与方法

本书的目的就是尝试站在政府主导、购买服务的角度，为农民编制一份环境友好型的技术手册。本书的用户目标定位是两类：一是农民、新型经营主体、农业企业等技术应用层面的用户，二是迫切需要实施农业农村面源污染防控的政府部门。本书的内容定位是实用、有效、可复制。

1. **有效、实用、可推广** 既然是农业农村面源污染防控技术手册，所收录的技术必须要有面源污染物减排的效果。作为农业技术，必须考虑产量，最好稳产增产，即使产量略有降低，也要在可接受范围内。实施推介技术要有经济效益分析，政府补贴有依据，农民采用技术不吃亏。同时，最好有技术的环境风险分析，防止降低了农业农村面源污染的同时，却引起了其他的同样难以承受的环境或者生物风险，即要防止不产生更大的其他的危害。

筛选的技术最好经济成本低，相比传统模式劳动投入不增加，或者增加不多，技术不过于复杂，或者说复杂的部分交给机器或工程，人工操作不复杂，这样的技术较为符合农业农村实际，实用且便于推广。

2. **整装技术** 本书中的技术最好是整装技术，即综合考虑选种、施肥、用药、灌溉、耕作、后期管理等整个生产链条的环境友好型技术。这样便于实践者学习掌握，全程可参考。当然，强调整装并不排斥某个环节的技术，因为并不是所有的技术都需要考虑整个生产流程，如畜禽养殖干清粪技术。

此外，需要说明的是，整装是技术层面的，不是区划层面的，否则无法应用推广。例如，山水林田湖草统筹治理，需要因地制宜，是区划层面的，难以复制推广。

3. **共性技术** 本书主要考虑区域共性技术，当然，随着内容的不断丰富完善，个性技术也很有必要。在编制之初，还是主要考虑区域大宗农作物、主要养殖动物、主要类型农村的面源污染防控技术。这样，编制的技术可供更多用户参考，整个区域防控农业面源大都用得上，可为政府农业农村面源污染防控提供有力的技术支撑。

4. **通俗易懂易学** 所推介技术的最终选择权主要在农民这个主体，不是政府和研究人员。因此，编制本书要避免像学术论文，不能全是术语、全是概念，要通俗易懂，要让农民看得懂、可以学，而且可以做出判断选择。这是本书成功的关键。

第一篇

种植业面源污染防控技术

松花江流域水稻侧深施肥插秧一体化技术

一、技术概述

水稻侧深施肥插秧一体化技术是中日国际合作项目“中国可持续农业技术研究发展计划”引自日本的环境友好型生产技术，经过我国科研人员的本土化，已在黑龙江、宁夏、辽宁、安徽、江苏、湖南等地应用，是农机农艺措施融合实现水稻清洁生产的典范。该技术使用专用机械在插秧的同时，将缓控释肥料一次性集中施于秧苗一侧 3～5 厘米处，深度 5 厘米，从而形成一个储肥库逐渐释放养分供给水稻生育的需求，一般不需追肥，省工节肥，提高了肥料利用率。在我国实际应用中，有些农户使用掺混肥料、复混肥料，而不使用缓控释肥料，这种情况需要追肥，达不到技术的最佳效果。

二、技术适用范围与条件

该技术适用于水稻机械插秧种植生产的区域。

三、技术规程与流程

（一）基本要求

1. 肥料要求

（1）肥料种类。可用缓释肥料、掺混肥料、复混肥料，缓释肥最佳。所有肥料应符合 GB/T 23348、GB 21633、GB/T 15063、NY/T 1112 等相关标准，并获得肥料登记证。

（2）肥料剂型。应选用颗粒状肥料，要求颗粒均匀、表面光滑、无机械杂质、70%以上呈圆形且直径为 2～4 毫米。勿使用粉末多的肥料或容易成粉的肥料；勿使用含水量高的肥料，含水量应≤2%。尽量使用吸湿性小的肥料，减少使用吸湿性大的肥料。

（3）施肥原则。施肥应符合 NY/T 496 的要求。按氮（N）∶磷（P_2O_5）∶钾（K_2O）＝1∶（0.4～0.5）∶（0.3～0.5）的比例来确定肥料的用量。

（4）施肥量。由于施肥量因土壤、气候、作物品种的差异而不同，基于水稻需肥规律、土壤养分供应状况和肥料效应来确定相应的施肥量，一般为当地常规施肥量的80%～90%，根据长势可在后期确定是否追肥。

（5）施肥量的校正。肥料种类、剂型不同会造成机械实际排肥量与设定施肥量不符，因此需要在施肥插秧前对机械进行施肥量的校正，使其与推荐施肥量相同。

2. **秧苗要求** 根据插秧机要求选用规格化毯状或钵体带土秧苗，秧龄 30 天以上，叶龄 3.0 叶以上，苗高 15 厘米左右，根数 9～11 条，充实度 2.7～3.0。

保持秧块完整均匀、无石块或硬物，土壤含水量 35%～55%，空格率小于 5%。

为防止秧苗枯萎或秧块变干影响插秧作业，应做到随起、随运、随插，已运至插秧作业现场的秧块应避免阳光直射并喷施适量水分。

3. **机械要求** 使用符合 GB/T 20864 要求的插秧机械，并装配施肥装置。

为了提高作业质量，应装配平地轮。

应按照使用说明书的规定对机械进行调整和保养，保障正常作业。

（二）操作规程

1. 本田整地

（1）旱整地。土壤适宜含水量为 25%～30%，耕深 15～20 厘米。采用耕翻、旋耕、深松及耙耕相结合的方法，以翻一年、松旋两年的周期为宜。有机质含量多的稻田应以秋翻为主。

（2）水整地。在旱整地的基础上，于插秧前 10 天以上灌水泡田，用打浆机整平耙细，达到地面高差不过寸*，寸水不露泥，田间水层控制在 3～4 厘米。插秧前耙完沉淀 10 天左右，坚实土地以利于插秧机械作业，避免秧苗过深。

2. 插秧

（1）插秧时期。5 月中下旬，日平均气温稳定通过 13℃时开始插秧，5 月末结束。

（2）插秧规格。根据土壤状况和水稻品种确定株行距（13～16）厘米×30 厘米，每穴 4～5 株基本苗。插秧深度不超过 1.5 厘米，插秧后要查田补苗。

（3）插秧质量。插秧做到行直、穴匀，插秧质量指标应符合 NY/T 989 的规定。

3. 作业程序

（1）装填肥料。装填肥料前应先将肥料箱清理干净，肥料应均匀地铺满肥料箱，去除结块的肥料及杂物、异物等，装填完毕后盖好箱盖。插秧过程中应避免水及杂物进入肥料箱（图 1-1）。

图 1-1 装填肥料

* 寸为非法定计量单位，1 寸≈3.33 厘米。——编者注

（2）装填秧苗。装填秧苗前将秧箱移到一侧，展平秧块，贴紧秧箱底部，压紧压苗器（图 1-2）。

图 1-2　装填秧苗

（3）调整机械。按照确定的施肥量和校正结果调节施肥刻度。根据要求设定取苗量及横向取苗次数，确定合适的株距档位（图 1-3）。

图 1-3　调整机械

（4）插秧施肥。启动插秧机，开始试插，检查肥料是否正常排出，并及时调整插秧深度（图 1-4）。水稻机械插秧作业应符合 NY/T 2192 的规定，肥料应集中施于秧苗一侧3～5 厘米、深 5 厘米处。

图 1-4　插秧施肥

(5) 用后保养。作业结束后应排净机器内剩余肥料，并用水冲洗机械各部位，及时进行检查和处理，加注或补充燃油或润滑油（图 1-5）。

图 1-5　插秧机保养

4. 田间管理

(1) 追肥。拔节初期视水稻长势酌情追施穗肥，以防后期脱肥影响水稻产量。

(2) 水分管理。插秧后灌水建立水层，水深要达到苗高的 1/3 左右，水不要淹没秧苗。秧田插秧后不要马上灌水，防止漂秧，插秧 2 天后再灌水。

分蘖期应灌以浅水层，或浅水与湿润相结合，以便提高土温，促进分蘖早生快发。

水稻返青后要把水层控制在 3 厘米左右。一般在 6 月末至 7 月初，接近有效分蘖终止期要撤水晒田 10 天以上。

拔节幼穗期不能缺水，但水层也不能过深，一般保持水层 3～5 厘米为宜。出穗前 8～14 天，如遇 17℃以下低温，水层应增加到 17 厘米以上，防御障碍型冷害，之后恢复浅水灌溉。

结实期水层管理要求是：出穗期浅水，齐穗后间歇灌溉。间歇灌溉是灌一次浅水，自然渗干到脚窝有水，再灌浅水，在结实期前期要多湿少干，后期要多干少湿。为了达到水稻高产优质，停灌时期至少要在出穗后 30 天以上，一般蜡熟末期停灌，黄熟初期排干。

(3) 除草。苗床除草通过封闭灭草和覆膜等措施，本田除草主要通过以苗压草、以水压草、人工除草、生物药物除草等方法。

(4) 病虫害防治。主要防治稻瘟病、纹枯病等病害，以及二化螟、潜叶蝇等虫害。可采用浸种消毒、生物防治、化学防治、农艺措施综合防治。

四、面源污染物减排效果

采用施肥插秧一体化技术总氮减排 5～6 千克/公顷，总磷减排 1～2 千克/公顷。施基肥后 7 天排水，常规种植每公顷流失氮 8～10 千克，施肥插秧一体化每公顷流失氮 2～4 千克（按排水量 750 米^3/公顷计）；常规种植每公顷流失磷 1～2 千克，施肥插秧一体化每公顷流失磷 0.05～0.10 千克（按排水量 750 米^3/公顷计）。施肥插秧一体化技术的环境经济效果见表 1-1。

表 1-1　施肥插秧一体化技术评估

技术名称	技术适用条件	面源污染物减排	生产影响	经济效益	环境风险	备注
施肥插秧一体化技术	地面平整、地块面积够大、机械插秧	总氮减排5～6千克/公顷，总磷减排 1～2 千克/公顷	提高产量 5%～10%	增加 2 250～3 000 元/公顷	降低	

五、对生产的影响

采用施肥插秧一体化技术水稻长势好于常规种植，在肥料减量 15%的条件下仍可增加产量（表 1-2、表 1-3）。

表 1-2　水稻长势调查

处　理	分蘖期			拔节期			抽穗期			成熟期		
	叶色	长势	肥效表现	叶色	长势	肥效表现	叶色	长势	肥效表现	叶色	长势	肥效表现
施肥插秧一体化	绿色	旺盛	好	绿色	旺盛	好	绿色	旺盛	好	绿色	旺盛	好
常规	浓绿色	旺盛	好	绿色	较旺盛	较好	绿色	旺盛	好	淡绿色	较旺盛	较好

表 1-3　水稻产量调查

处　理	株高（厘米）	穗长（厘米）	穴数（个/米²）	穗数（个/穴）	有效穗数（个/米²）	实粒数（个）	秕粒数（个）	千粒重（克）	产量（千克/公顷）
施肥插秧一体化	115	21.8	23	20.5	471.5	91.1	18.5	23.3	10 013
常规	110	19.4	23	19.4	446.2	87.8	12.9	23.1	9 054

六、经济效益分析

常规种植流程：翻地—基肥—灌水—耙地—退水—插秧—追肥—追肥—收获。

施肥插秧一体化技术流程：翻地—灌水—耙地—退水—插秧施肥—收获。

施肥插秧一体化技术改变了施肥方式，减少了施肥量，也节省了人工成本，但增加了机械成本，综合来看增加经济效益 2 400 元/公顷（表 1-4）。

表 1-4　水稻经济效益调查　　单位：元/公顷

处理	基肥	基肥人工费	插秧	插秧施肥	追肥	追肥人工费	机器损耗	粮食增收	总增收
施肥插秧一体化	2 220	0	112.5	75			450.0	2 970	2 400
常规	1 162	90	225.0	0	438	450	247.5		

注：缓释肥 3 800 元/吨，复合肥 3 100 元/吨，尿素 2 200 元/吨，插秧人工费 300 元/天，水稻价格 3 元/千克。施肥插秧一体机使用年限 10 年，每年插秧 500 亩，损耗 15 000 元；普通插秧机使用年限 6 年，每年插秧 200 亩，损耗 3 300 元。

七、潜在环境风险

无潜在环境风险。

八、推广政策建议

施肥插秧一体化机械目前价格是15万元左右，而农民购买的普通插秧机是2万多元，乘坐式6行高速插秧机也只有9万元左右。虽然施肥插秧一体机提高工作效率，减少人力和化肥投入，符合农业绿色发展的方向，是环境友好型农业机械，但一次性投入过大，建议政府给予40%的购机补偿，即每台机械补偿6万元。

技术编写者及依托单位：谷学佳 黑龙江省农业科学院土壤肥料与环境资源研究所
联系电话：0451-86655338
电子邮箱：wangyf2011@163.com

松花江流域水稻规模化种植水肥优化技术

一、技术概述

水稻规模化种植可采用多种方式减少面源污染，如优化耕作、测土配方施肥、改进施肥方式、减少肥料施用量、采用病虫草害生物防治技术和节水灌溉等，通过技术整装，形成水稻规模化种植水肥优化技术，减少农业面源污染物的产生和排放。

二、技术适用范围与条件

该技术适用于东北单季水稻规模化种植。

三、技术规程与流程

（一）育苗

1. **苗床施肥** 苗床制备时，把肥沃、无农药残留的旱田土和腐熟的猪粪按 7∶3 比例混合堆制，或用旱田土、腐熟草炭和猪粪按 4∶4∶2 比例混合堆制，播种前过 6～8 毫米孔径筛后使用。把充分混合过筛的营养土与水稻苗床调理剂充分混拌后使用。

2. **苗床土制备** 机插普通盘（30 厘米×60 厘米）育苗播芽种 100 克，每盘底土厚度 2 厘米，用腐殖土或肥沃的表层旱田土作覆土，覆土厚度 0.5 厘米，覆土应均匀一致。钵体盘育苗，每穴播芽种 3～4 粒。

3. **育苗标准** 秧龄 30 天以上，叶龄 3.0～3.5 叶，苗高 15 厘米左右，根数 9～11 条，充实度 3.0 左右（图 1-6）。收集育秧过程中使用过的塑料薄膜和软盘，尽可能予以再利用，或进行集中处置。

（二）本田整地

1. **翻耕** 翻耕时期尽量选在秋季，翻耕深度为 15～20 厘米，翻耕时要掌握土壤适耕水分，一般在 25%～30%时进行，确保翻耕质量（图 1-7）。

2. **旋耕** 旋耕深度一般只有 12～14 厘米，连年旋耕会使耕层逐渐变浅而导致水稻减产，提倡两旋一翻。

图 1-6 育 苗

图 1-7 翻 耕

3. 水整地 在旱整地的基础上，于插秧前 10 天以上灌水泡田，使用打浆整地机，要求耙平、耙匀、耙透，达到地面高差不过寸，寸水不露泥（图 1-8）。

图 1-8 水整地

（三）施肥

1. 施肥原则 根据水稻需肥规律、土壤养分供应状况和肥料效应，确定相应的施肥量和施肥方法。所用肥料应符合 NY/T 496 的要求。以有机肥与无机肥、生物肥相结合，基肥与根外追肥相结合为原则，实现平衡施肥。通过测土配方施肥、改进施肥方式、减少肥料施用量、应用增效剂与长效氮肥、进行深层施肥、采用水稻机械施肥插秧一体化技术等提高肥料利用率，控制污染。收集使用过的肥料包装袋，予以回收利用。

2. 基肥 水稻整个生育期氮肥（N）用量 120～150 千克/公顷，磷肥（P_2O_5）用量 45～75 千克/公顷，钾肥（K_2O）用量 60～75 千克/公顷。40%氮肥、全部磷肥及 60%钾肥作基肥。随插秧机施入的基肥选择水稻专用肥，宜使用水稻专用缓释肥，要求颗粒均匀、硬度高。

3. 追肥 插秧后至分蘖前，每公顷施尿素 50～75 千克。使用施肥插秧一体化技术，不需追施蘖肥。拔节初期施入穗肥，每公顷施尿素 40～50 千克、硫酸钾 40～50 千克。要注意拔节黄，叶色未褪淡不施，等叶色褪淡再施。抽穗前施入粒肥，每公顷施尿素 10～20 千克，生长正常和生长过旺的水稻可少施或不施粒肥。若底肥没有施用锌肥，可在分蘖期用 50～100 克硫酸锌配成 0.2%的水溶液进行叶面补施。可用含硅、含硒的液体肥料进行叶面喷施。

（四）灌水

插秧后灌水建立水层，水深要达到苗高的 1/3 左右，水不要淹没秧苗。秧田插秧后不要马上灌水，防止漂秧，插秧 2 天后再灌水。

分蘖期应灌以浅水层或浅水与湿润相结合，以便提高土温，促进分蘖早生快发。

水稻返青后要把水层控制在 3 厘米左右。一般在 6 月末至 7 月初，接近有效分蘖终止期要撤水晒田 10 天左右。

拔节幼穗期不能缺水，但水层也不能过深，一般保持水层 3～5 厘米为宜。出穗前8～14 天，如遇 17℃以下低温，水层应增加到 17 厘米以上，防御障碍型冷害，之后恢复浅水灌溉。

结实期水层管理要求是：出穗期浅水，齐穗后间歇灌溉。间歇灌溉是灌一次浅水，自然渗干到脚窝有水，再灌浅水，在结实期前期要多湿少干，后期要多干少湿。为了实现水稻高产优质，停灌时期至少要在出穗后 30 天以上，一般在蜡熟末期停灌，在黄熟初期排干。

（五）病虫草害防治

1. 防治原则 按生物防治与适宜农艺措施相结合的原则，农药以低毒和生物农药为主，尽量不用或少用化学药剂。根据地块规模，选择人工喷施或者飞机喷施（图 1-9）。

2. 主要病虫害防治方法

（1）潜叶蝇防治方法。 浅水灌溉，使苗壮、叶片直立，减轻危害；清除灌溉渠堤及埂上杂草，减少虫源；药剂防治，提倡秧苗带药下地，每 100 米^2 用 10%吡虫啉 5 克兑水 1.5 千克喷雾。

图 1-9 人工喷施药剂和飞机喷施药剂

(2) 水稻负泥虫防治方法。在5月末6月初，清除稻田附近杂草，消灭越冬虫源。成虫出现较多或孵化的幼虫达到小米粒大小时，用2.5%溴氰菊酯或氯氟氰菊酯1 000～1 500倍液喷雾。

(3) 二化螟防治方法。采用农药、农艺措施综合防治，措施包括：药剂封闭稻草垛，喷洒稻茬、稻田周边杂草；盛孵高峰至盛孵末期灌深水12～15厘米淹没叶鞘，每次保持2～3天能杀死大量幼虫；利用灯光可诱杀成虫。

(4) 稻瘟病防治方法。主要采用抗病品种、清除带病稻草、适量施用氮肥、浅水灌溉的方法，壮根健株，提高抗病能力。药剂防治：以控制叶瘟，严防节瘟、穗颈瘟为主，及时喷施多抗霉素和春雷霉素等生物农药防治。

3. 除草

(1) 稗草。有条件的地方生产有机水稻的可采用降解膜除草。需要化学除草的，插秧前3～5天用30%莎稗磷1 000毫升/公顷毒土封闭或同返青肥一起施用，苗后用10%氰氟草酯500～750毫升/公顷兑水叶面喷施。

(2) 阔叶杂草。48%苯达松（灭草松）3升/公顷兑水喷雾。

(3) 水绵。三苯基乙酸锡或硫酸铜，毒土或喷雾。

(六) 收获

1. 收获期 稻谷成熟度达到90%，抢晴收获，边收获边脱粒。

2. 晾晒 将已脱粒的稻谷风干扬净后，分品种薄晒于稻场或晒垫，勤翻动，晒1～2天。入库稻谷含水量13.5%以下，要求稻谷新鲜、色泽金黄、无杂谷秕粒、无破损、无米粒、无泥土沙子。

(七) 污染控制

(1) 通过测土配方施肥、改进施肥方式、减少肥料施用量、采用病虫草害生物防治技术和节水灌溉等措施控制污染。

(2) 收集育秧过程中使用过的塑料薄膜和软盘，尽可能予以再利用，或进行集中处置。

（3）稻草秸秆还田或做其他应用，严禁焚烧。

（4）收集使用过的肥料包装袋，予以回收利用。

（5）集中处理农药施用后残余的药液或清洗农药容器后的废液，避免随意倾倒；如用在未施药的农作物或休耕地上，应按照标签或说明书使用；回收并集中处理用过的农药包装袋、药瓶，不得随意丢弃。

四、面源污染物减排效果

松花江流域水稻种植主要污染风险期为泡田排水以及施肥期，采用水稻种植面源污染控制技术通过水-肥综合调控能够减少氮磷流失20%以上（表1-5）。

表1-5　面源污染控制技术评估

技术名称	技术适用条件	面源污染物减排	生产影响	经济效益	环境风险
优化施肥	均可	减排 TN 15%～20% TP 10%～15%	增产	增加	减少
节水灌溉	均可	减排 TN 25%～35% TP 20%～25%	不减产	增加	减少径流排放，但增加氨挥发
缓释肥料	均可		不减产	增加	减少
水肥耦合	均可	减排 TN 35%～50% TP 40%～50%	不减产	增加	减少径流排放，但增加氨挥发

五、对生产的影响

采用水稻种植面源污染控制技术能够增加水稻产量，对品质没有明显的影响（表1-6）。

表1-6　水稻产量结果

地点	处理	产量（千克/公顷）	增产量（千克/公顷）	增产（%）	秸秆产量（千克/公顷）
松花江流域	水肥优化	7 537 a	735	10.8	6 900
	常规种植	6 802 b	—	—	4 100

注：不同处理之间不同小写字母表示差异达到显著水平（$P<0.05$）。全书同。

六、经济效益分析

采用水稻规模化种植水肥优化技术能够增加经济效益2 295元/公顷（表1-7）。

表 1-7 不同模式经济效益分析

单位：元/公顷

项目	常规种植	水肥优化
肥料投入	1 650	1 500
农药投入	450	600
泡田灌水投入	600	510
节本	—	90
产出合计	20 406	22 611
增产	—	2 205
增加经济效益	—	2 295

计算依据：缓释肥 3 800 元/吨，复合肥 3 100 元/吨，尿素 2 200 元/吨，水稻3 元/千克，本表不含人工和土地费用。

七、潜在环境风险

节水灌溉会增加田面水中铵态氮的浓度，从而增加了氨挥发量。常规施肥灌溉氨挥发量约 15 千克/公顷，节水灌溉氨挥发量约 20 千克/公顷。

八、推广政策建议

应该加强技术培训和示范，让农民摒弃大水大肥的种植习惯。建议推广机械化种植，扶持农机合作社或提高补贴鼓励农户购买大型机械，大型机械补贴 20%，秸秆还田补贴 1 500元/公顷。

技术编写者及依托单位：王玉峰　黑龙江省农业科学院土壤肥料与环境资源研究所
联系电话：0451-86655338
电子邮箱：wangyf2011@163.com

松花江流域玉米生产优化施肥+秸秆还田+深翻技术

一、技术概述

玉米是黑龙江省主要粮食作物，种植面积稳定在8 000万亩以上，约占黑龙江省耕地面积的1/3。当地农民习惯种植模式中施肥不够合理，一般氮肥（N）用量为180～225千克/公顷、磷肥（P_2O_5）用量为75～120千克/公顷、钾肥（K_2O）用量为30～45千克/公顷，磷肥和钾肥全部作为基肥施入，氮肥1/3作为基肥，2/3作为追肥在大喇叭口期施入。秸秆处理方式一般为就地焚烧或移走作为燃料和饲料，少量农户采用立茬还田。此外，还有一些农田采用顺坡垄作模式，相比横坡垄作地表径流大。针对以上问题，本技术主要整装了优化施肥、采用缓释肥、秸秆还田、深翻等技术，可有效减少氮磷的流失。

二、技术适用范围与条件

该技术适用于东北冷凉区一熟制，规模化种植，平地或坡耕地。

三、技术规程与流程

（一）耕翻整地

实施松、翻、耙相结合的土壤耕作制。整地方式分为翻耕和深松两种。整地时间分为秋整地和春整地两种。

土地3～5年深翻1次，翻深30厘米以上。深翻一般使用五铧犁，73.5千瓦（100马力）以上的拖拉机（图1-10）。

（1）秋翻整地。耕翻深度20～25厘米，做到无漏耕、无立垡、无坷垃，翻后耙耢（图1-11）。按种植要求垄距及时起垄镇压，严防跑墒，减少水土流失。

（2）春翻整地。坡耕地早春顶浆起垄，先松原垄沟，再破原垄台合成新垄，及时镇压。

（3）秸秆还田。平原地区可根据气候条件秋翻整地或春整地。对于坡度＞3°以上的地块，应该选择秸秆覆盖或留高茬，尽量横坡打垄，并选择春天整地。秸秆还田与联合收割同时进行，土壤相对含水量应达到60%～80%，玉米秸秆含水量宜达到20%～30%，秸

图 1-10 翻地作业

图 1-11 耙地作业

秆机械粉碎长度≤10 厘米。使用秸秆还田机械将留在地里的农作物茎秆和叶片就地粉碎并抛撒在地表进行覆盖（图 1-12），或施肥后将秸秆翻埋入土（图 1-13）。根据土壤肥力状况要合理施肥，适当增加氮肥，秸秆粉碎还田后，加施尿素 75 千克/公顷。

图 1-12 秸秆覆盖

图 1-13　秸秆还田

（二）施肥

实施测土配方施肥，做到氮、磷、钾及微量元素合理搭配。

（1）有机肥。每公顷施用含有机质 8%以上的农家肥 30～40 吨，结合整地撒施或条施夹肥。

（2）化肥。每公顷施氮肥（N）100～150 千克，其中 30%～40%作底肥或种肥，另 60%～70%作追肥施入；每公顷施磷肥（P_2O_5）75～112 千克，结合整地作底肥或种肥施入；每公顷施钾肥（K_2O）60～75 千克，作底肥或种肥，但不能作为秋施底肥。根据施肥量施等量复合肥或掺混肥，缓释肥料施入 80%～90%，根据生长状况作追肥处理。

（三）播种

（1）播期。地温稳定通过 6～8℃时抢墒播种。黑龙江省第一积温带 4 月 25 日至 30 日播种，第二积温带、第三积温带 4 月 25 日至 5 月 10 日播种。

（2）播种方式。土壤含水量低于 20%的地块催芽坐水埯种，坐水埯种地块播后隔天镇压。垄上机械精量点播，可在成垄的地块采用施肥播种一体机械同步施肥与播种。播种做到深浅一致，覆土均匀。机械播种随播随镇压。镇压后播深达到 3～4 厘米，镇压做到不漏压、不拖堆。

（3）密度。株型收敛品种，每公顷保苗 8 万～9 万株；株型繁茂品种，每公顷保苗 6 万～8 万株。按种植密度要求确定播种量。

（四）封闭除草

玉米田杂草种类多，主要以稗草、马唐、狗尾草、反枝苋、藜等杂草为主。化学除草：苗前封闭以乙草胺、噻吩磺隆为主，每亩用量为 81.3%乙草胺 125～150 克+75%噻吩磺隆 2.0～2.5 克。若没有封闭除草，或由于气象原因封闭效果不好可苗后除草。

（五）苗后管理

（1）铲前深松、趟地。出苗后进行铲前深松或铲前趟地一次，增加地温。

(2) 苗后除草。 苗后除草选择在玉米3～5叶期、杂草3叶1心时施药。使用20%硝磺草酮苗后除草，用量为750～900毫升/公顷，建议加入高效助剂，可提高农药利用率10%～15%。

(六) 追肥

(1) 大喇叭口期，铲后追施尿素要深施入土5～10厘米，施肥后盖土，不要撒施地表。

(2) 可结合中耕，在玉米根部附近追施尿素。趟地覆土要达到一定深度，以提高肥料的利用率，减少流失。

(3) 叶面肥的施用。根据农作物生长状况，微量元素、生长调节剂一般叶面喷施，可提高肥料利用率。

(七) 病虫害防治

(1) 虫害。 玉米害虫主要是玉米螟，玉米螟宜在幼虫三龄前进行防治。用赤眼蜂防治玉米螟，投放量为15 000头/亩，放蜂间隔30米。

(2) 病害。 玉米病害主要以丝黑穗病和大斑病为主。预防黑穗病常用的有效方法是用0.3%戊唑醇拌种，效果显著。大斑病发病初期应及时施药，常用药剂有75%百菌清可湿性粉剂300～500倍液、50%多菌灵可湿性粉剂500倍液。抽雄期连续喷药2～3次，每次间隔7～10天。

农药施用后残余的药液或清洗农药容器后的废液，避免随意倾倒，回收并集中处理用过的农药包装袋、药瓶，不得随意丢弃。

(八) 适时收获

玉米成熟期即籽粒乳线基本消失，一般在9月25日至10月5日，收获后及时晾晒。

四、面源污染物减排效果

对于松花江流域，氮磷流失主要集中在6月初至9月中旬，由于是雨养农业，所以与当地降水状况有关（包括降水量和降水强度）。采用玉米种植面源污染控制技术能够减少氮磷流失20%以上（表1-8）。

表1-8 技术评估

技术名称	技术适用条件	面源污染物减排	生产影响	经济效益	环境风险
优化施肥	无	减少TN 23.2%、TP 21.3%	增产	增加	降低
深翻	3～5年1次	减少	增产	增加	降低
秸秆覆盖	坡耕地	明显减少 TN 26.8%、TP 24.8%	增产	增加	降低
缓释肥料	正常年份	减少	不减产	增加	降低

五、对生产的影响

采用优化施肥、深松整地等技术集成的玉米种植面源污染控制技术模式能够增加玉米产量，但差异不显著（表 1-9）。

表 1-9　不同模式对玉米产量的影响

地点	处理	产量（千克/公顷）	增产量（千克/公顷）	增产（%）	秸秆产量（千克/公顷）
松花江流域	整装技术	11 672 a	1 204	11.5	11 610
	常规种植	10 468 a	—	—	10 618

注：不同处理之间不同小写字母表示差异达到显著水平（$P<0.05$）。

六、经济效益分析

与常规种植技术相比，采用本技术能够增加经济效益 1 285.5 元/公顷（表 1-10）。

表 1-10　经济效益分析

单位：元/公顷

项　目	常规种植	整装技术
玉米种子	1 500	1 500
复合肥	1 350	0
缓释肥	0	1 980
尿　素	469.5	0
封闭除草剂	75	75
苗后除草	75	90
助　剂	0	30
杀虫剂	60	150
播　种	300	300
喷　药	150	150
中　耕	300	300
深　翻	0	225
浅翻深松	300	300
收获作业	375	375
投入合计	4 954.5	5 475
产出合计	15 702	17 508
增加经济效益	—	1 285.5

计算依据：复合肥 2 800 元/吨，缓释肥 3 300 元/吨，尿素 1 800 元/吨，封闭除草 900 克/升乙草胺 125～150 克，噻吩磺隆 2.0～2.5 克，封闭除草成本 4～5 元/亩，叶面肥 1～2 元/亩，高效助剂 0.8～1.0 元/亩，赤眼蜂价格 150 元/公顷，玉米价格 1.5 元/千克。不考虑人工费。

七、潜在环境风险

秸秆还田量过大或还田不均匀易发生微生物与农作物争养分，土壤跑墒，易发生病虫害等风险。

八、推广政策建议

由于土地的个体经营，土地深翻很难实现，造成土壤产生犁底层，耕层越来越浅，使土壤蓄水储肥能力减弱，容易造成水土流失。建议政府采购大型机械或加大合作社购买补贴，做到每 3～5 年将土地深翻 1 次。目前，农村机械秸秆还田无法达到优质还田，建议对购买大型还田机械进行补贴，机械补贴 20%，玉米秸秆还田补贴 1 500 元/公顷。

技术编写者及依托单位：王玉峰　黑龙江省农业科学院土壤肥料与环境资源研究所
联系电话：0451-86655338
电子邮箱：wangyf2011@163.com

辽河流域春玉米秸秆覆盖免耕种植技术

一、技术概述

春玉米旱作农业区存在农田风蚀水蚀严重、土壤瘠薄、地力下降、秸秆就地焚烧浪费严重、面源污染严重、粮食产量不稳等突出问题。秸秆覆盖免耕种植技术可以实现在全量秸秆覆盖地表的情况下，一次性完成清理种床秸秆、播种、施肥、覆土镇压等工序，减少了对土壤的扰动，能最大限度保护土壤结构。因此，该技术可以防止土壤侵蚀、减少面源污染，同时改善土壤生态环境、育土培肥、提高耕地质量，稳定粮食产量，实现农业可持续发展。

从 2000 年开始，东北春玉米区引进、示范、推广保护性耕作技术，如今适合东北春玉米生产的保护性耕作技术体系已初步建成，示范推广面积超过 330 多万公顷。然而，由于机具发展的限制，非常适合旱作农业区的保护性耕作技术的最高形式——玉米秸秆覆盖免耕种植技术的发展才刚刚起步，加之农艺措施的不统一，在秸秆覆盖地表情况下的免耕种植作业不规范，致使免耕播种的作业效率、播种的深度及密度、施肥的位置和肥量的精确性以及化学除草、病虫害防治等田间作业受到很大影响，没有完全发挥免耕种植技术的优势，也影响了种植户的经济效益和积极性。春玉米秸秆覆盖免耕种植技术经过多年验证，达到了标准化、规范化的要求，可以很好解决上述问题，实现经济效益、生态效益相统一。

二、技术适用范围与条件

本技术适用于生长季降水量在 300 毫米以上的北方旱作春玉米种植区。种植行距小于 70 厘米，全量秸秆覆盖情况下，建议采用二比空（即玉米种二垄空一垄栽培法）或大垄双行的种植模式；种植行距大于 70 厘米，采用均匀行距即可。在坡度大于 5°的情况下，建议采用等高种植的方式。

三、技术规程与流程

（一）秸秆处理

玉米收获后，秸秆（不粉碎）需均匀覆盖地表（图 1-14）。如果采用机械收获，在收获作业的同时，将秸秆粉碎装置的动力切断，保证玉米秸秆不粉碎且均匀覆盖地表；如果采用人工站秆收获，收获玉米果穗后，秸秆可以压倒或不做任何处理；如果采用人工割秆收获，要求留茬 30～40 厘米，只需将玉米穗掰下运走即可，避免秸秆成堆铺放，秸秆应均匀铺于地表，春天直接采用免耕播种机播种。

图 1-14　秋收后秸秆处理

（二）播种条件

5～10 厘米的土壤温度稳定通过 10 ℃，土壤含水量达到田间持水量的 60％以上，即为播种适宜期。

（三）播种

1. **种子质量**　选用籽粒均匀、饱满，无病虫和杂质的玉米杂交种，种子发芽率在 98％以上，且达粮食作物种子质量标准（GB 4404.1—2008）。

2. **种子包衣**　播种前一周应进行晒种，并依据生产实际包衣，具体操作参照 GB/T 15671—2009 执行。同时，建议播种时在种箱内用少量石墨粉拌种，增加种子光滑度以利于播种。

3. **种床要求**　种床应整洁，无杂草、碎秸秆（图 1-15），种床土层无夹干土。

图 1-15　清理种床秸秆

4. **播种深度**　播种深度以覆土镇压后种子距地表 3～5 厘米为宜，依据土壤墒情调节播种深度，但最大深度不宜超过 7 厘米（图 1-16）。

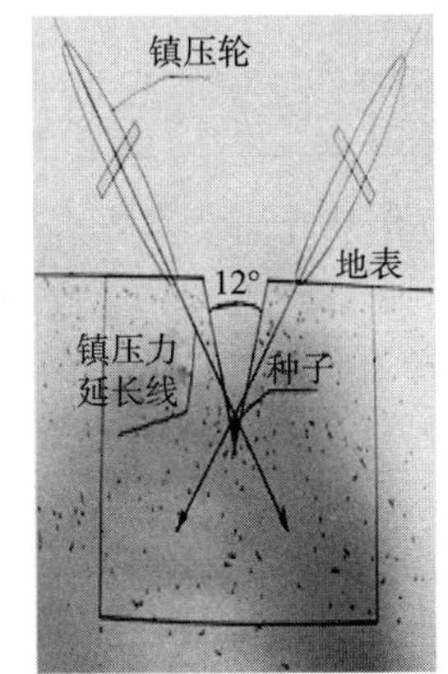

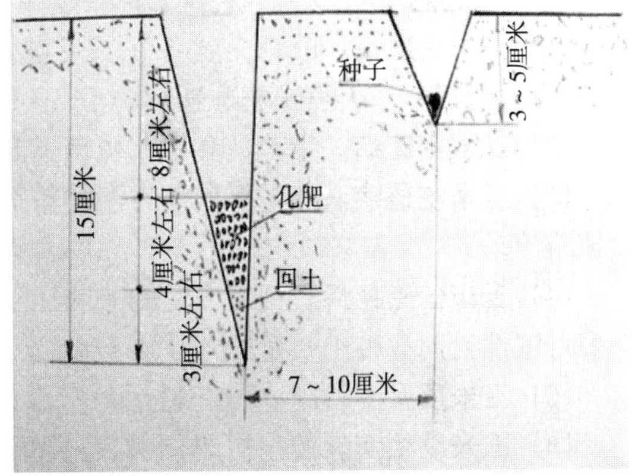

图 1-16 开沟播种施肥镇压效果图及示意图

5. **播种质量** 播种作业质量应达到 NY/T 1628—2008 要求，单粒率 97%以上，空穴率 3%以下。种植密度：密植型品种以 6 万株/公顷为宜，稀植型品种不宜超过 5 万株/公顷。

（四）施肥

1. **化肥品质** 选用粒状肥料，优先选择粒径均匀、颗粒硬度适宜的化肥。

2. **施肥量** 依据当地农业生产实际合理施肥，一般建议一次性施玉米专用复合（混）肥 600 千克/公顷、种肥（磷酸二铵）100 千克/公顷。土壤瘠薄地块根据玉米长势可在后期适量追肥。

3. **施肥深度** 采取侧位深施方式施肥，要求种、肥（基肥）横向间隔 5～7 厘米，施肥深度 12 厘米以上。

（五）杂草防控

1. **农业防控** 通过作物轮作的方式防止或降低伴生性杂草。

2. **化学防控** 采用苗前封闭为主、苗后触杀为辅的原则防控田间杂草。用 50%乙莠合剂 3 000 毫升/公顷苗前封闭除草，如苗前除草效果不佳，可在出苗后用烟嘧磺隆等除草剂进行杂草茎叶处理。

（六）病虫害防治

1. **农业防治** 实行 2～3 年轮作 1 次，选用抗病、抗虫的品种，适期播种，合理密植，清除田间和田边杂草，及早铲除病株。

2. **物理防治** 根据害虫生物学特点，采用黑光灯、频振式灯、糖醋液、黄色黏虫板、银灰膜等方法诱杀害虫。

3. **生物防治** 保护害虫天敌资源；利用植物源、微生物源、活体农药、病毒类农药等防治病虫害，如玉米心叶期，用含 40 亿～80 亿个/克孢子的白僵菌粉制成颗粒施在玉米顶叶内侧防治玉米螟。

4. 化学防治

（1）玉米大斑病。喷洒50%多菌灵可湿性粉剂500倍液或50%甲基硫菌灵可湿性粉剂600倍液，隔10天喷1次，连续防治2～3次。

（2）玉米褐斑病。苯菌灵和甲基硫菌灵500倍液叶面喷雾防治。

（3）玉米灰斑病。75%百菌清可湿性粉剂500倍液或20%三唑酮乳油1 000倍液叶面喷雾防治。

（4）玉米丝黑穗病。选用15%三唑酮可湿性粉剂按种子质量的0.5%拌种或13%烯唑醇可湿性粉剂按种子质量的0.3%拌种。

（5）玉米顶腐病。用25%三唑酮可湿性粉剂按种子质量的0.2%拌种。

（6）玉米纹枯病。发病初期，用5%井冈霉素1 500～2 300毫升/公顷，或20%井冈霉素粉剂375克/公顷，加水750～900千克茎叶喷雾。

（7）地下害虫。如地老虎、蛴螬、蝼蛄、金针虫等，每公顷用50%辛硫磷乳油1 500毫升，加水7.5千克，拌225千克细干土制成毒土，随肥施入土壤。

（8）玉米螟。心叶期是防治该虫的关键时期，每公顷用20%氯虫苯甲酰胺200～300毫升兑水450千克喷雾防治玉米螟，也可将辛硫磷、敌百虫等颗粒剂或毒土放入心叶。打苞露雄期用90%敌百虫晶体2 000倍液灌药杀死雄穗中的幼虫，穗期用50%敌敌畏或90%敌百虫晶体800～1 000倍液点滴雌穗。

（9）黏虫。当每平方米查测幼虫达0.5头时，每亩用4.5%高效氯氰菊酯50毫升加水30千克均匀喷雾，或用2.5%高效氯氟氰菊酯乳油，或2.5%溴氰菊酯乳油1 000～1 500倍液，或10%吡虫啉2 000～2 500倍液喷雾防治。

5. 用药要求　采取农业防治、生物防治为主，化学防治为辅的方式防控病虫害。加强病虫害预测预报，做到有针对性地适时用药，未达到防治指标或益害虫比合理的情况下不用药。根据防治对象的特性和危害特点，允许使用生物源农药、矿物源农药和低毒有机合成农药，有限度地使用中毒农药，禁止使用剧毒、高毒、高残留农药，严禁使用禁止使用的农药和未核准登记的农药。注意不同作用机理的农药合理交替使用和混用，以提高防治效果。坚持农药的正确使用，严格按使用浓度施用，施药力求均匀周到，不漏施、不重施。

（七）收获

根据当地的栽培制度、气象条件、品种熟性和田间长势灵活掌握收获时期。粒用玉米要在完熟期收获，判定标准如下：

（1）根据田间长势。玉米植株基部叶片变黄、苞叶呈黄白色而松散，是成熟的标志。

（2）根据籽粒状况。籽粒乳线消失，坚硬光滑，基部形成黑色层时要及时收获。

四、面源污染物减排效果

与传统耕作相比，免耕条件下除播种、施肥外并未移动或扰动其他土壤。在免耕系统中，农作物残茬形成的覆盖层改变了土壤水分状况，进而影响了土壤的理化和生物学特性，最终影响速效氮、有效磷在土壤剖面中的分布。在一个生长季内，整个土体（0～100厘米）速效氮含量较传统耕作增加16.4%，有效磷增加18.7%（图1-17）。

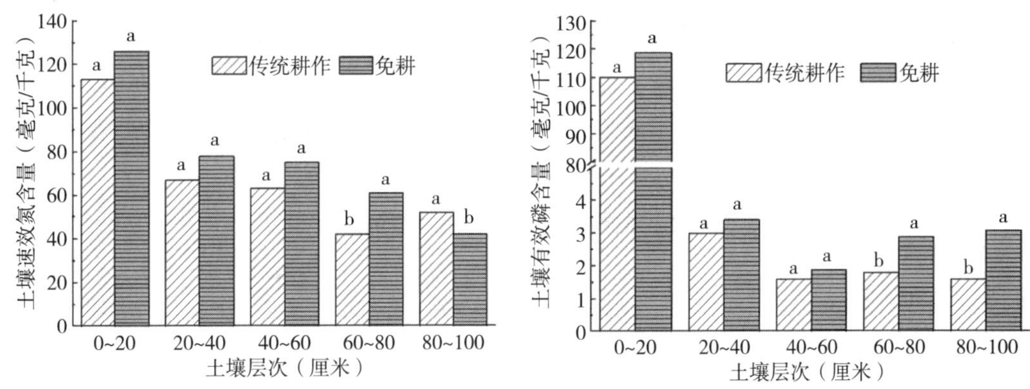

图1-17 不同种植方式对土壤速效氮、有效磷的影响

注：图中数据指收获后。

因土壤环境的改变，免耕中氮的行为与传统耕作下稍有差异，免耕系统土壤剖面（0～100厘米）中全氮的含量较传统耕作提高17.3%；而土壤全磷在土壤中的分布与全氮有所差别，免耕条件下全磷的含量较传统耕作降低0.4%（图1-18）。

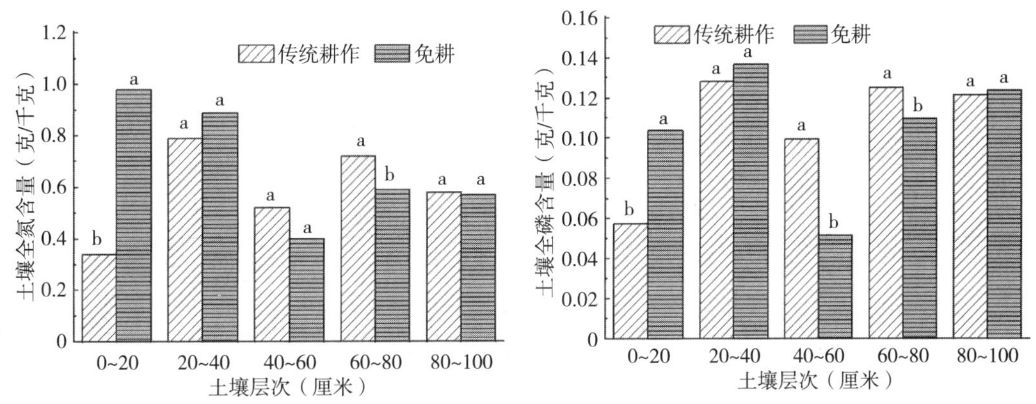

图1-18 不同种植方式对土壤全氮、全磷的影响

在施肥量相同的条件下，免耕增加了氮磷养分在土壤中的残留，生产中采取免耕方式，可以适当降低化肥用量。若同量施用的条件下，有增加氮磷流失的风险（表1-11）。

表1-11 春玉米秸秆覆盖免耕种植技术评价

技术名称	技术适用条件	面源污染物减排	生产影响	经济效益	其他环境风险	备注
春玉米秸秆覆盖免耕种植技术	生长季降水量在300毫米以上的北方旱作春玉米种植区	降低地表径流，减少径流面源污染；同时有增加淋溶的风险	增产幅度为8.41%～35.49%	节本增效，每亩投入可节约70元，还有增产收益	降低二氧化碳（CO_2）排放，但增加了一氧化二氮（N_2O）的排放	表层土壤速效氮、有效磷等养分含量增加

五、对生产的影响

免耕种植尤其适用于半干旱风沙地区，秸秆覆盖起到显著的抑蒸保墒效果。同时，最大限度地保护土壤结构，增强了春玉米的抗逆能力，进而增加产量。增产幅度为8.4%～35.5%（表1-12），特别是在降水量较常年减少的年份，玉米免耕种植增产表现更加明显。

表1-12 不同种植方式对玉米产量的影响

年份	处理	产量（千克/公顷）	百粒重（克）	穗粒数（个）	穗长（厘米）
2016	传统耕作	12 645.86 b	40.53 a	653.47 a	19.27 a
	免耕	13 709.99 a	39.16 a	591.87 b	18.58 b
2017	传统耕作	9 159.70 b	31.67 b	539.70 a	18.56 a
	免耕	12 410.70 a	36.29 a	538.70 a	17.89 a

注：取样面积为10米^2，折合为公顷产量；样本数为3。

六、经济效益分析

免耕为轻简化种植的一种方式，最大限度降低了播种的成本。在半干旱风沙地区，因其显著的保墒效果，增加了玉米的产量。同时，生产成本每亩可节约70元，产投比增加31%（表1-13）。

表1-13 不同种植方式的收益情况

种植方式	整地（元/亩）	生产资料（元/亩）			生产管理（元/亩）				产量（千克/亩）	产投比
		种子	化肥	农药	播种	除草	中耕	收获		
传统耕作	45	50	150	30	25	22	20	70	752	2.56
免耕	0	40	150	30	40	22	0	60	819	3.35

注：玉米价格按1.40元/千克计算，试验年份为2016年。

七、潜在环境风险

在玉米整个生育期，免耕条件下秸秆覆盖还田土壤CO_2累积排放量显著提高，较传统耕作增加2.7倍（图1-19）；但考虑整个生产系统秸秆的利用情况，传统耕作下秸秆往往被就地焚烧，按照当地秸秆产量约为9 000千克/公顷，1千克玉米秸秆燃烧产生约1.26千克CO_2，秸秆露天焚烧而产生的CO_2量约为11 340千克/公顷，综合考虑秸秆焚烧和土壤呼吸产生的CO_2排放量，与传统耕作相比，免耕秸秆覆盖技术每年可以减排CO_2量约为4 958千克/公顷。此外，免耕种植显著增加了土壤N_2O年累积排放量，较传统耕作增加34.9%（表1-14）。

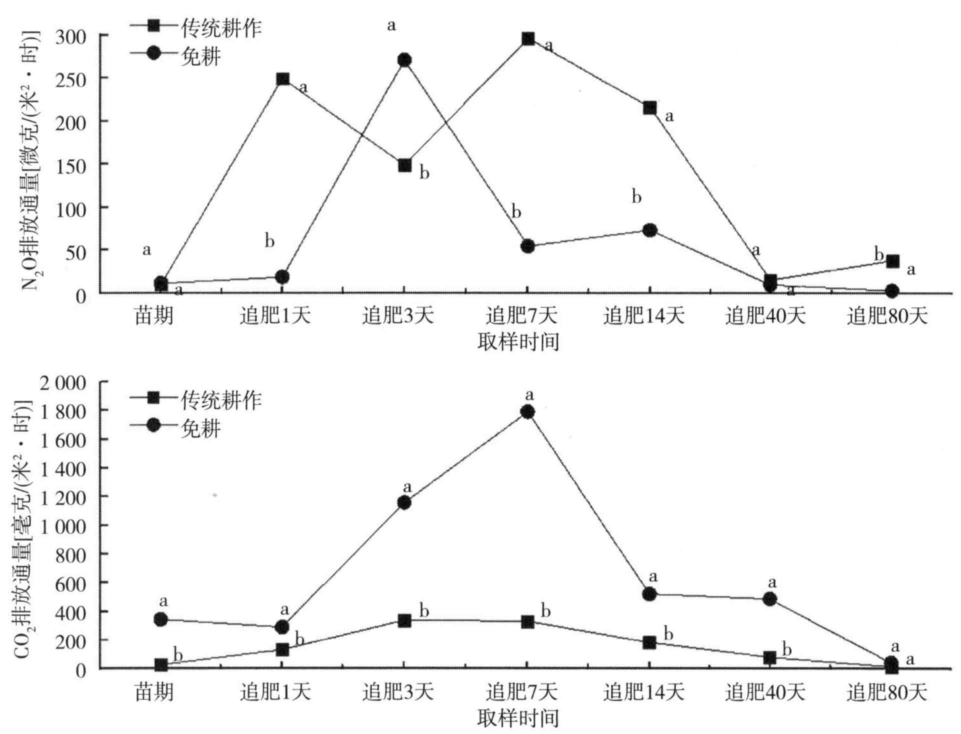

图1-19　不同种植方式下 CO_2 和 N_2O 排放通量

表1-14　不同种植方式下玉米季温室气体的累积排放量

处理	秸秆焚烧 CO_2 产生量（千克/公顷）	土壤呼吸 CO_2 排放量（千克/公顷）	N_2O 排放总量（千克/公顷）
传统耕作	11 340	2 389 b	1.976 b
免耕	0	8 771 a	2.666 a

八、推广政策建议

（一）加强培训

免耕完全不同于常规耕作，需要加强对农民的培训及示范引导，使他们转变观念，频繁的旋耕、深松和清除（或焚烧）农作物秸秆的耕种方式不是可持续的农业生产方式。充分利用丰富的秸秆资源，减轻季节性集中焚烧引起的环境污染，留秸秆于地表，育土培肥，构建农田微地形，改善农田的水热状况。

（二）适度规模经营

随着免耕机具的发展，现今的机具能够实现少量秸秆覆盖地表情况下的免耕作业。秸秆覆盖量越大对土壤的水热调节作用越好，尤其是在气候暖干化趋势逐渐加重的环境下，充分保蓄有限的雨水资源成为雨养农业的关键和必然选择。然而，春玉米种植区普遍采用小垄距（<65 厘米）种植，秸秆量大的情况下必然影响机具作业的通过性，加之农民喜好原垄种植，阻碍了秸秆覆盖免耕技术的应用发展。因此，引导农民进行土地流转，发展适度规模的集约化生产，扩垄距、缩株距，是促进秸秆覆盖免耕技术发展的有效措施。

（三）政府参与

现今市场上比较成熟的玉米免耕农机具为 2BZMF 系列播种机，但其机具的售价较高，每台机具约 6 万元。虽然国家给予了 30%的补贴优惠，但补贴后的价格农民仍难以接受，建议再增加 10%～20%的补贴，即购机补贴达到 40%～50%。或者对采取免耕播种技术的农户进行补贴，建议每亩补贴 20 元，引导农户采用免耕播种技术。

技术编写者及依托单位：董智、侯志研、邓林军、董俊、白伟、杨志会等　辽宁省农业科学院耕作栽培研究所

联系电话：024-31024900

电子邮箱：dongzhi1207@163.com

辽河流域玉米缓释肥料减量施用技术

一、技术概述

玉米是辽宁省第一大粮食作物，2014 年的种植面积就已超过 233 万公顷，占全省粮食作物播种面积的 68.6%。化肥对玉米增产的作用占 30%～40%，是玉米种植中最大的生产资料投入，其费用占全部生产性支出的 50%。化肥对提高单产的作用很大，尤其是中低产田；然而，化肥自身存在的某些缺陷以及不合理施用化肥，给环境带来不同程度的污染。利用技术方法提高肥料利用率是阻止或减少养分淋失问题的核心。控释或缓释肥料可以避免土壤中养分短期内过量供应，协调土壤养分供应与植物养分吸收之间的矛盾，从而提高养分利用率和减少对环境的危害，是环境友好型的农业投入品。

二、技术适用范围与条件

本技术适用于东北玉米种植区，其他区域可根据实际情况调整肥料用量和管理方式。在北方春玉米种植区，该技术可与免耕秸秆覆盖种植技术相结合，缓释肥料施用深度应≥10 厘米。

三、技术规程与流程

（一）整地

秋天玉米收获后，地表秸秆全部移走，旋耕（耕深 12～15 厘米）灭茬，然后用 V 形镇压器镇压 1 遍；壤质及黏性土壤建议 2～3 年深松 1 次，沙性土壤不建议深松。

（二）播种条件

5～10 厘米的土壤温度稳定通过 10 ℃，土壤含水量达到田间持水量的 60%以上，即为播种适宜期。

（三）播种

1. **种子质量** 选用籽粒均匀、饱满，无病虫和杂质的玉米杂交种，种子发芽率在 98%以上，且达粮食作物种子质量标准（GB 4404.1—2008）。

2. 种子包衣 播种前一周应进行晒种，并依据生产实际包衣，具体操作参照 GB /T 15671—2009 执行。同时，建议播种时在种箱内用少量石墨粉拌种，增加种子光滑度以利于播种。

3. 播种深度 播种深度以覆土镇压后种子距地表 3～5 厘米为宜，依据土壤墒情调节播种深度，但最大深度不宜超过 7 厘米。

4. 播种质量 播种作业质量应达到 NY/T 1628—2008 标准，单粒率 97%以上，空穴率 3%以下。种植密度：密植型品种以 6 万株/公顷为宜，稀植型品种不宜超过 5 万株/公顷。

（四）施肥

1. 化肥品质 选用粒状肥料，优先选择粒径均匀、颗粒硬度适宜的缓、控释化肥。

2. 施肥量 依据当地农业生产实际合理施用玉米专用缓、控释肥，一般建议底肥用量较普通复合肥减施 10%～20%。根据玉米后期长势决定追肥量。

3. 施肥深度 采取侧位深施方式施肥，要求种、肥（底肥）横向间隔 5～7 厘米，施肥深度 12 厘米以上。

（五）杂草防控

1. 农业防控 通过作物轮作的方式防止或降低伴生性杂草。

2. 化学防控 采用苗前封闭为主、苗后触杀为辅的原则防控田间杂草。用 50%乙莠合剂 3 000 毫升/公顷苗前封闭除草，如果苗前除草效果不佳，可在出苗后用烟嘧磺隆等除草剂进行杂草茎叶处理。

（六）病虫害防治

1. 农业防治 实行 2～3 年轮作 1 次，选用抗病、抗虫的品种，适期播种，合理密植，清除田间和田边杂草，及早铲除病株。

2. 物理防治 根据害虫生物学特点，采用黑光灯、频振式灯、糖醋液、黄色黏虫板、银灰膜等方法诱杀害虫。

3. 生物防治 保护害虫天敌资源防控虫害；利用植物源、抗生素源、活体农药、病毒类农药等防治病虫害，如玉米心叶期，用含 40 亿～80 亿个/克孢子的白僵菌粉制成颗粒施在玉米顶叶内侧防治玉米螟。

4. 化学防治

（1）玉米大斑病。喷洒 50%多菌灵可湿性粉剂 500 倍液或 50%甲基硫菌灵可湿性粉剂 600 倍液，隔 10 天喷 1 次，连续防治 2～3 次。

（2）玉米褐斑病。苯菌灵和甲基硫菌灵 500 倍液叶面喷雾防治。

（3）玉米灰斑病。75%百菌清可湿性粉剂 500 倍液或 20%三唑酮乳油 1 000 倍液叶面喷雾防治。

（4）玉米丝黑穗病。选用 15%三唑酮可湿性粉剂按种子质量的 0.5%拌种或 13%烯唑醇可湿性粉剂按种子质量的 0.3%拌种。

(5) 玉米顶腐病。用25%三唑酮可湿性粉剂按种子质量的0.2%拌种。

(6) 玉米纹枯病。发病初期，用5%井冈霉素1 500～2 300毫升/公顷，或20%井冈霉素粉剂375克/公顷，加水750～900千克茎叶喷雾。

(7) 地下害虫。地老虎、蛴螬、蝼蛄、金针虫等，每公顷用50%辛硫磷乳油1 500毫升，加水7.5千克，拌225千克细干土制成毒土，随肥施入土壤。

(8) 玉米螟。心叶期是防治该虫的关键时期，每公顷用20%氯虫苯甲酰胺200～300毫升兑水450千克喷雾防治玉米螟，也可将辛硫磷、敌百虫等颗粒剂或毒土放入心叶。打苞露雄期用90%晶体敌百虫2 000倍液灌药杀死雄穗中的幼虫，穗期用50%敌敌畏或90%晶体敌百虫800～1 000倍液点滴雌穗。

(9) 黏虫。当每平方米查测幼虫达0.5头时，每亩用4.5%高效氯氰菊酯50毫升加水30千克均匀喷雾，或用2.5%高效氯氟氰菊酯乳油、2.5%溴氰菊酯乳油1 000～1 500倍液及10%吡虫啉2 000～2 500倍液喷雾防治。

5. **用药要求** 采取农业防治、生物防治为主，化学防治为辅的方式防控病虫害。加强病虫害预测预报，做到有针对性地适时用药，未达到防治指标或益害虫比合理的情况下不用药。根据防治对象的特性和危害特点，允许使用生物源农药、矿物源农药和低毒有机合成农药，有限度地使用中毒农药，禁止使用剧毒、高毒、高残留农药，严禁使用禁止使用的农药和未核准登记的农药。注意不同作用机理的农药合理交替使用和混用，以提高防治效果。坚持农药的正确使用，严格按使用浓度施用，施药力求均匀周到，不漏施、不重施。

(七) 收获

根据当地的栽培制度、气象条件、品种熟性和田间长势灵活掌握收获时期。粒用玉米要在完熟期收获，判定标准如下：

(1) 根据田间长势。玉米植株基部叶片变黄、苞叶呈黄白色而松散，是成熟的标志。

(2) 根据籽粒状况。籽粒乳线消失，坚硬光滑，基部形成黑色层时要及时收获。

四、面源污染物减排效果

对市面上的常规化肥、脲醛缓释肥、一种添加保水剂型“解磷固氮技术”的高分子肥进行了比较。与常规化肥相比，脲醛缓释肥在减少氮肥追施量投入30%的条件下（图1-20），不仅提高了玉米产量，玉米收获后土壤1米剖面中的氮磷含量仍高于常规化肥，其中耕层土壤全氮提高了31%（图1-21），这表明了脲醛缓释肥出色的缓释效果。另外，高分子肥也具备一定的缓释效果，但显然不如脲醛缓释肥。

虽然收获后土壤剖面中养分含量以脲醛缓释肥为最高，但并没有在60厘米以下土层中形成累积峰值，所以不会产生大量的氮磷淋失。从氮表观平衡的角度看，脲醛缓释肥处理氮投入与高分子肥相近，但脲醛缓释肥处理玉米产量最高，氮吸收量最高，玉米收获后土壤残存最少，因此脲醛缓释肥处理氮流失最少（表1-15）。

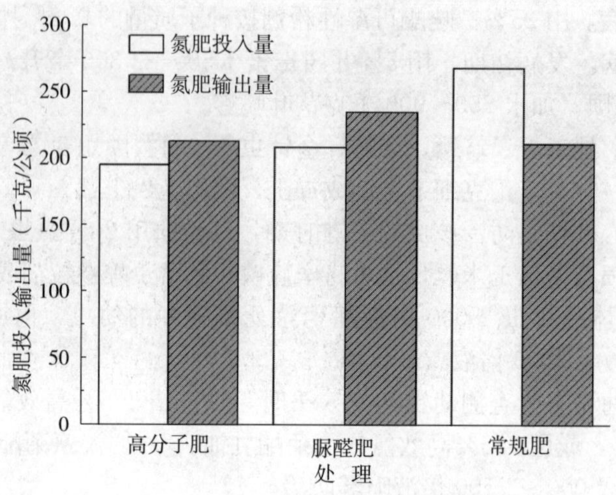

图 1-20 不同肥料氮肥投入输出量

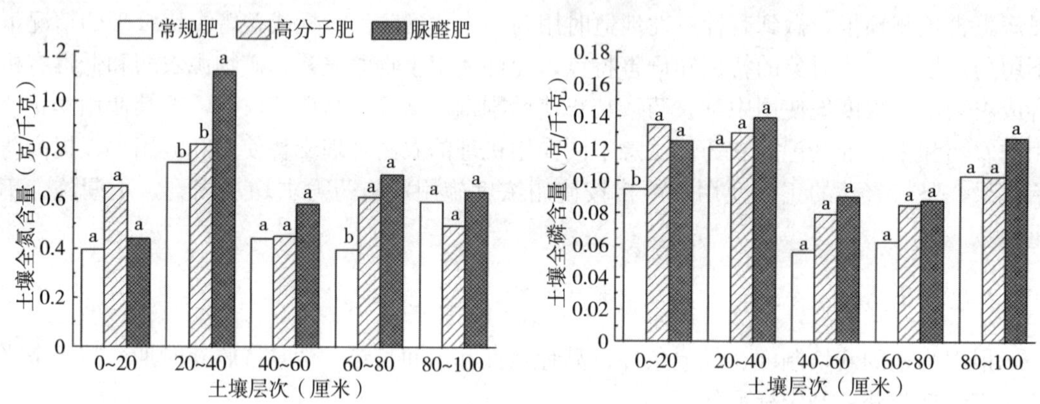

图 1-21 施用不同肥料土壤剖面中全氮、全磷含量分布

注：图中数据指收获后。

表 1-15 辽河流域玉米缓释肥料减量施用技术评估

技术名称	技术适用条件	面源污染物减排	生产影响	经济效益	环境风险
辽河流域玉米缓释肥料减量施用技术	北方旱作春玉米种植区，缓释肥施用深度≥10 厘米	氮肥总投入量减少 23%，减轻氮素淋溶风险	不减产	产投比较传统肥料提高 5%～22%	温室气体排放量降低，CO_2 排放量减少 20%～22%，N_2O 排放量减少 12%～53%

五、对生产的影响

脲醛缓释肥较传统施肥氮肥追施量减少 30%，前两年表现为增产，增产幅度分别为 18.3%（差异显著）和 16.5%（差异不显著）；而第三年则表现为减产，但差异不显著（表 1-16）。高分子肥在比传统化肥氮肥施用量减少 17%且不追肥的情况下，连续 3 年均表现为增产，增产幅度分别为 12.1%、2.1%和 12.6%，但差异不显著。从 3 年的产量数

据来看，脲醛缓释肥处理产量最高，其次是高分子肥处理，常规化肥产量最低。

表 1-16 施用不同肥料对玉米产量及其构成因素的影响

年份	处理	产量（千克/公顷）	百粒重（克）	穗粒数（个）	穗长（厘米）
2015	常规肥	12 328.50 b	36.88 a	620.17 b	19.39 a
	脲醛肥	14 584.62 a	37.21 a	657.77 a	19.41 a
	高分子肥	13 825.71 ab	37.55 a	634.92 ab	19.19 a
2016	常规肥	13 321.63 a	39.45 b	601.06 a	18.15 a
	脲醛肥	15 517.70 a	40.19 b	583.20 a	17.67 a
	高分子肥	13 603.39 a	41.70 a	617.60 a	18.57 a
2017	常规肥	12 075.70 a	34.12 c	627.11 a	19.56 a
	脲醛肥	11 821.45 a	38.65 a	585.19 a	18.78 a
	高分子肥	13 600.10 a	37.20 b	581.19 a	19.22 a

注：样本数为 5。

六、经济效益分析

在生产投入方面，常规化肥投入为 150 元/亩，高分子肥投入为 140 元/亩，脲醛缓释肥投入为 130 元/亩。收益和产投比均表现为脲醛肥>高分子肥>常规肥，与常规化肥相比，施用脲醛肥和高分子肥的产投比分别提高 22.2%和 4.6%（表 1-17）。

表 1-17 施用不同肥料的产投明细

处理	整地（元/亩）	生产资料（元/亩）			生产管理（元/亩）				产量（千克/亩）	产投比
		种子	化肥	农药	播种	除草	中耕	收获		
高分子肥	45	50	150	30	25	22	20	70	1 270	3.16
常规肥	45	50	140	30	25	22	20	70	1 243	3.02
脲醛肥	45	50	130	30	25	22	20	70	1 448	3.69

注：玉米价格按 1.40 元/千克计算，试验年份为 2016 年。

七、潜在环境风险

农田土壤 CO_2 排放通量和 N_2O 排放通量季节变化规律见图 1-22。

在玉米整个生育期，土壤 CO_2 累积排放量以常规肥处理最高，达到 6 798.47 千克/公顷，脲醛缓释肥处理最低，为 5 292.82 千克/公顷，但与高分子肥处理间的差异不显著；施用脲醛缓释肥和高分子肥均显著减少了 N_2O 累积排放量，且以高分子肥为最低（表 1-18）。

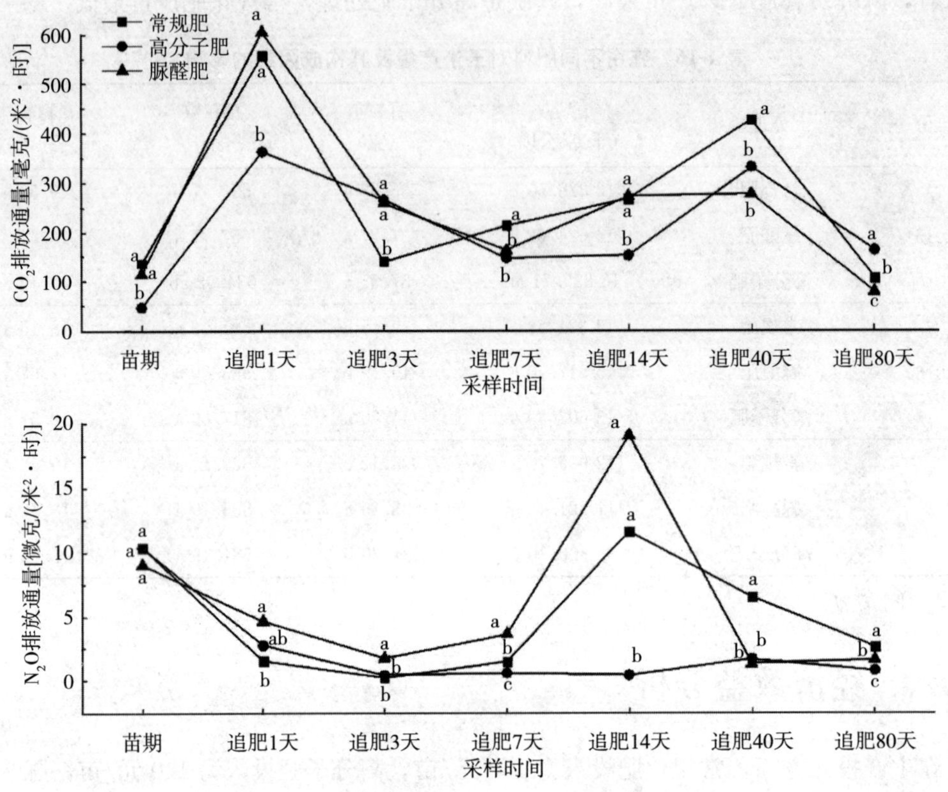

图 1-22 施用不同类型肥料土壤 CO_2 和 N_2O 排放通量

表 1-18 不同施肥处理下温室气体的累积排放量

单位：千克/公顷

处 理	CO_2 累积排放量	N_2O 累积排放量
常规肥	6 798.47 a	0.185 a
脲醛肥	5 292.82 b	0.162 b
高分子肥	5 432.58 b	0.087 c

八、推广政策建议

（一）加大农业执法力度

当前市场上销售的缓控释肥产品杂而多，价格参差不齐，以次充好更是不胜枚举，建议农业相关部门加大执法力度，保证缓控施肥的品质与宣传内容一致。

（二）搞好宣传培训，提高群众积极性

通过集中办班、专题报道、巡回宣传等形式宣传缓释肥的应用效果。同时，构建科技示范田，组织农民观摩，最好由农业推广部门联合经销商、示范户、厂家分别从不同的角度对观摩者进行讲解，使农民亲身体会到施用缓释肥料的好处。

（三）缓释肥价格补贴

现今市场上缓控释肥料价格高昂，较普通复合肥价格高 800～1 500 元/吨，建议政府部门设立缓释肥补贴，建议补贴标准为 600～800 元/吨。

技术编写者及依托单位：董智、侯志研、白伟、牛世伟、冯晨、苏建党、董俊等　辽宁省农业科学院耕作栽培研究所

联系电话：024-31024900

电子邮箱：dongzhi1207@163.com

辽河流域玉米种植有机肥替代化肥技术

一、技术概述

土壤有机碳是表征土壤质量的重要指标。有机肥的施入和农作物秸秆还田是农田土壤有机物输入的主要途径。辽河流域是北方春玉米的主要生产区，由于长期的土壤耕作和频繁翻耕、过量施用化肥、农作物秸秆就地焚烧、农作经营方式粗放，导致土壤侵蚀和退化发生。施用有机肥是实现种养结合、部分替代化肥的绿色生产技术，是改善农田土壤生态环境、促进农业可持续发展的有效手段。

二、技术适用范围与条件

本技术适用于北方春玉米种植区。

三、技术规程与流程

（一）整地施肥

秋天玉米收获后，地表秸秆全部移走，增施有机肥 30 吨/公顷，有机肥需均匀覆盖地表，旋耕（耕深 12～15 厘米）灭茬，然后用 V 形镇压器镇压 1 遍；或秋天秸秆全部粉碎还田，秸秆长度需小于 5 厘米，细碎均匀，采用翻耕＋旋耕的方式进行还田作业，翻耕深度≥25 厘米，旋耕深度 12～15 厘米，然后用 V 形镇压器镇压 1 遍。

（二）播种条件

5～10 厘米的土壤温度稳定通过 10 ℃，土壤含水量达到田间持水量的 60％以上，即为播种适宜期。

（三）播种

1. **种子质量**　选用籽粒均匀、饱满，无病虫和杂质的玉米杂交种，种子发芽率在 98％以上，且达粮食作物种子质量标准（GB 4404.1—2008）。

2. **种子包衣**　播种前 1 周应进行晒种，并依据生产实际包衣，具体操作参照 GB/T 15671—2009 执行。同时，建议播种时在种箱内用少量石墨粉拌种，增加种子光滑度以利于播种。

3. **播种深度** 播种深度以覆土镇压后种子距地表3～5厘米为宜，依据土壤墒情调节播种深度，但最大深度不宜超过7厘米。

4. **播种质量** 播种作业质量应达到NY/T 1628—2008标准，单粒率97%以上，空穴率3%以下。种植密度：密植型品种以6万株/公顷为宜，稀植型品种不宜超过5万株/公顷。

（四）施肥

1. **化肥品质** 选用粒状肥料，优先选择粒径均匀、颗粒硬度适宜的缓控释化肥。

2. **施肥量** 依据当地农业生产实际合理施用玉米专用缓控释肥，一般建议较传统普通复合肥施肥量减施10%～20%。采用秸秆还田作业第一年，建议多增施氮肥100千克/公顷，连续秸秆还田后续年份可不用增施氮肥。根据玉米后期长势决定追肥及追肥量。

3. **施肥深度** 采取侧位深施方式施肥，要求种、肥（底肥）横向间隔5～7厘米，施肥深度12厘米以上。

（五）杂草防控

1. **农业防控** 通过作物轮作的方式防止或降低伴生性杂草。

2. **化学防控** 采用苗前封闭为主、苗后触杀为辅的原则防控田间杂草。用50%乙莠合剂3 000毫升/公顷苗前封闭除草，如苗前除草效果不佳，可在出苗后用烟嘧磺隆等除草剂进行杂草茎叶处理。

（六）病虫害防治

1. **农业防治** 实行2～3年轮作1次，选用抗病、抗虫的品种，适期播种，合理密植，清除田间和田边杂草，及早铲除病株。

2. **物理防治** 根据害虫生物学特点，采用黑光灯、频振式灯、糖醋液、黄色黏虫板、银灰膜等方法诱杀害虫。

3. **生物防治** 保护害虫天敌资源防控虫害；利用植物源、抗生素源、活体农药、病毒类农药等防治病虫害，如玉米心叶期，用含40亿～80亿个/克孢子的白僵菌粉制成颗粒施在玉米顶叶内侧防治玉米螟。

4. **化学防治**

（1）玉米大斑病。喷洒50%多菌灵可湿性粉剂500倍液或50%甲基硫菌灵可湿性粉剂600倍液，隔10天喷1次，连续防治2～3次。

（2）玉米褐斑病。苯菌灵和甲基硫菌灵500倍液叶面喷雾防治。

（3）玉米灰斑病。75%百菌清可湿性粉剂500倍液或20%三唑酮乳油1 000倍液叶面喷雾防治。

（4）玉米丝黑穗病。选用15%三唑酮可湿性粉剂按种子质量的0.5%拌种或13%烯唑醇可湿性粉剂按种子质量的0.3%拌种。

（5）玉米顶腐病。用25%三唑酮可湿性粉剂按种子质量的0.2%拌种。

（6）玉米纹枯病。发病初期，用5%井冈霉素1 500～2 300毫升/公顷，或20%井冈霉素粉剂375克/公顷，加水750～900千克茎叶喷雾。

（7）地下害虫。如地老虎、蛴螬、蝼蛄、金针虫等，每公顷用50%辛硫磷乳油1 500毫升，加水7.5千克，拌225千克细干土制成毒土，随肥施入土壤。

（8）玉米螟。心叶期是防治该虫的关键时期，每公顷用20%氯虫苯甲酰胺200～300毫升兑水450千克喷雾防治玉米螟，也可将辛硫磷、敌百虫等颗粒剂或毒土放入心叶。打苞露雄期用90%晶体敌百虫2 000倍液灌药杀死雄穗中的幼虫，穗期用50%敌敌畏或90%晶体敌百虫800～1 000倍液点滴雌穗。

（9）黏虫。当每平方米查测幼虫达0.5头时，每亩4.5%高效氯氰菊酯50毫升加水30千克均匀喷雾，或用2.5%高效氯氟氰菊酯乳油，或2.5%溴氰菊酯乳油1 000～1 500倍液，或10%吡虫啉2 000～2 500倍液喷雾防治。

5. **用药要求** 采取农业防治、生物防治为主，化学防治为辅的方式防控病虫害。加强病虫害预测预报，做到有针对性地适时用药，未达到防治指标或益害虫比合理的情况下不用药。根据防治对象的特性和危害特点，允许使用生物源农药、矿物源农药和低毒有机合成农药，有限度地使用中毒农药，禁止使用剧毒、高毒、高残留农药，严禁使用禁止使用的农药和未核准登记的农药。注意不同作用机理的农药合理交替使用和混用，以提高防治效果。坚持农药的正确使用，严格按使用浓度施用，施药力求均匀周到，不漏施、不重施。

（七）收获

根据当地的栽培制度、气象条件、品种熟性和田间长势灵活掌握收获时期。粒用玉米要在完熟期收获，判定标准如下：

（1）根据田间长势。玉米植株基部叶片变黄、苞叶呈黄白色而松散，是成熟的标志。

（2）根据籽粒状况。籽粒乳线消失，坚硬光滑，基部形成黑色层时要及时收获。

四、面源污染物减排效果

比较了施用有机肥、秸秆还田、传统耕作（单施化肥、秸秆不还田）3种种植模式对土壤养分的影响（图1-23）。秸秆还田显著降低了表层土壤速效氮的含量，减幅达34%，但对土壤有效磷的影响不显著；而增施有机肥对表层土壤速效氮的影响不显著，显著降低了土壤有效磷的含量，降幅达40%。施用有机肥和秸秆还田对40厘米以下土层土壤有效磷含量影响不显著；增施有机肥显著增加了40厘米以下土层土壤速效氮的含量，增幅25%～125%，秸秆还田对下层土壤速效氮的影响不显著。

秸秆还田显著增加了表层土壤全氮和全磷的含量，增幅分别为121%和62.5%；施用有机肥显著增加了土壤全磷的含量，增幅为35%，对土壤全氮含量的影响不显著（图1-24）。施用有机肥和秸秆还田对耕层以下土壤全氮的影响不显著；施用有机肥和秸秆还田增加了60厘米以下土层全磷的含量，增加幅度为9.2%～46.6%。

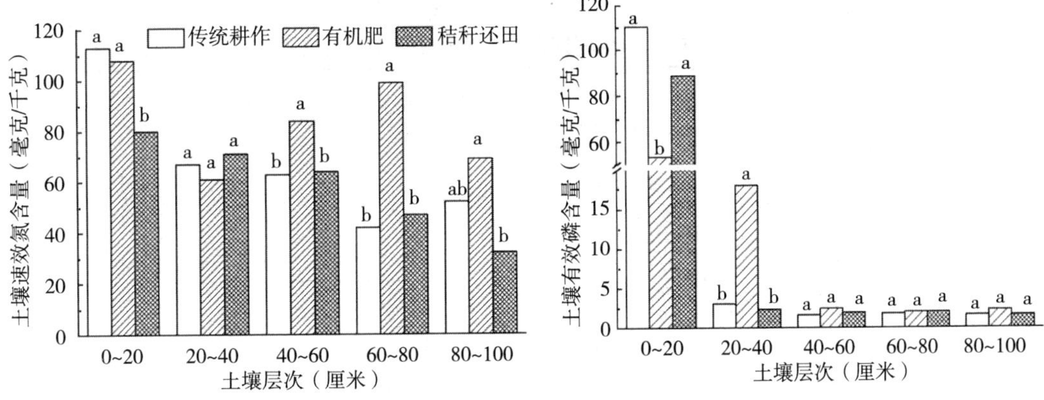

图 1-23 不同种植模式下土壤剖面速效氮、有效磷含量分布

注：图中数据指收获后。

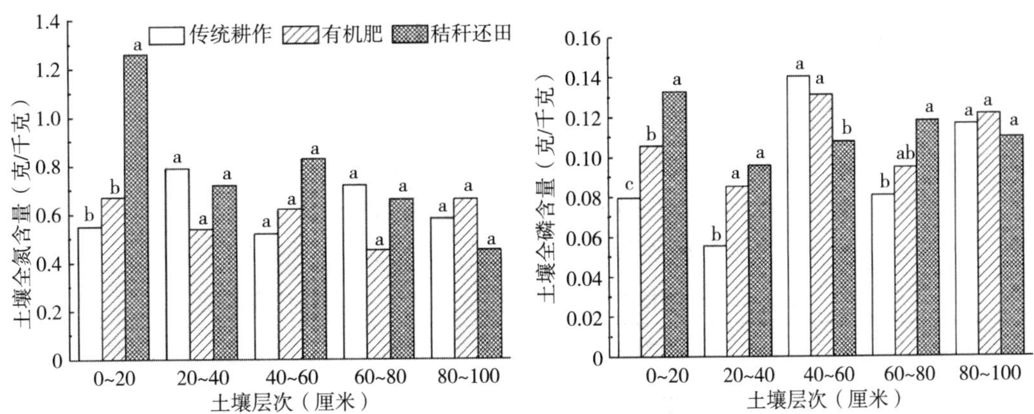

图 1-24 不同种植模式下土壤剖面全氮、全磷含量分布

在施肥量相同的条件下，施用有机肥和秸秆还田增加了氮磷养分在土壤中的残留，因此生产中采取施用有机肥和秸秆还田的方式，可以适当降低化肥的施用量（表 1-19）。若同量施用化肥的条件下，有增加氮磷流失的风险。

表 1-19 辽河流域玉米种植有机肥替代化肥技术评价

技术名称	技术适用条件	面源污染物减排	生产影响	经济效益	环境风险
辽河流域玉米种植有机肥替代化肥技术	北方旱作春玉米种植区	氮肥投入量减少 20%，磷钾肥投入量减少 5%～10%，减轻面源污染风险	增产 15.1%～25.6%	收益增加 20%～25%	增加土壤 CO_2 排放量 35%

五、对生产的影响

秸秆还田在第一年对玉米产量的影响不显著，但有增加玉米产量的趋势；施用有机肥可显著增加玉米产量，3 年间增产 15.1%～25.6%。同时，增施有机物料还增加了玉米的百粒重、穗粒数及穗长（表 1-20）。

表 1-20 施用有机肥和秸秆还田对玉米产量及其构成因素的影响

年份	处理	产量 （千克/公顷）	百粒重 （克）	穗粒数 （个）	穗长 （厘米）
2015	传统耕作	10 758.13b	33.40 a	585.10 a	17.91 a
	有机肥	13 281.94 a	33.90 a	618.19 a	18.51 a
	秸秆还田	11 488.50b	35.70 b	640.60 a	19.22 a
2016	传统耕作	11 493.86 b	41.53 a	630.80 a	17.87 a
	有机肥	14 336.16 a	41.15 a	629.73 a	18.67 a
	秸秆还田	13 817.43 a	41.36 a	658.13 a	18.77 a
2017	传统耕作	13 399.60b	38.19 a	645.78 a	20.79 a
	有机肥	15 416.20 a	37.69 b	646.89 a	19.56 a
	秸秆还田	14 931.25 ab	37.71 b	596.07 b	18.39 b

六、经济效益分析

施用有机肥和秸秆还田虽然增加了整地的成本，但增加了玉米的产量，其收益较传统种植增加 20.2%～24.8%，产投比增加 9.6%～13.8%（表 1-21）。

表 1-21 施用有机肥和秸秆还田对玉米经济效益的影响

处理	整地 （元/亩）	生产资料 （元/亩）			生产管理 （元/亩）				产量 （千克/亩）	产投比
		种子	化肥	农药	播种	除草	中耕	收获		
传统耕作	45	50	150	30	25	22	20	70	766	2.60
有机肥	85	50	150	30	25	22	20	70	956	2.96
秸秆还田	85	50	150	30	25	22	20	70	921	2.85

注：玉米价格按 1.40 元/千克计算，试验年份为 2016 年。

七、潜在环境风险

自追肥开始，秸秆还田条件下农田 N_2O 的排放通量显著高于传统耕作，增幅始终高于 57.1%；同时，显著增加了土壤 CO_2 的排放通量，增幅在 70%以上。增施有机肥前期对土壤 N_2O 的排放影响不显著，但后期排放量增加显著，增幅在 65%以上；增施有机肥也显著增加了土壤 CO_2 的排放通量，增幅在 35%以上（图 1-25）。

八、推广政策建议

施用有机肥和秸秆还田能提高农田地力、稳定粮食产量，有利于保障国家粮食安全和

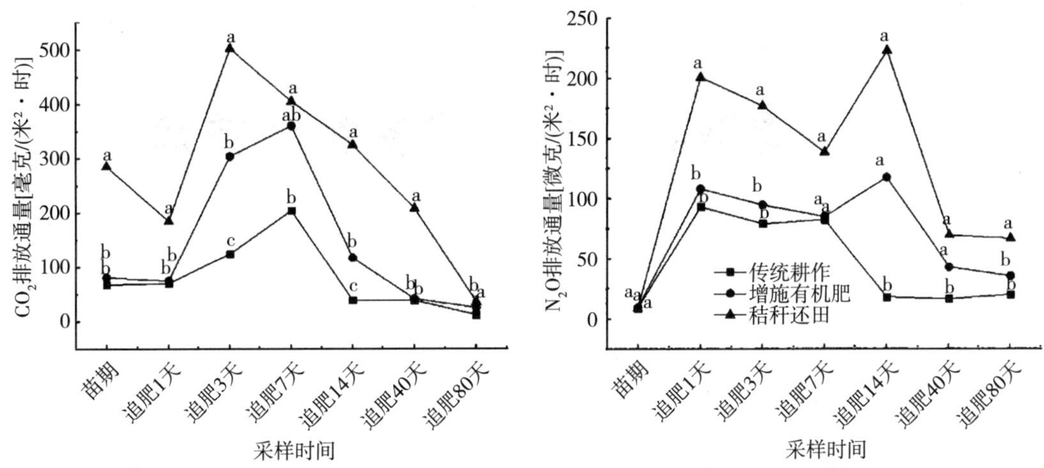

图 1-25 施用有机肥和秸秆还田对土壤 CO_2、NO_2 排放通量的影响

农业的可持续发展。但在农业生产中，无论是采用秸秆还田的方式，还是采用增施有机肥的方式，均需要增加农机作业和人工的成本。以秸秆还田为例，在整地环节需要增加农机翻耕作业 1 次，费用为 40 元/亩；同时，还需要耙地或旋耕作业 1 次，费用为 30 元/亩。因此，建议每亩补贴 50 元，以秸秆还田实际作业面积为统计依据，引导农民逐渐自发采用此项技术。

技术编写者及依托单位：侯志研、董智、白伟、黄淑萍、邓林军、董俊、苏建党等
辽宁省农业科学院耕作栽培研究所

联系电话：024-31024900

电子邮箱：dongzhi1207@163.com

辽河流域花生叶面追施氮肥技术

一、技术概述

花生是需氮量较多的一种农作物，其氮素营养来源主要有根瘤固氮、土壤和外源肥料3条途径。常规观点认为，花生需氮量的70%～80%由根瘤固氮提供。近几年高产实践证明，花生根瘤固氮只能满足其需氮量的40%～60%，50%以上的氮素需从土壤和肥料中获得。花生苗期要靠植株吸收氮素来维持根瘤的生长与发育，适量的氮肥对花生苗期叶绿素合成也十分必要。目前，辽河流域花生种植一般在始花期一周后追施一次氮肥。而研究表明，此时追施氮肥对花生固氮酶活性的抑制作用较重，后期追肥抑制作用较轻，分次缓施氮肥可以减轻氮肥对根瘤侵染的抑制作用，提高豆科作物的根瘤固氮能力。一次性过量施氮会造成花生营养体徒长倒伏，经济系数降低，限制根瘤菌的侵染、繁殖和固氮能力，影响根瘤对花生的供氮数量，降低氮肥利用率，同时加大收获期氮在土壤中的残留甚至有可能引起N_2O等温室气体的排放、地表水富营养化、地下水污染等环境问题。

二、技术适用范围与条件

本技术适用于生长季降水量在300毫米以上、年均气温在6℃以上的北方花生种植区，全程机械化生产适宜在坡度小于5°的情况下进行。

三、技术规程与流程

（一）整地

1. **秋整地**　前茬作物收获后，在土地封冻前进行翻耕，深度25～30厘米，不耙压，保持地表粗糙，翌年顶凌期耙压；采取旋耕灭茬整地方法，深度12～15厘米，不耙压或当秋起垄。

2. **春整地**　风沙土在播种前1～2天进行翻耕整地，深度25～30厘米，翻耕后随即耙压，随后施肥起合垄；采取旋耕灭茬整地方法，深度12～15厘米，随后施肥起合垄。

（二）播种条件

5～10厘米的土壤温度稳定通过12℃，土壤含水量达到田间持水量的60%以上，即为播种适宜期。

（三）播种

1. **种子质量** 选取300粒种子放入容器内，再放入3份凉水、1份开水，将种子浸泡24小时，将水滤去，再用同样温度的湿布盖起来，放在25℃的环境中发芽，3天后测发芽势，5天后测发芽率。发芽率达95%以上方可作种，且达作物种子质量标准（GB 4407.2—2008）。

2. **晒种** 播种前15天左右选晴天10时，将荚果摊在泥土场上晒5～6小时，摊晒厚度约6厘米，连晒2～3天。

3. **分级粒选** 剥壳前选整齐一致的荚果，之后剥壳。剥壳后选大小整齐一致、饱满度好、无损伤、无裂纹的种仁作种子。

4. **播种深度** 播种深度以覆土轻镇压后种子距地表3～5厘米为宜。

5. **密度** 每公顷12万～15万穴，每穴2粒，穴距因品种和行距而定。

6. **播种方式**

（1）小垄单行播种。采用机械播种或人工播种。垄台开沟，每穴2粒，等穴距播种，沟内侧施种肥，种、肥间隔5厘米以上，均匀覆土。

（2）大垄双行播种。采用机械播种或人工播种。在畦面平行开两条相距40厘米的沟，畦面两侧均留10～15厘米。每穴2粒，等穴距播种，沟内侧施种肥，种、肥间隔5厘米以上，均匀覆土。畦面中间稍洼，呈M形。

（3）覆膜播种。成畦台面宽70厘米，畦高10～12厘米，畦沟宽30厘米。地膜应选用线性聚乙烯薄膜，厚度为0.010～0.016毫米，每公顷用量67～75千克。覆膜前用90%乙草胺与960克/升精异丙草胺按有效成分1∶1配比，每公顷用药1.75千克，兑水750～1 125千克喷雾进行土壤封闭，防除杂草。风沙土花生地膜顶凌期覆盖（比常规覆膜时间提前40～50天）保墒、防风蚀效果更好。

7. **杂草防治** 播种镇压后，喷洒除草剂90%乙草胺乳油，每公顷用量1 500～1 800毫升，或72%异丙甲草胺乳油，每公顷用量1 500～2 250毫升，兑水750～1 125千克，混匀喷洒。土壤干旱，含水量低于田间持水量的40%时，水量应加倍。

（四）施肥

1. **基肥** 随秋季或春季整地作垄时，施腐熟圈粪、沤制绿肥等，每公顷施30～45米^3。

2. **种肥** 每公顷施用磷酸二铵150千克、硫酸钾150千克，土壤速效锌含量<0.5毫克/千克时，每公顷加施硫酸锌15～30千克，播种时沟施于种子侧下方5～7厘米处。

3. **追肥** 采用1%～2%尿素水溶液，于开花期叶面喷施，每次每公顷喷施溶液900千克，每隔1周喷1次，连续喷3次。

（五）病虫害防治

结合施肥（种肥/追肥）防治病虫害。

1. **病害防治** 农药使用应符合 GB/T 8321 的规定。

(1) 根腐病和茎腐病。用种子质量 0.3%～0.5%的 50%多菌灵可湿性粉剂拌种或用 2.5%咯菌腈种衣剂按 1∶500（药∶种）进行包衣，直到每粒种子上都均匀包上药剂后，在阴凉（避光）通风处摊开晾干即可播种。

(2) 叶斑病和疮痂病。当田间发病株率达 5%以上时开始防治。第一次防治一般是 7 月 15 日左右，用 70%甲基硫菌灵 675 克/公顷和 10%己唑醇 337.5 毫升/公顷，兑水 675 千克/公顷；第二次一般是 7 月 22 日左右，用 25%苯醚甲环唑 225 毫升/公顷，兑水 675 千克/公顷；第三次一般是 8 月 1 日左右，用 10%己唑醇 675 毫升/公顷，兑水 45 千克/公顷。结合追肥防治。

(3) 花生根结线虫病。3%克百威颗粒剂每公顷 60～75 千克，播种时沟施。

(4) 花生锈病。发病初期，每公顷用 75%百菌清可湿性粉剂 1 500～1 875 克，兑水 900～1 125 千克喷雾，或每公顷用硫酸铜、生石灰和水比例为 1∶2∶200 的波尔多液 900 千克喷雾，连续喷施 2～3 次，每次间隔 10～15 天。严重时两种杀菌剂交替使用，每次间隔 8～10 天。

(5) 花生病毒病。早期防蚜，及早清除田间周围杂草，减少蚜虫传播病毒。普遍查田，发现病株，及早拔除。

2. **虫害防治**

(1) 地下害虫。每公顷用 10%毒死蜱 15～30 千克，盖种沟施。若有秋季地下害虫发生多的地块，可将 3%辛硫磷颗粒剂或毒死蜱条施于花生根 5 厘米处。

(2) 蒙古灰象甲和大灰象甲。用 200 倍液敌百虫浸泡蔬菜叶制成毒饵，在花生出苗前，于傍晚撒布田间进行诱杀。

(3) 蚜虫。用 0.3%苦参碱水剂每公顷 7 500 毫升配成 100 倍液，或用 50%抗蚜威可湿性粉剂每公顷 150～270 克配成 2 000～2 500 倍液，进行茎叶喷洒。

(4) 棉铃虫。用 2.5%敌百虫粉剂每公顷 30.0～37.5 千克，早晨或傍晚喷施。

（六）收获

当果壳网纹逐渐清晰，颜色由黄色逐渐变成暗黄色或者日平均气温降到 12℃时进行机械刨收，一般正常年份为 9 月 17 日至 23 日。刨收后就地晾晒，干后机械摘果。

（七）安全储藏

摘果后，将荚果在泥土场上晾晒。当荚果含水量低于 10%，或籽仁含水量降至 6%以下，气温降至 10℃以下时装袋入库储藏。包装袋易透气，库房要通风干燥，不存放化肥、农药。

四、面源污染物减排效果

花生苗期施适量氮有利于叶绿素的合成，因为此期根瘤不但不能为花生植株提供氮源，而且要靠植株吸收氮素来维持根瘤的生长与发育。但后期施过量氮不但不利于根瘤的生育，还易造成花生徒长。叶面补充氮肥是保障产量、减少氮肥用量的一项有效措施。与常规追肥相比，叶面追肥方式的氮肥用量较常规追肥减少 64%，但并未影响土壤总氮、总磷在土壤剖面中的分布（图 1-26）。

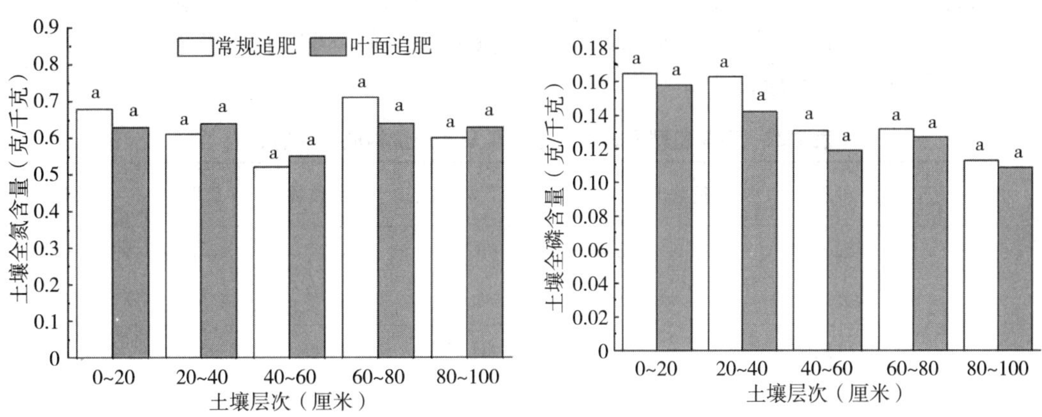

图 1-26 常规追肥和叶面追肥模式下土壤剖面全氮、全磷含量分布

与常规追肥相比，叶面补充氮肥的方式对土壤剖面中有效磷含量的影响不显著；但显著降低了土壤表层速效氮的含量，0～20 厘米和 20～40 厘米土层速效氮含量减少 25%～40%（图 1-27），并且由于施氮量减少，因此有利于减少面源污染（表 1-22）。

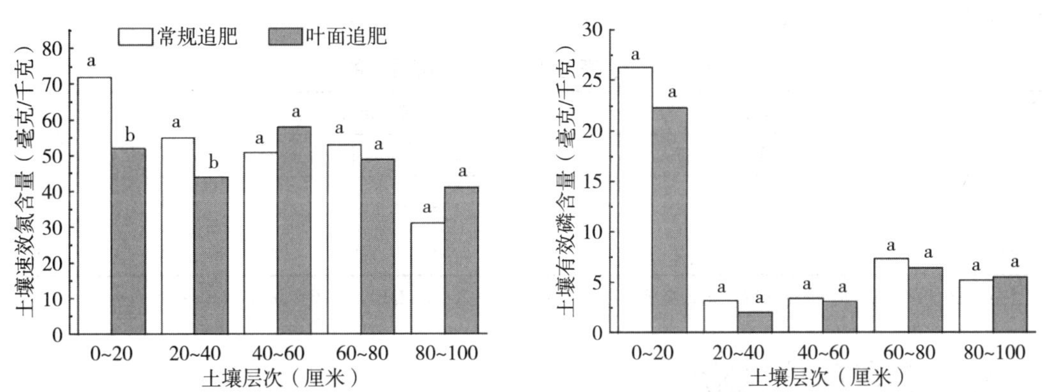

图 1-27 常规追肥和叶面追肥模式下土壤剖面速效氮、有效磷含量分布

表 1-22 辽河流域花生叶面追施氮肥技术评价

技术名称	技术适用条件	面源污染物减排	生产影响	经济效益	环境风险
辽河流域花生叶面追施氮肥技术	雨养条件下的北方花生种植区	减少氮肥追施量 64%	对产量没有显著影响	没有显著影响	叶面追肥显著降低了 N_2O 的排放量 20%左右

五、对生产的影响

常规追肥与叶面追肥对花生的产量、百仁重、分枝数及总果数的影响均不显著（表1-23）。在施足底肥的情况下，后期采用叶面补施氮肥措施，可以实现稳定花生产量的同时降低氮肥施用量的目标。

表 1-23 不同追肥方式对花生产量及其产量构成因素的影响

年份	处理	产量（千克/公顷）	百仁重（克）	分枝数	总果数	秕果数
2016	叶面追肥	4 468 a	76.07 a	8.87 a	13.80 a	3.40 a
	常规追肥	4 502 a	73.25 a	7.73 a	13.00 a	2.67 b
2017	叶面追肥	4 557 a	66.97 a	7.33 a	11.82 a	0.88 b
	常规追肥	4 104 a	68.67 a	6.89 a	13.84 a	1.56 b

六、经济效益分析

在生产资料方面，叶面追肥可减少化肥投入 13 元/亩，但增加了农机进地作业次数，其成本增加 20 元/亩。在亩收益方面，两者间相差 150 元。在产投比方面，施用叶面肥较常规追肥提高 9.5%（表 1-24）。

表 1-24 不同追肥方式对花生经济效益的影响

处理	整地（元/亩）	生产资料（元/亩）			生产管理（元/亩）				产量（千克/亩）	产投比
		种子	化肥	农药	播种	除草	中耕	收获		
叶面追肥	45	150	97	30	25	22	40	100	304	2.99
常规追肥	45	150	110	30	25	22	20	100	274	2.73

注：花生价格按 5 元/千克计算，花生喷施叶面肥作业费用计入中耕费用。试验年份为 2017 年。

七、潜在环境风险

不同施肥处理的甲烷（CH_4）排放通量为负，表明花生田土壤对 CH_4 以吸收为主（图 1-28）。不同施肥处理的农田土壤 CO_2 排放通量总体变化趋势相似，土壤 CO_2 排放在追肥 14 天（7 月 29 日）出现排放高峰，叶面追肥处理 CO_2 排放通量显著高于常规追肥处理，CO_2 排放通量提高 34%～53%。叶面追肥的土壤 N_2O 排放通量均在低水平且有降低的趋势，而常规追肥在追肥 14 天出现峰值，N_2O 排放通量达到 4.98 毫克/（米^2·时），随后各处理 N_2O 排放通量开始下降。

在整个生育期，常规追肥和叶面追肥的土壤 CO_2 累积排放量差异不显著；常规追肥的N_2O累积排放量较叶面追肥处理增加了 35%，同时常规追肥也显著增加了土壤的 CH_4

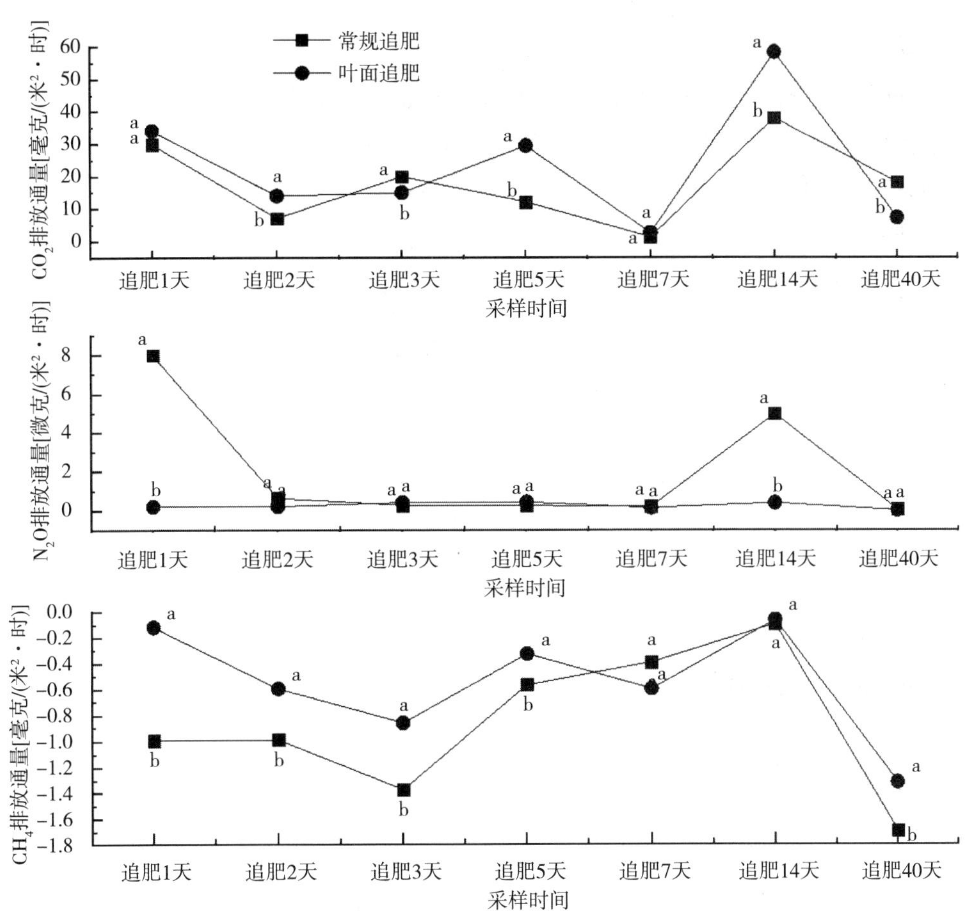

图 1-28　常规追肥和叶面追肥模式下土壤 CO_2、N_2O 和 CH_4 和排放通量

吸收量（表 1-25）。

表 1-25　不同追肥方式对土壤温室气体的累积排放量的影响

单位：千克/公顷

处　理	CH_4 累积排放量	CO_2 累积排放量	N_2O 累积排放量
常规追肥	−20.49 b	485.59 a	0.080 a
叶面追肥	−16.08 a	463.75 a	0.059 b

八、推广政策建议

（一）适度规模经营

随着经济的发展，全程机械化是农业的必然选择。目前，花生的主要种植区域在干旱瘠薄地区，地块小且零散，不利于机械化作业。机械化叶面施肥，作业宽幅均在 6 米以上，因此适度的规模经营更利于提高作业效率及种植收益。

（二）财政补贴

采用叶面追肥的方式，可以减少氮肥用量，显著降低土壤速效养分残留以及温室气体 N_2O 的排放，有利于保护环境；但较常规土壤追肥增加农机作业 2 次，每次成本约 20 元/亩。因此，建议直接给应用花生叶面追肥的农户每亩补贴 20 元，或者一次性补贴购买田间叶面追肥装置的费用 200 元。

（三）搞好宣传培训，提高农民的参与性

通过集中办班、专题报道、巡回宣传等形式宣传叶面追肥的应用效果及其对环境保护的好处，同时构建科技示范田，组织农民观摩，引导农民参与接受叶面补充氮肥的施肥方式。

技术编写者及依托单位：侯志研、董智、邓林军、董俊、杨志会、苏建党等　辽宁省农业科学院耕作栽培研究所

联系电话：024-31024900

电子邮箱：dongzhi1207@163.com

辽河流域花生玉米4∶4年际间轮作技术

一、技术概述

2017年辽宁省花生种植面积600万亩，居全国第五位，已成为全国重要的优质花生生产、加工和出口基地。花生适宜种植在疏松的沙壤土上，辽河流域的花生主要分布在辽西北等风沙比较严重的地区。花生收获后地表疏松、大面积裸露，常遭受冬春季的强劲季风侵蚀，风蚀已经成为制约花生可持续发展的主要因素。连续4年的大田试验表明，玉米花生4∶4年际间轮作（即在间作的基础上进行玉米花生茬轮作）土地当量比较高，而且有利于机械化作业，提高了农业生产效率。

二、技术适用范围与条件

本技术适用于北方旱作春玉米、花生种植区，也适用于其他玉米花生可间轮作的区域。

三、技术规程与流程

（一）整地

农作物收获后，不耕整土地，在播种前1～2天进行翻耕整地，深度25～30厘米，翻耕后随即耙压，随后施肥起合垄；采取旋耕灭茬整地方法，深度12～15厘米，随后施肥起合垄。

（二）播种条件

5～10厘米的土壤温度稳定通过8℃，土壤含水量达到田间持水量的60%以上，先进行玉米播种；待5～10厘米的土壤温度稳定通过12℃，播种花生。

（三）播种

1. **种子质量**　花生种子质量符合GB 4407.2—2008，玉米种子质量符合GB 4404.1—2008的要求。

2. **晒种**　花生播种前15天左右选晴天10时，将荚果摊在泥土场上晒5～6小时，摊晒厚度约6厘米，连晒2～3天，之后剥壳；玉米播种前一周进行晒种，并依据生产实际包衣，具体操作参照GB/T 15671—2009执行。

3. **播种深度** 播种深度以覆土轻镇压后种子距地表3～5厘米为宜。

4. **密度** 玉米花生均按50厘米垄距种植，先播种玉米4垄，株距9寸（约29.7厘米），然后空4垄待温度适宜时播种花生。玉米花生间作种植，花生播种株距为4寸（约13.2厘米），一穴双粒种植。翌年花生茬口与玉米茬口交换，继续玉米花生4∶4间作种植。

5. **杂草防控** 依据农作物类型选择适宜除草剂进行杂草防控，注意玉米田除草剂对花生的药害。

（四）施肥

1. **种肥** 花生田每公顷施用磷酸二铵150千克、硫酸钾150千克，土壤速效锌含量<0.5毫克/千克时，每公顷加施硫酸锌15～30千克，播种时沟施于种子侧下方5～7厘米处；玉米田施用专用缓控释肥450千克/公顷，播种时沟施于种子侧下方10～12厘米处。

2. **追肥** 玉米拔节期追施尿素300千克/公顷，花生田在盛花期（始花期后约14天）追施尿素150千克/公顷。

（五）病虫害防治

参照“辽河流域玉米种植有机肥替代化肥技术”和“辽河流域花生叶面追施氮肥技术”分别进行玉米、花生病虫害防治。

（六）收获及储藏

参照“辽河流域玉米种植有机肥替代化肥技术”和“辽河流域花生叶面追施氮肥技术”选择收获时机并储藏。

四、面源污染物减排效果

对比了玉米连作、花生连作和玉米花生4∶4间轮作3种模式。秋收后在0～60厘米土层中，玉米连作显著增加了土壤速效氮的含量，间轮作和花生连作间的差异不显著。玉米连作还显著增加了耕层土壤有效磷的含量，在耕层以下，各处理间有效磷含量的差异不显著（图1-29）。0～40厘米土层中，全氮的含量表现为花生连作显著高于玉米连作；玉米连作下土壤全磷含量在耕层土壤中显著高于花生连作，在耕层以下，各处理间差异不显著（图1-30）。相比于玉米连作，间轮作模式可以降低施肥量，减少农作物收获后土壤中养分的累积，从而降低面源污染的风险；相比于花生连作，间轮作模式可以降低土壤风蚀的风险，还可以减少花生连作障碍（表1-26）。

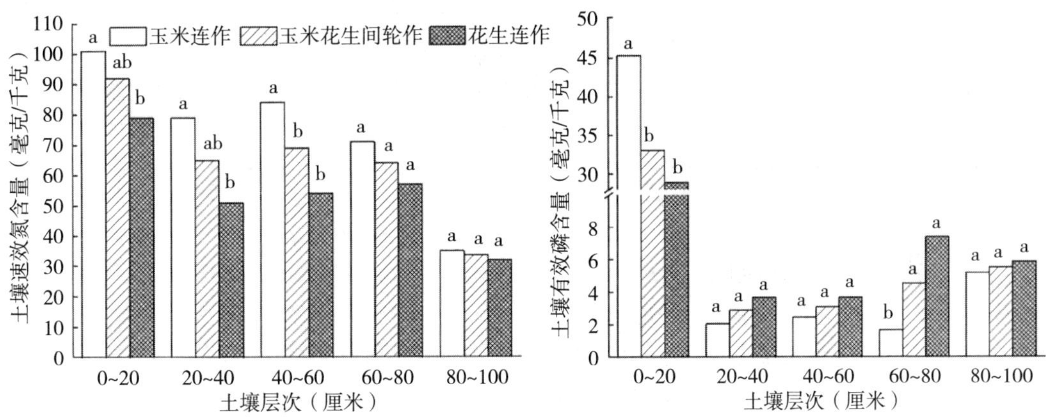

图 1-29　花生玉米连作和 4：4 间轮作下土壤剖面速效氮、有效磷含量分布

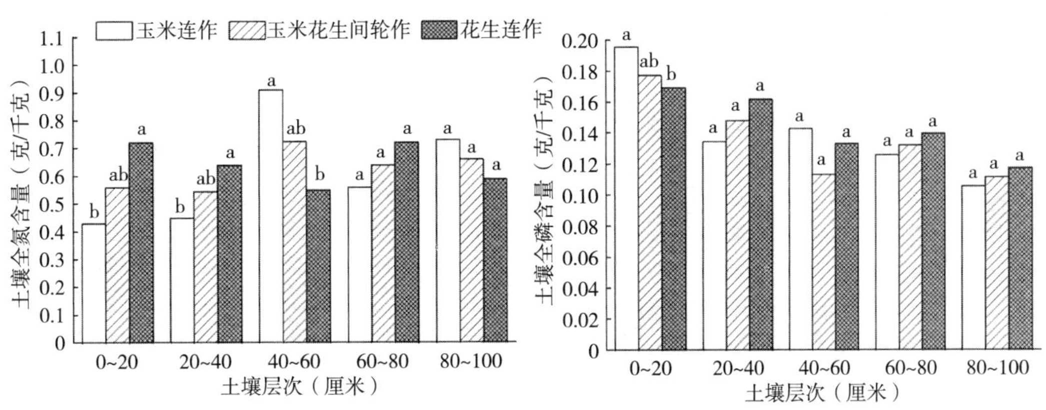

图 1-30　花生玉米连作和 4：4 间轮作下土壤剖面全氮、全磷含量分布

表 1-26　辽河流域花生玉米 4：4 年际间轮作技术评价

技术名称	技术适用条件	面源污染物减排	生产影响	经济效益	环境风险
辽河流域花生玉米 4：4 年际间轮作技术	北方旱作春玉米、花生种植区	可降低土壤风蚀，减少氮磷流失，氮肥投入量减少 15%	减少花生连作障碍和土壤风蚀	比玉米连作高 182 元/亩	N_2O 排放量较玉米连作减少 70%以上，较花生连作减少 6%～35%

五、对生产的影响

间作明显提高了土地当量比，其土地当量比达到 1.06，即间作的增产率为 6%，提高了土地的利用率。在产值方面表现为：玉米花生间轮作＞花生连作＞玉米连作（表 1-27）。受市场价格的影响，间作的产值略有波动，但玉米花生间作轮作可以解决当地花生连作障碍，同时还可以起到防控风蚀的作用，是一种较为可持续的耕作方式。

表 1-27 玉米花生不同种植模式下产量及收益情况

处 理	产量（千克/亩）		土地当量比	产值（元/亩）
	花生	玉米		
玉米花生 4∶4 间轮作	106	1 220	1.06	1 119
花生连作	218	—	—	1 090
玉米连作	—	746	—	1 044

注：玉米价格按 1.4 元/千克、花生价格按 5 元/千克计算。

六、潜在环境风险

玉米花生 4∶4 间轮作较常规玉米连作及花生连作显著降低了农田 N_2O 的排放通量，较玉米连作降低 70%～200%，较花生连作降低 6%～35%（图 1-31）。在土壤 CO_2 排放通量方面，间作条件下的排放量低于玉米连作，略高于花生连作。

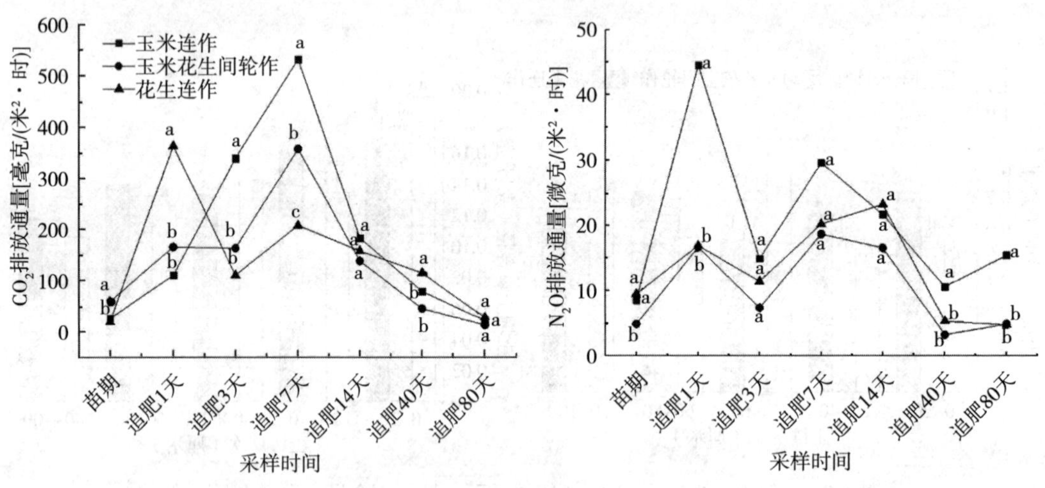

图 1-31 花生玉米连作和 4∶4 间轮作下土壤 CO_2 和 N_2O 排放通量

七、推广政策建议

间作是我国常规农业的精华，玉米花生 4∶4 间作适于机械化作业，同时还能减少农田温室气体排放；玉米花生年际间轮作有利于破解花生主产区的连作障碍及风蚀水蚀严重的难题。建议将玉米花生 4∶4 间轮作纳入轮作休耕的补贴范围之内，进一步扩大玉米花生间轮作的种植面积。

技术编写者及依托单位：侯志研、董智、邓林军、冯晨、白伟、董俊、黄淑萍等 辽宁省农业科学院耕作栽培研究所

联系电话：024-31024900

电子邮箱：dongzhi1207@163.com

辽河流域水稻插秧施肥一体+养蟹整装技术

一、技术概述

2016年辽宁省水稻播种面积为56.3万公顷，占农作物总播种面积的13.8%，仅次于玉米播种面积。稻田养蟹在辽宁盘锦发展势头良好，经济效益高，提高了农民收入。水稻机插秧同步侧深施肥技术（又称水稻插秧施肥一体技术）为农业农村部公布的2018年十项重大引领性农业技术，该技术具有显著提高肥料利用率、促进水稻生长、降低成本等优势，是农业绿色发展的方向。本研究将两项农业绿色生产技术整装在一起，结合盘锦地区水稻生产特点进一步优化水、肥参数，减少辽河流域单季稻面源污染的同时，获得养蟹的收入，使经济效益和环境效益进一步提高。

二、技术适用范围与条件

该技术适用于辽河流域稻田成蟹养殖。

三、技术规程与流程

技术流程图见图1-32。

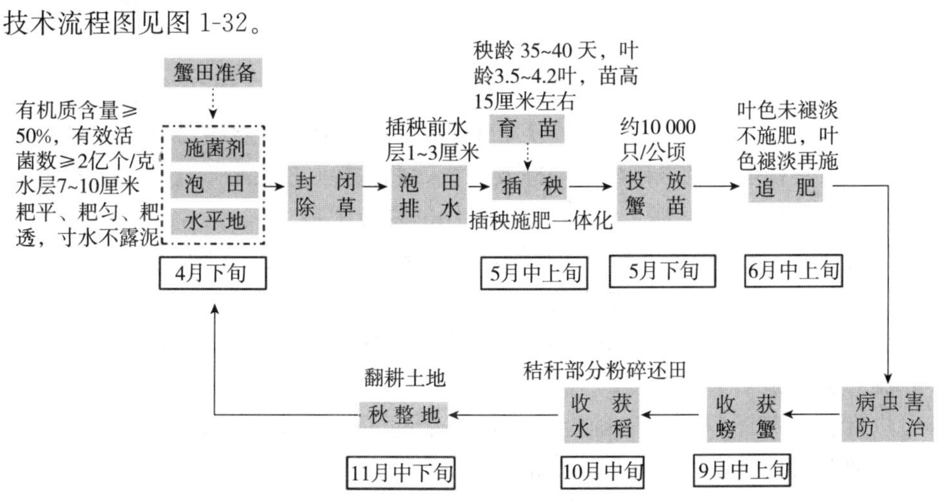

图1-32 辽河流域单季稻面源污染防控整装技术流程图

（一）育苗

1. **苗床施肥** 把肥沃、无农药残留的旱田土和腐熟的猪粪按 7∶3 比例混合堆制，或用旱田土、腐熟草炭和猪粪按 4∶4∶2 比例混合堆制，播种前过 6～8 毫米孔径筛后使用。把充分混合过筛的营养土与水稻苗床调理剂充分混拌后使用。

2. **苗床土制备** 机插普通盘育苗（30 厘米×60 厘米）播芽种 120 克，每盘底土厚度约 2 厘米，用腐殖土或肥沃的表层旱田土作覆土，覆土厚度 0.5 厘米，覆土应均匀一致。钵体盘育苗，每穴播芽种 3～4 粒。

3. **育苗标准** 秧龄 35～40 天，叶龄 3.5～4.2 叶，苗高 15 厘米左右。根据土壤状况和水稻品种确定株行距约 16 厘米×30 厘米，每穴 5～7 株基本苗。插秧深度不超过 2 厘米。移栽基本苗 5 万～7 万株/亩。

（二）本田整地

1. **翻耕** 收割时粉碎秸秆。在第一年 11 月中旬之前完成翻耕，将粉碎的秸秆翻入土下。翻地深度为 15～20 厘米，翻地时要掌握土壤适耕水分，一般在 25%～30%时进行，确保翻地质量。

2. **旱整地** 4 月中旬旱整地。土壤适宜含水量为 15%～20%，耕深 15 厘米左右。旋耕前撒施生物菌肥 150～225 千克/公顷（有机质含量≥50%，有效活菌数≥2 亿个/克）。旋耕深度一般只有 12～14 厘米，连年旋耕会使耕层逐渐变浅而导致水稻减产，提倡两旋一翻。旋耕后进行旱打埝作业，每格 3 亩左右。

3. **水整地** 在旱整地的基础上，于插秧前 10～20 天灌水泡田，采用打浆平地机整地，要求耙平、耙匀、耙透，达到地面高差不过寸、寸水不露泥。

4. **打捞秸秆** 打捞漂浮在水面上的秸秆，以免影响正常插秧。

（三）施肥

1. **施肥原则** 根据水稻需肥规律、土壤养分供应状况和肥料效应，确定相应的施肥量。采用本整装技术，施肥应遵循以下原则：

(1) 肥料种类。可用缓释肥料、掺混肥料、复混肥料等，所有肥料应符合 GB/T 23348、GB 21633、GB/T 15063、NY/T 1112 等相关标准，并获得肥料登记证；养蟹稻田忌用碳酸氢铵、硫酸铵及含硝酸铵等挥发性大、刺激性强的肥料。追施氮肥推荐使用硫酸铵、尿素，钾肥以硫酸钾为主，或者水稻专用的复合肥料。

(2) 肥料剂型。选用高强度颗粒状肥料，要求颗粒均匀、表面光滑、无机械杂质、70%以上呈圆形且直径为 2～4 毫米。勿使用粉末多的肥料或容易成粉的肥料；勿使用含水量高的肥料，含水量应≤2%。尽量使用吸湿性小的肥料，减少使用吸湿性大的肥料。

(3) 施肥量。施肥量因土壤、气候、农作物品种的不同而不同，基于水稻需肥规律、土壤养分供应状况和肥料效应来确定相应的施肥量，一般为当地常规施肥量的 70%～80%。施肥前要对机械进行施肥量的校正。

(4) 施肥方式。采用专用机械在插秧的同时将缓（控）释肥料一次性集中施于秧苗一侧

3～5 厘米处，深度 5 厘米。一般不再追肥，但为确保产量，根据水稻长势可在后期适量追施。

2. 基肥 水稻整个生育期氮肥（N）用量不超过 160 千克/公顷，磷肥（P_2O_5）用量不超过 80 千克/公顷，钾肥（K_2O）用量 60～75 千克/公顷。70%氮肥、全部磷肥及 90%钾肥作为基肥。基肥种类选用缓（控）释复合肥，要求颗粒均匀、硬度高，在插秧时随插秧机一起施入。

3. 追肥 插秧施肥一体化生产方式一般不用追肥，但是为了确保水稻产量，可根据水稻生长情况适量追肥。一般在分蘖期前后追肥，每公顷施氮肥（N）不高于 45 千克，钾肥（K_2O）约 6 千克。追施氮肥推荐使用硫酸铵、尿素，钾肥以硫酸钾为主，或者水稻专用的复合肥料，忌用硫酸氢铵、氯化钾及含硝酸铵等挥发性大、刺激性强的肥料。

要注意“拔节黄”的关键环节，若叶色未褪淡则不施肥，待叶色褪淡再施。若底肥没有施锌肥，可在分蘖期用 50～100 克硫酸锌配成 0.2%的水溶液进行叶面补施。可用含硅、含硒的液体肥料进行叶面喷施。在齐穗至灌浆期用 0.2%～0.3%的磷酸二氢钾等液体肥料喷施。但必须严格控制微量元素肥料施用量，注意作物后效和避免引起河蟹与土壤污染。

（四）河蟹放养管理

1. 放养蟹苗与防逃 放养蟹苗前设置防逃设施，防逃材料选用抗老化、质量好的蟹膜。设置防逃膜要高出地面 60 厘米左右，向内侧稍有倾斜，无褶、无缝隙，拐角处应呈弧形。注排水口处设防逃网。

5 月 28 日左右放养扣蟹，每公顷放养量为 9 000～12 000 只（45～60 千克）。

2. 喂养河蟹 7 月 5 日至 10 日期间，待发现有螃蟹夹食稻苗现象时开始投放饲料（饲料可选择河蟹专用饲料或者新鲜玉米、小麦、杂鱼等），每隔一天投放一次饲料，每次投放量约 7.5 千克/公顷。起蟹前（9 月 20 日左右）停止投放。

3. 稻蟹起捕 在稻田 4 个角设置陷阱（用浴盆、塑料桶、铺设蟹膜等），结合灯光诱捕、地笼张捕等方法收获螃蟹。为收获更多的螃蟹，可在收割后尽量保持螃蟹围布 5～7 天。

（五）水层管理

插秧前排去部分泡田水，田间水层控制在 1～3 厘米。

秧田插秧后应尽快灌水建立水层，水深要达到苗高的 1/3～1/2，护苗返青（水层 10～15 厘米），水不要淹没秧苗。滨海地区多风，且风力较大，同时土壤盐碱含量高，如灌溉不及时可能会引起秧苗脱水。

分蘖期应灌以浅水层或中水层相结合，以便既能提高土温，减少耕层盐碱含量，促进分蘖早生快发，又能为蟹苗生长提供适宜环境。

水稻返青后要把水层控制在 3 厘米左右。为保障蟹苗生长，接近有效分蘖终止期不再晒田。

拔节幼穗期不能缺水，此期水层也不能过深，一般保持水层 7～10 厘米为宜。

结实期水层管理：出穗期浅水，齐穗后间歇灌溉（灌一次浅水，待自然渗干到脚窝有水，再灌浅水）。在结实期前期要多浅少湿，后期要多湿少浅。为实现水稻高产优质，停灌时期至少要在出穗后 30 天以上，一般在黄熟初期停灌，在蜡熟末期排干。

（六）病虫草害防治

1. 防治原则 提倡应用农艺措施、物理方法、生物药剂或生物防治方法防治病虫草害，尽量不用或少用化学药剂。集中处理农药施用后残余的药液或清洗农药容器后的废液，避免随意倾倒，如用在未施药的农作物或休耕地上，应按照标签或说明书使用；回收并集中处理用过的农药包装袋、药瓶，不得随意丢弃。病虫草害的防治方法可参考辽宁省地方标准《稻蟹生态种养病虫草害防控技术规程》（DB 21/T 2352—2014）进行操作。

2. 主要病虫害防治方法

（1）潜叶蝇。 每亩用30%灭蝇胺可湿性粉剂30～40克按说明书兑水喷雾。

（2）二化螟。 采用农艺措施、化学诱控、物理方法等防治二化螟。物理及化学诱控技术措施具体操作为：5月末，一代成虫羽化初期利用灯光和性诱剂诱杀成虫，水稻成株期诱捕器底部接近水稻冠层叶面，防治密度为每亩1个，诱芯每月更换1次；卵孵化盛期灌深水12～15厘米淹没叶鞘，每次保持2～3天能杀死大量幼虫。

（3）稻瘟病（纹枯病、稻曲病）。主要采用抗病品种、清除带病稻草、适量减少氮肥用量、浅水灌溉的方法，壮根健株，提高抗病能力。药剂防治：以控制叶瘟，严防节瘟、穗颈瘟为主，及时喷施多抗霉素和春雷霉素等生物农药防治。

（4）稻飞虱。 每亩用10%噻虫嗪20克，按说明书兑水喷雾。

3. 除草 稻田河蟹养殖能够除去部分田间杂草，但生产过程中仍需辅助化学除草，效果更佳。

（1）稗草。 插秧前3～5天用12.5%噁草酮2.25升/公顷复配50%丙草胺0.75升/公顷封闭除草。因为稻田养蟹不能二次封闭，6月下旬，稗草3～5叶时，用10%氰氟草酯200倍液叶面均匀喷施。

（2）阔叶杂草。 苗后用48%苯达松（灭草松）70倍液对杂草均匀喷雾。

（3）水绵。 使用硫酸铜生物制剂毒土或喷雾，三苯基乙酸锡对螃蟹有剧毒，蟹田忌用。

四、面源污染物减排效果

（一）化肥减量化效果

本技术研发示范的地点在盘锦鼎翔农场。当地常规生产氮肥投入量为250千克/公顷，磷肥投入量为120千克/公顷，由于盘锦地区土壤富含钾，故钾肥投入量较少，约为60千克/公顷。相比常规生产方式，整装技术分别减少约1/3的氮磷投入（表1-28）。

表1-28 不同处理化肥投入量（折纯）

单位：千克/公顷

处理	化肥投入量		
	氮肥（N）	磷肥（P_2O_5）	钾肥（K_2O）
普通养蟹	240	120	60
整装技术	160	80	60

（二）污染物减排效果

2017 年共发生 6 次明显排水情况，其中 5 月 14 日为稻田插秧前水层调节人为排水，其余几次是由较大降水引起局部地表径流。

农场常规种植和采用本技术的稻田排水浓度变化趋势见图 1-33。根据排水深度和污染物浓度估算，常规种植每公顷流失氮 3～5 千克，整装技术每公顷流失氮 1～2 千克；常规种植每公顷流失磷 1～2 千克，整装技术每公顷流失磷 0.5～0.7 千克。可知，整装技术能够减少 40%左右的氮磷排放。

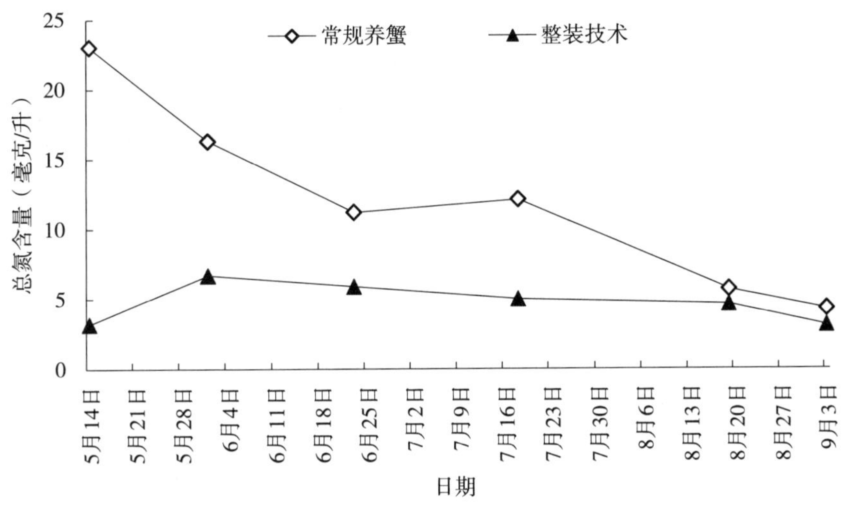

图 1-33 不同处理农田排水总氮的含量

五、经济效益分析

由于影响农作物生长的因子很多，农田土壤状况、降水情况及田间管理等都会对水稻产量有较大影响。通过两年的对比试验可得，整装技术能够在减少约 30%的氮磷投入量的基础上，基本实现水稻稳产，具体产量数据见表 1-29。以 2017 年为例，每亩地约增收 45 元（表 1-30）。

表 1-29 不同处理产量结果

单位：千克/公顷

处　理	水稻产量		螃蟹产量	
	2017 年	2018 年	2017 年	2018 年
常规养蟹	9 150	9 750	255	225
整装技术	9 675	9 480	240	240

表 1-30 不同处理经济效益比较

单位：元/亩

项 目	农事操作	常规养蟹	整装技术	备 注
整地投入	翻地	30	30	
	旋耕	20	20	
	打浆水耙地	25	25	
	小计	75	75	
养蟹投入	蟹苗费用	150	150	12.5 元/千克，每亩投入 3 千克
	防逃设施	20	20	
	蟹饲料	50	50	
	小计	220	220	
肥料投入	基肥肥料	112	135	常规养蟹：常规肥 50 千克/亩，单价 2 240 元/吨；整装技术：缓释肥 40 千克/亩，单价 3 375 元/吨
	基肥人工	15	0	
	返青肥料	15	0	返青肥 10 千克/亩，单价 1 500 元/吨
	返青肥人工	15	0	
	分蘖肥肥料	17	17	
	分蘖肥人工	15	15	
	菌肥肥料	0	56	
	菌肥人工	0	10	
	小计	189	233	
插秧投入	秧苗费用	175	175	
	插秧费用	60	80	
	小计	235	255	
病虫草害防治投入	封闭除草	40	40	
	喷施除草	30	30	
	病害防治	30	30	
	虫害防治	40	10	诱捕器 30 元可重复使用（按寿命 5 年计算），诱捕芯 5 元，每季换 1 次
	小计	140	110	
投入总计		859	893	
水稻收入		2 074	2 193	常规养蟹产量约 610 千克/亩，整装技术 645 千克/亩，单价 3.4 元/千克。品种为玉粳香
螃蟹收入		850	800	常规养蟹成蟹产量 17 千克/亩，整装技术 16 千克/亩，单价 12.5 元/千克
净收入		2 065	2 100	

六、潜在环境风险

与常规生产相比，整装技术的应用未发现有明显环境风险。

七、推广政策建议

（1）增加水稻插秧施肥一体机的机械补贴，6 行水稻插秧施肥一体机每台补贴 4 万～6 万元。

（2）稻田养殖螃蟹需要有专业技术人员予以一定的指导。此外，及时发布市场信息，防止全国螃蟹养殖面积过大，螃蟹价格大幅下跌导致养殖户收入严重亏损。

技术编写者及依托单位：韩永伟、尚洪磊　中国环境科学研究院
联系电话：18010097231
电子邮箱：18010097231@126. com

辽河流域稻田养蟹有机种植技术

一、技术概述

该技术是种养结合模式，采用有机生产，不施用化肥和化学农药。本技术可以实现：①提升环境效益。有机种植模式稻田排水总氮流失量比常规种植模式降低 67%。②提升经济效益。有机种植模式经济效益比常规种植模式高 2 倍。

二、技术适用范围与条件

稻田养蟹有机种植模式适用于能够适应市场的家庭农场和种植专业户。

三、技术规程与流程

(1) 春整地。 4 月 20 日左右，机械翻耕，翻耕深度 7 厘米左右。

(2) 插秧。 每年的 5 月中旬，插秧密度为 7.5 万株/公顷。

(3) 放养河蟹。 5 月下旬放入 6 000 只/公顷中华绒螯蟹(每只约 20 克)。此后，每 2 周投放 1 次螃蟹饲料，每次约 1.5 千克。在各小区四周设置高 30 厘米的塑料布围栏，防止螃蟹爬出。

(4) 施肥。 整地时投入有机肥（含有机质 24.02%、N 2.39%、P_2O_5 1.24%、K_2O 1.57%）3 000 千克/公顷，6 月中旬追施有机肥 2 000 千克/公顷。

(5) 灌溉。 整个生育期灌水 14～15 次，每次灌水量 5 厘米左右。

(6) 农田管理。 6 月初水稻分蘖期人工喷施生物农药苦参碱 500 倍液，7 月底抽穗期人工单独喷施生物农药小檗碱 500 倍液。另外，分别于拔节期、扬花期 2 次配施苦参碱 500 倍液和小檗碱 500 倍液，用以防治纹枯病、二化螟、稻纵卷叶螟、稻水象甲、稻飞虱等。分别于 6 月上旬和 6 月底进行人工除草。

(7) 收获。 10 月上旬，在收获螃蟹后，采用机械收割水稻。

四、面源污染物减排效果

(一) 不同整装技术模式稻田排水环境影响分析

1. 农田排水状况分析 2016 年水稻季共收集 8 次排水，两个处理之间农田排水量并无很大的差异（图 1-34）。

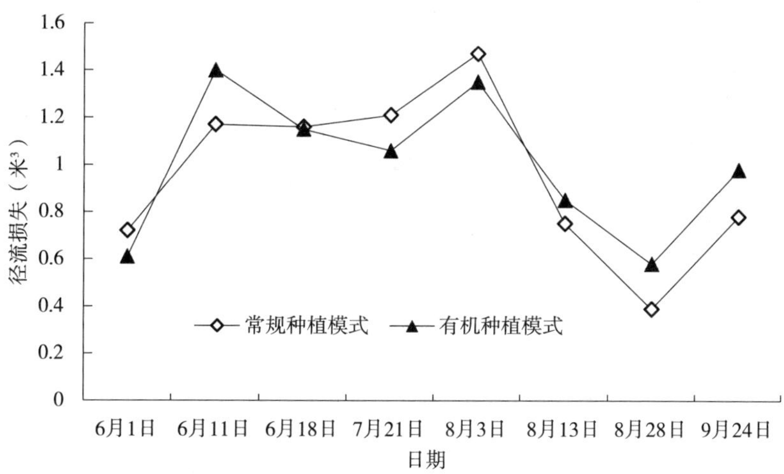

图 1-34　不同处理农田排水状况

2. 氮素流失状况分析　两个处理排水中的铵态氮含量整体呈现下降趋势，而有机种植模式的铵态氮含量明显低于常规种植模式（图 1-35）。

两个处理排水中硝态氮和总氮的含量变化趋势与铵态氮大体一致，同样，有机种植模式的硝态氮和总氮浓度明显低于常规种植模式（图 1-36、1-37）。

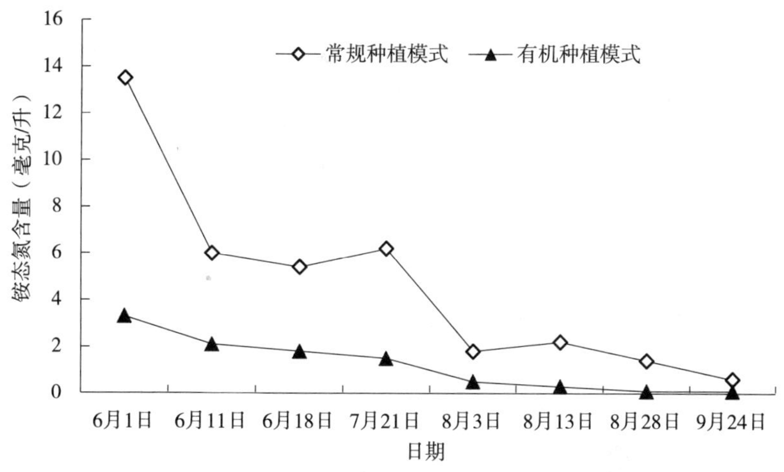

图 1-35　不同处理农田排水铵态氮的含量

2016 年，常规种植模式和有机种植模式铵态氮的排放量分别为 3.58 千克/公顷和 0.95 千克/公顷，硝态氮的排放量分别为 1.27 千克/公顷和 0.43 千克/公顷，总氮排放量分别为 5.87 千克/公顷和 1.94 千克/公顷（图 1-38）。有机种植模式的氮排放量均较低，总氮排放量仅为常规种植模式的 33.04%，表明有机种植模式减排效果好。

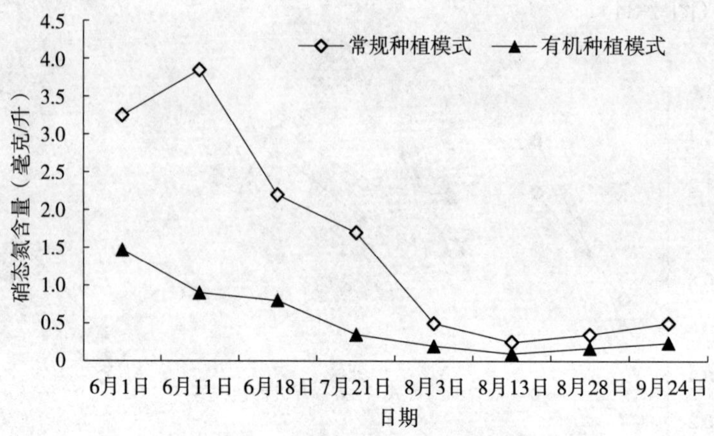

图 1-36　不同处理农田排水硝态氮的含量

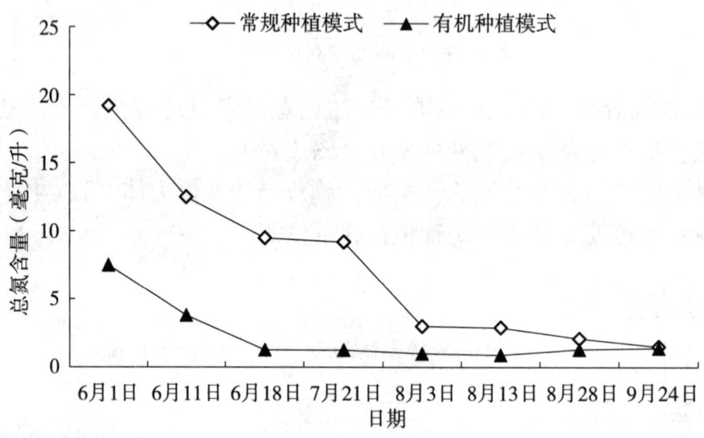

图 1-37　不同处理农田排水总氮的含量

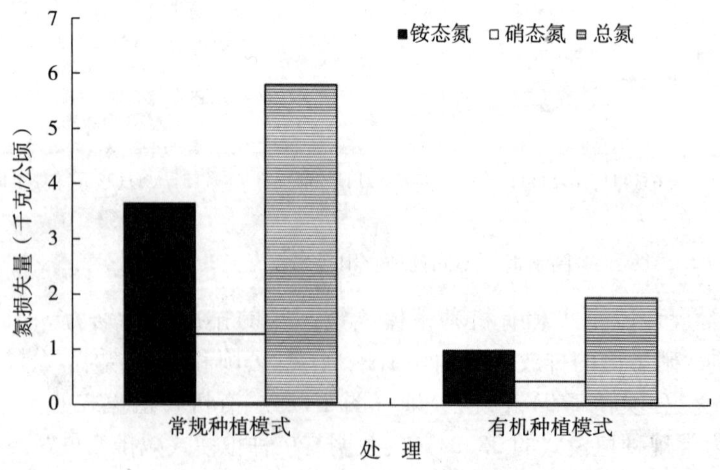

图 1-38　不同处理农田排水氮排放量

(二) 不同整装技术模式稻田温室气体排放环境影响分析

通过对甲烷排放情况进行监测结果显示，在6月25日后，有机种植模式甲烷的排放量出现一个小峰值，在7月2日后至8月17日之间，有机种植模式甲烷的排放量在一个持续较高的区间波动，最高峰值出现在7月21日，达到了87.43毫克/(米^2·时)(图1-39)。在整个2016年水稻生长季，除了5月26日、5月29日、9月7日、9月20日、10月3日外，其他时间段有机种植模式甲烷排放量远高于常规种植模式，这主要是有机种植模式施入了大量有机肥的缘故。

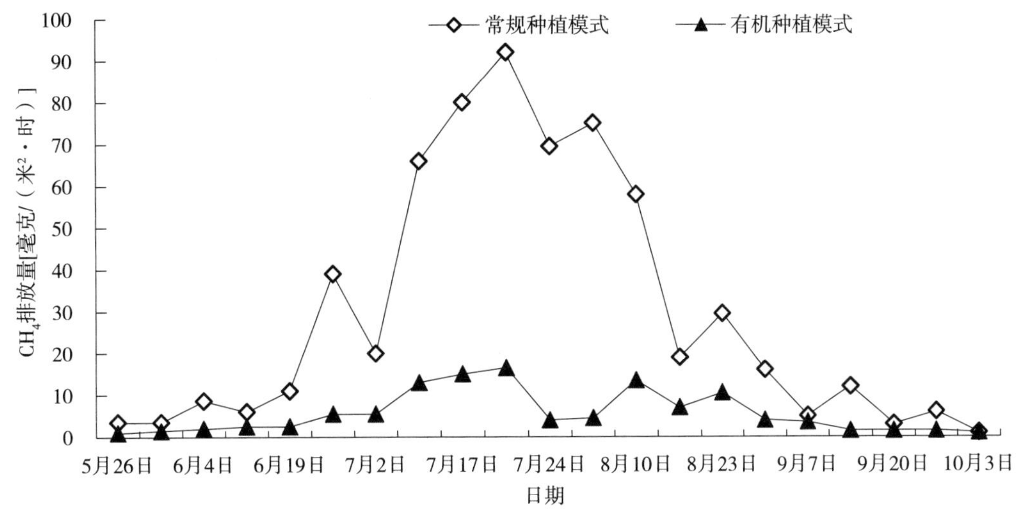

图1-39 不同处理农田甲烷排放通量

有机种植模式一氧化二氮排放量较常规种植模式总体较低（图1-40）。常规种植模式的一氧化二氮排放量在5月26日至6月4日间出现一个峰值，峰值最高为1.20毫克/(米^2·时)，后续两个峰值出现在6月19日、7月24日和9月7日，这主要是由施肥引起的，而有机种植模式的一氧化二氮排放量一直处于较低水平。

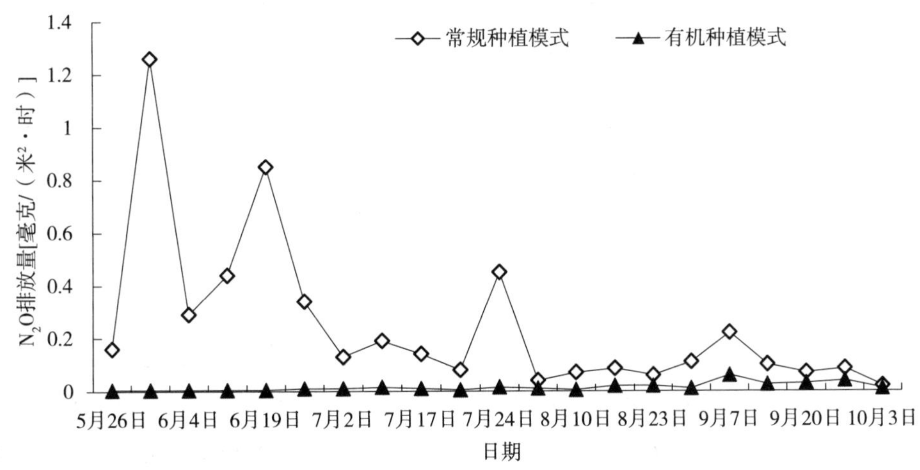

图1-40 不同处理农田一氧化二氮排放通量

五、经济效益分析

稻苗、人工、水电费等价格依据盘锦鼎翔农场提供的信息确定，化肥、农药、有机肥、蟹苗、饲料及养蟹围栏的价格按照2016年8月盘锦市盘山县农资市场上的价格计算，详见表1-31。

表1-31 试验期间生产资料价格

项 目		单位	数量
肥料	复合肥	元/千克	3.1
	尿素	元/千克	2.3
	有机肥	元/千克	0.8
农药	80%敌敌畏乳液300毫升	元/瓶	17
	80%多菌灵可湿性粉剂200克	元/瓶	20
	5%井冈霉素水剂1 000毫升	元/瓶	14
	60%丁草胺乳油260毫升	元/瓶	10
	10%苄嘧磺隆可湿性粉10克/袋	元/瓶	2.1
	0.3%苦参碱水剂100克/瓶	元/瓶	6.8
	0.5%小檗碱水剂200毫升/瓶	元/瓶	33
	普通秧苗	元/亩	60
	有机秧苗	元/亩	75
	水电费	元/亩次	5.3
	蟹苗	元/亩	320
	养蟹围栏	元/亩	310
	螃蟹饲料	元/千克	35
人工	整地	元/亩	40
	插秧	元/亩	100
	常规水稻喷药	元/亩次	35
	有机水稻喷药	元/亩次	35
	化肥施肥	元/亩次	22
	有机肥施肥	元/亩次	50
	灌溉	元/亩次	13.3
	除草	元/亩次	100
	收割	元/亩	40

两个处理总投入中，有机种植模式较高，为2 655.14元/亩，是常规种植模式的2.4倍；常规种植模式较低，为1 102.73元/亩（表1-32）。有机种植模式投入较高，规模经营必须具备一定的资本积累，同时也需承担较高的农业生产风险。

表 1-32　两个处理生产成本核算

单位：元/亩

项　　目		常规种植模式	有机种植模式
肥料	复合肥	257	0
	尿素	39	0
	有机肥	0	266.67
农药	80%敌敌畏乳液 300 毫升	11.33	0
	80%多菌灵可湿性粉剂 200 克	16	0
	5%井冈霉素水剂 1000 毫升	9.33	0
	60%丁草胺乳油 260 毫升	10	0
	10%苄嘧磺隆可湿性粉 10 克/袋	8.4	0
	0.3%苦参碱水剂 100 克/瓶	0	14.8
	0.5%小檗碱水剂 200 毫升/瓶	0	132
	普通秧苗	60	0
	有机秧苗	0	75
	水电费	80	80
	蟹苗	0	320
	养蟹围栏	0	310
	螃蟹饲料	0	235
人工	整地	50	50
	插秧	130	130
	喷药	140	140
	化肥施肥	65	0
	有机肥施肥	0	100
	灌溉	186.67	186.67
	除草	0	200
	养蟹	0	375
	收割	40	40
合计		1 162.73	2 655.14

2016 年，常规种植模式亩产 719 千克，稻田养蟹有机种植模式亩产 606.97 千克（稻谷含水率约为 14.5%），当地普通稻谷收购价 3 元/千克，有机稻谷收购价 5 元/千克。稻田养蟹有机种植模式每亩收获螃蟹 22 千克，按照市场价 80 元/千克计算，每亩 1 760 元。常规种植模式产出为 2 157 元/亩，净收入为 994 元/亩；稻田养蟹有机种植模式产出为 4 795 元/亩，净收入为 2 140 元/亩（图 1-41），是常规种植模式的 2 倍多。

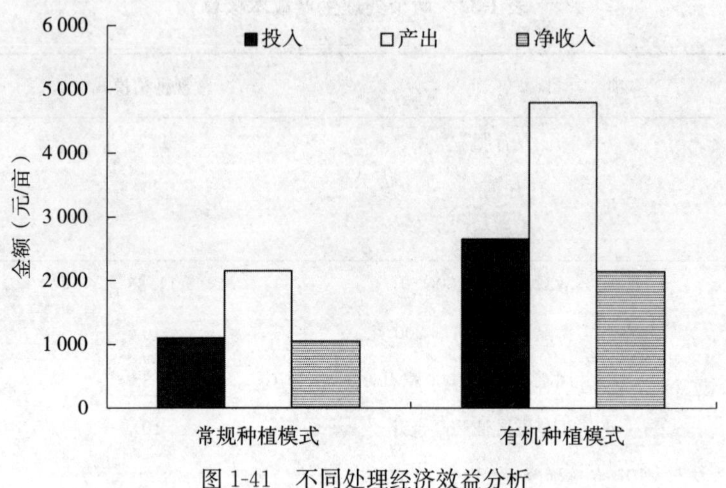

图 1-41 不同处理经济效益分析

六、潜在环境风险分析

稻田养蟹有机种植模式由于需要施入大量有机肥，导致农田甲烷的释放量比常规种植模式高很多。

七、推广政策建议

稻田养殖螃蟹需要有专业技术人员予以一定的指导。此外，还需及时发布市场信息，防止全国螃蟹养殖面积过大，螃蟹价格大幅下跌，导致养殖户收入严重受损。

技术编写者及依托单位：韩永伟、高馨婷、尚洪磊　中国环境科学研究院
联系电话：13426200497
电子邮箱：406553465@qq.com

海河流域小麦—玉米轮作水肥一体化技术

一、技术概述

水肥一体化技术是20世纪70年代以来发展起来的一项先进的农业技术。该技术创新性地将作物生产中的灌溉与施肥这两个重要措施有机融为一体，借助有压灌溉系统将可溶性固体肥料或液体肥料溶解在水中，通过灌溉系统将肥料随水一起施于作物根区土壤，实现了农业生产过程中水肥施用一体化操作和同步管理，并能够采用计算机控制技术实现灌溉施肥的全自动操作，省工省时。水肥一体化技术充分发挥了水肥的耦合作用，能够按照不同作物的水分营养需求和实际土壤水分、养分含量，合理配置水分、养分施用量及比例，满足同一灌溉系统内不同作物的营养需求；并从整个生产过程控制角度，按照作物生长的需水需肥规律，进行全生育期水肥控制设计，把水分、养分适时适量提供给作物，显著提高作物产量和品质。

与常规的灌溉施肥管理方式相比，水肥一体化技术可以使水分和养分在土壤中均匀分布，达到农田局部集中施肥和灌水的效果，以保证养分被根系快速吸收，减少了气体损失和肥料淋失，提高了肥料的利用率，减少了因过量施肥而造成的水体污染问题。有关研究显示，水肥一体化比常规施肥节省肥料50%～70%。同时，采用现代化的水肥一体化技术，可减少水分的下渗和蒸发损失，提高水分利用率，与常规灌溉技术相比节水30%～50%。

二、技术适用范围与条件

由于水肥一体化技术投入成本高、田间管理复杂，我国的水肥一体化技术最初主要应用在设施农业和一些经济价值较高的大田作物。目前，国内温室的蔬菜花卉生产中采用滴灌施肥一体化技术已经较为普遍，现阶段已在苹果、柑橘、葡萄、香蕉、荔枝、龙眼、茶叶、甘蔗等作物上采用滴灌施肥一体化技术，海南、广东的蕉农普遍采用的喷水带灌溉施肥一体化技术，也取得了良好的效果。大田作物主要在棉花、马铃薯上应用较多，如新疆的棉花膜下滴灌施肥技术已作为棉花生产的标准技术得到大面积推广，该技术处于世界领先水平，累计应用面积近4 800万亩。

近年来，水肥一体化技术在小麦、玉米等粮食作物上的应用集成创新取得了重大突破。农业农村部也视水肥一体化技术为现代农业“一号技术”，大力推广玉米和小麦水肥一体化技术。2012 年，东北 4 省区实施“节水增粮”行动，投资 380 亿元推广喷滴灌水肥一体化技术 3 800 万亩。2014 年，启动华北地下水超采区综合治理试点，将水肥一体化技术列为关键技术，在河北省进行大面积推广。2016 年，农业部在制定的《推进水肥一体化实施方案（2016—2020 年）》中指出，大力推广西南地区玉米、马铃薯集雨补灌水肥一体化技术 1 000 万亩。据测算，我国适宜发展水肥一体化技术的面积超过 5 亿亩，仅华北地区近 2 亿亩小麦玉米发展水肥一体化，一年两季可增产粮食 400 亿千克；可节水 200 亿米^3，超过北京市 5 年用水总量，接近南水北调规划总调水量的 1/2；可节肥（折纯）335 万吨，相当于 10 个大型化肥厂的年产量，超过全国用肥总量的 1/20。

水肥一体化技术适宜于已建设或有条件建设微灌设施，有井、水库、蓄水池等固定水源，且水质好、符合微灌要求的区域推广应用。灌溉设备应当满足当地农业生产及灌溉、施肥需要，保证灌溉系统安全可靠，并选择合适的施肥设备，包括压差式施肥罐、文丘里施肥器、施肥泵、施肥机、施肥池等。

三、技术规程与流程

1. 品种选用 冬小麦和夏玉米均选用当地常用品种。

（1）在海河流域的廊坊地区，冬小麦代表品种为廊研 43，该品种全生育期 254 天，分蘖力中等，抗倒伏能力较强，抗寒性一般。

（2）夏玉米代表品种为郑单 958，结实性好，秃尖轻，籽粒黄色，半马齿形，属中熟玉米杂交种，夏播生育期 96 天左右；抗大斑病、小斑病和黑粉病，高抗矮花叶病，感茎腐病，抗倒伏，较耐旱。

2. 适期播种

（1）廊研 43 冀中北适宜播期为 10 月 1 日至 10 日。在地力条件好、整地精细、播期适宜条件下，平均播种密度为 4.2×10^6 株/公顷，行距为 15 厘米。

（2）郑单 958 适宜播期为 6 月中上旬，平均行距为 60 厘米，株距为 30 厘米，播种密度为 5.6×10^4 株/公顷。

3. 管道铺设 滴灌管线沿作物种植平行方向布置，玉米每行布设一条滴灌管，小麦每两行布设一条滴灌管。安装完灌溉设备系统后，要开展管道水压试验和系统试运行，确保灌水过程中滴头工作压力和滴头流量满足所选择滴灌产品的额定工作压力和流量，滴头流量均匀系数在 95%以上。

4. 水肥管理 选择溶解度高、溶解速度较快的尿素作为氮肥肥料，根据小麦和玉米的需水、需肥规律及土壤墒情动态监测结果，制定灌溉施肥制度。灌溉量的计算依据《微灌工程技术规范》。以海河流域廊坊地区为例，当地常规施氮量夏玉米为 205.5 千克/公顷，冬小麦为 250 千克/公顷。冬小麦季分别在播种、出苗、越冬、返青、拔节和抽穗期灌水施肥，施肥量分别占总氮量的 8%、14%、13%、13%、37%和 15%，采用滴灌施肥技术可减少施氮量 30%～50%；夏玉米季分别在播种、拔节、抽雄和灌浆期灌水施肥，施肥量分别占总氮量的 37%、31%、22%和 9%，采用滴灌施肥技术可减少施氮量30%～

50%。同时，施用磷、钾肥作底肥，夏玉米季磷、钾肥用量均为 67.5 千克/公顷，冬小麦季磷、钾肥用量均为 165 千克/公顷。

5. 病虫草害防治

（1）小麦。播种前，可用种子质量 0.2%的 50%辛硫磷乳油拌种，每 100 千克种子兑水 3～5 千克，堆闷 4～6 小时后播种。小麦起身后拔节前，以播娘蒿、芥菜等越年生阔叶杂草为主的麦田，每亩用 75%苯磺隆悬浮剂 1 克或 72% 2，4-滴丁酯乳油40～50 毫升，兑水 30～40 千克喷雾；以葎草、藜等一年生阔叶杂草为主的麦田，每亩用 72% 2，4-滴丁酯乳油 40～50 毫升，兑水 30～40 千克喷雾。小麦吸浆虫防治：调查虫口密度，每样方（10 厘米×10 厘米×20 厘米）虫量大于等于 2 头的地块，于大量幼虫集中在土壤表层开始化蛹时撒毒土防治。每亩用 50%辛硫磷乳油 250 毫升或 40%毒死蜱乳油 250 毫升，兑水 10 倍稀释，喷洒在 25～30 千克细沙土上，均匀撒施后灌水。小麦抽穗期，田间 10 复网大于 30 头或麦行间能看到 2～3 头成虫时，每亩用 4.5%高效氯氰菊酯 40～50 毫升或 10%吡虫啉可湿性粉剂 20～30 克，兑水 30 千克喷雾防治。小麦蚜虫防治：小麦穗部每百茎蚜虫达 500 头时，每亩使用 4.5%高效氯氰菊酯乳油 40～50 毫升兑水 30 千克喷雾。白粉病防治：田间病叶率达 10%时，每亩用 20%三唑酮乳油 50 毫升或 12.5%烯唑醇可湿性粉剂 50 克，兑水 30 千克喷雾，重病田间隔 7 天再防治 1 次。

（2）玉米。苗期害虫主要是地老虎、蛴螬等，出苗后可用 2.5%溴氰菊酯 800～1 000 倍液，于傍晚时喷洒苗行地面或配成 0.05%的毒土撒于行间两侧防治；对蚜虫、蓟马、灰飞虱等害虫可用 40%乐果乳液 1 000～1 500 倍液喷洒苗心或用 5%吡虫啉乳油 2 000～3 000倍液喷雾。在玉米长至 3～4 片展叶时，用 4%烟嘧磺隆悬浮剂 70 毫升/亩或 23%烟嘧磺隆·特丁津悬浮剂 1 500 毫升，兑水 25～30 千克/亩喷雾防除田间杂草。菊酯类杀虫剂和除草剂可混合喷施。对于黏虫、棉铃虫等螟虫以及叶甲可用 20%氰戊菊酯乳油或 50%辛硫磷 1 500～2 000 倍液进行喷雾，玉米螟可用 2.5%辛硫磷颗粒剂撒于心叶，每株用量 1～3 克或用 2.5%溴氰菊酯 1 000 倍液喷洒雄穗进行防治。在发病前或发病初期，及时用 20%三唑酮乳油 3 000 倍液，或 50%多菌灵可湿性粉剂 500～800 倍液，或 25%丙环唑乳油 1 500 倍液喷洒，每隔 7～10 天喷 1 次，喷 2～3 次，重点喷洒中下部叶片和叶鞘。花粒期主要防治茎腐病，用 25%叶枯灵喷雾有预防效果，当发病后马上喷洒农用硫酸链霉素加 25%叶枯灵，隔 7～10 天喷 1 次，连续喷 2～3 次。花粒期主要防治玉米螟、黏虫、棉铃虫等，玉米螟防治可用 2.5%辛硫磷颗粒剂撒于心叶，每株用量 1～3 克或用 2.5%溴氰菊酯 1 000 倍喷洒雄穗；对于黏虫、棉铃虫可用 20%氰戊菊酯乳油或 50%辛硫磷1 500～2 000 倍液进行喷雾。

6. 维护保养 每次施肥时应先滴灌清水，待压力稳定后再施肥，施肥完成后再滴清水清洗管道。定期检查、及时维修系统设备，防止漏水。及时清洗过滤器，定期对离心过滤器、集沙罐进行排沙。作物全生育期第一次灌溉前和最后一次灌溉后应用清水冲洗系统。冬季来临前进行系统排水，防止结冰爆管，做好易损部件保护。

7. 适时收获 小麦最适宜的收获期是蜡熟末期至完熟期。根据天气和成熟度，及时收割脱粒入库，以减少损失。玉米适时收获的标志是玉米植株苞叶变黄、变松，籽粒变硬有光泽，穗中部籽粒的灌浆乳线消失，籽粒底部出现黑色层。

四、面源污染减排效果

以常规施肥量100%为基准，技术验证示范设置了7个处理，分别是：滴灌+不施氮肥（CK）、滴灌+撒施氮肥（DN100%）、滴灌水肥一体化（FN100%）、常规灌溉施肥（FP100%）、减氮60%滴灌水肥一体化（FN40%）、减氮30%滴灌水肥一体化（FN70%）、增氮30%滴灌水肥一体化（FN130%）。

土壤硝态氮含量随着施氮量的增加呈增加趋势，FN40%处理土壤硝态氮含量显著低于FP100%处理。与传统灌溉施肥相比，FN%40处理在0～200厘米土壤剖面硝态氮含量减少了7.8%～63.0%（图1-42）。

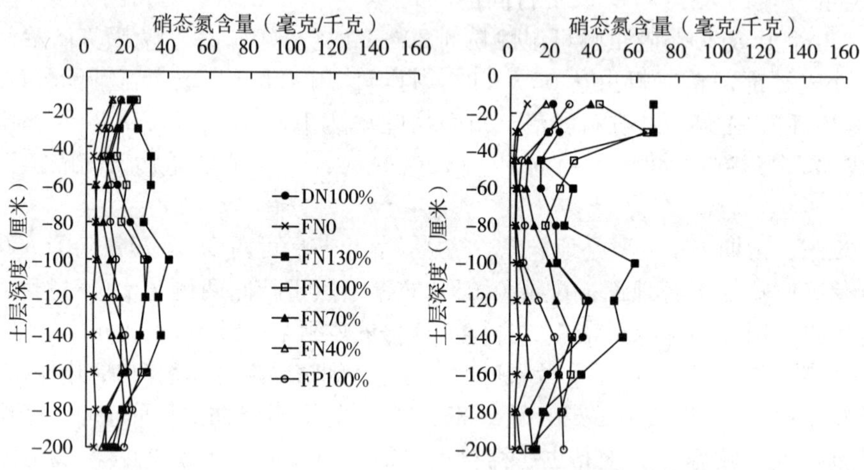

图1-42 夏玉米（左）和冬小麦（右）收获后土壤硝态氮含量

五、对生产的影响

与常规灌溉施肥相比，FN40%处理夏玉米产量显著降低了7.4%，冬小麦产量和周年产量并没有显著性差异。从产量构成要素来看，FN40%处理的夏玉米穗粒数和有效穗数没有显著减少，千粒重显著低于其他灌溉施肥处理；冬小麦每穗粒数、有效穗数和千粒重均没有显著低于其他灌溉施肥处理，且千粒重显著高于DN100%处理。

六、经济效益分析

与传统灌溉施肥相比，滴灌水肥一体化技术每公顷增加滴灌带等器材费用1 650元/年，减少化肥投入2 100元/年，按种子、除草、整地等费用不变计算，总成本每公顷节约450元/年（表1-33）。

表 1-33 不同灌溉施肥方式小麦—玉米生产成本对比

单位：元/公顷

灌溉施肥方式	整地		播种	种子	施肥		除草		病虫害防治		滴灌带等器材	收割		合计
	机械费	人工费			化肥	人工费	除草剂	人工费	农药	人工费		机械费	人工费	
常规灌溉施肥	400	300	700	1 000	5 000	500	400	300	500	300		500	300	10 200
滴灌水肥一体化	400	300	700	1 000	2 900	500	400	300	500	300	1 650	500	300	9 750

七、其他环境影响

与传统灌溉施肥相比，滴灌水肥一体化技术在夏玉米季减少 N_2O 排放量 58.4%，冬小麦季减少 N_2O 排放量 66.4%，周年总排放量减少 62.9%。

整个观测期内，农田 N_2O 排放量峰值出现在施肥、灌溉以及集中降水后，一般持续 5 天左右。夏玉米季，DN100%和 FP100%农田 N_2O 排放通量变化规律基本一致；冬小麦季，DN100%、FN100%和 FN40%农田 N_2O 排放通量变化规律基本一致。冬小麦季农田土壤 N_2O 排放通量高于夏玉米季，夏玉米季土壤 N_2O 阶段排放量峰值出现在拔节期和抽雄期，而冬小麦季土壤 N_2O 阶段排放量峰值出现在冬前苗期和拔节期（图 1-43）。

从夏玉米—冬小麦周年轮作来看，不同处理夏玉米—冬小麦轮作农田土壤 N_2O 排放总量为 0.98～8.84 千克/公顷，排放顺序为 DN100%>FN100%>FP100%>FN40%>CK。CK N_2O 年排放总量最低，为 0.98 千克/公顷；与 FP100%相比，FN40%处理 N_2O 年排放总量显著减少了 1.26 千克/公顷，降幅为 62.9%；DN100%处理 N_2O 年排放总量显著高于其他处理。对各处理夏玉米和冬小麦生长季的 N_2O 排放总量分别进行分析发现，夏玉米季 N_2O 排放总量占全年 N_2O 排放总量的 25.8%～49.2%，冬小麦季占 50.8%～74.2%。在夏玉米季，与 FP100%相比，CK 和 FN40%处理分别减少 62.3%和 58.4%（$P<0.05$），CK N_2O 排放量最少，FN40%次之；而 DN100%处理 N_2O 排放总量增加 208.0%，这与 N_2O 排放通量规律一致。在冬小麦季，与 FP100%相比，CK 和 FN40%处理的 N_2O 排放总量分别降低 68.4%和 66.4%，CK N_2O 排放量最少，FN40%处理 N_2O排放量次之，但二者差异不显著（表 1-34）。

夏玉米—冬小麦轮作农田土壤 N_2O 排放系数为 0.04%～1.72%，顺序是 DN100%>FN100%> FP100%>FN40%，其中 FN100%、FP100%和 FN40%处理排放系数均低于 Bouwman 提供的粮田土壤 N_2O 排放系数（1.25%）。不同灌溉施肥方式下冬小麦生长季 N_2O 排放系数为 0.01%～1.79%，其中 FP100%和 FN40%处理低于政府间气候变化专门委员会（IPCC）建议的氮素肥料 N_2O 排放系数（1%）；夏玉米生长季 N_2O 排放系数为 0.06%～1.65%（表 1-34）。

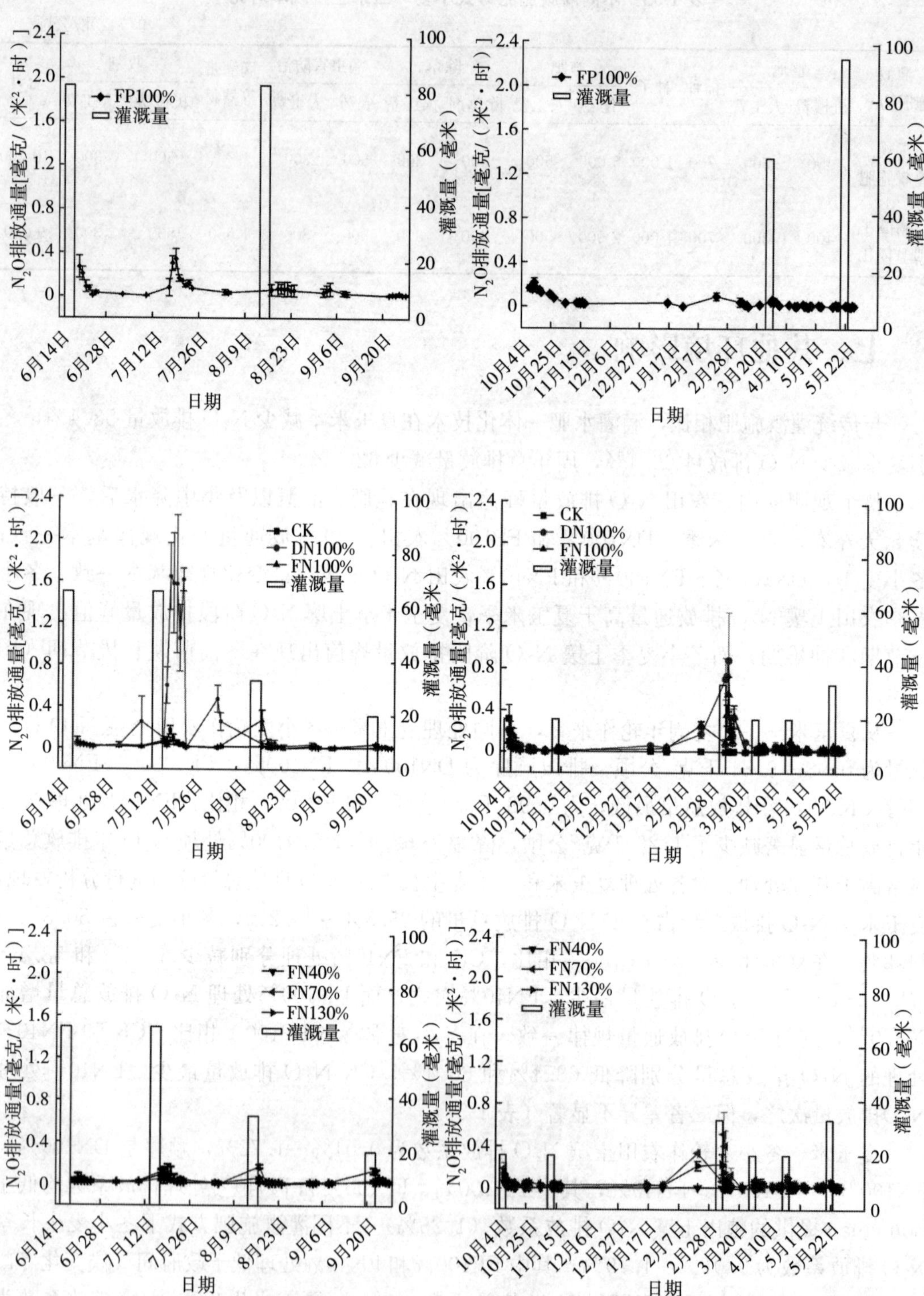

图 1-43　2015—2016 年夏玉米（左）和冬小麦（右）季土壤 N_2O 排放通量变化规律

表 1-34 不同灌溉施肥方式夏玉米—冬小麦轮作周年产量与农田 N_2O 排放总量、排放系数和平均排放通量

处理	周年产量	N_2O 排放总量（千克/公顷）			N_2O 排放系数（%）			N_2O 平均排放通量［毫克/（米^2·时）］	
		夏玉米季	冬小麦季	总量	夏玉米季	冬小麦季	轮作周期	夏玉米季	冬小麦季
CK	8 349.2±624.16c	0.47±0.1b	0.51±0.18d	0.98±0.28d				0.03±0.00c	0.02±0.01cd
DN100%	10 754.97±675.24b	3.87±0.29a	4.97±0.67a	8.84±0.92a	1.65±0.14a	1.79±0.27a	1.72±0.2a	0.27±0.03a	0.09±0.01a
FN100%	12 248.37±174.25a	1.20±0.01b	3.44±0.45b	4.63±0.45b	0.35±0.00b	1.17±0.18b	0.76±0.09b	0.04±0.00bc	0.06±0.01b
FP100%	12 805.49±254.56a	1.26±0.38b	1.60±0.38c	2.86±0.71bc	0.38±0.19b	0.44±0.15c	0.41±0.16bc	0.08±0.02b	0.04±0.00bc
FN40%	11 493.65±306.17ab	0.52±0.13cd	0.54±0.14d	1.06±0.25d	0.06±0.16c	0.01±0.06d	0.04±0.10d	0.02±0.00c	0.01±0.00d
FN70%	12 126.97±14.04ab	0.86±0.02ab	3.25±0.33a	4.11±0.32a	0.27±0.01b	1.10±0.13b	0.68±0.06b	0.03±0.00c	0.05±0.01b
FN130%	12 292.88±185.87a	1.10±0.16a	3.37±0.68a	4.46±0.83a	0.23±0.06b	1.14±0.27b	0.69±0.16b	0.05±0.01bc	0.05±0.01b

八、推广政策建议

滴灌水肥一体化技术减氮30%～60%，与常规灌溉施肥相比产量没有显著差异。综合考虑玉米一小麦产量、氮淋溶、N_2O 排放量等因素，在海河流域夏玉米—冬小麦轮作系统下，减氮30%且稳产是能够做到的。

（一）建立补贴机制

积极争取各级政府和有关部门支持，利用相关项目资金，建立小麦一玉米水肥一体化技术补贴机制。稳定投资渠道，增加资金投入，扶持、引导、推动小麦—玉米水肥一体化技术推广工作。鼓励引导节水农业相关企业、农民专业合作组织和种植大户等积极参与水肥一体化示范建设，充分调动社会各界力量推广水肥一体化技术。

（二）构建推广机制

充分发挥地方土壤肥料站和农业推广中心技术优势，强化服务意识，提高专业技术水平和服务指导能力。通过科研单位试验示范推广技术应用，充分发挥企业自主研发和服务主体的作用，鼓励企业参与小麦一玉米水肥一体化示范建设，为农民提供灌溉设备、水溶肥料等优质产品和系统维护、技术咨询等技术服务。充分发挥农民专业组织的作用，推进水肥一体化技术推广的规模化和标准化。

（三）开展示范培训

将小麦—玉米水肥一体化作为节水节肥增粮关键技术，强化示范展示。建立地方示范片，示范区设立统一标牌，标明创建单位、责任人、目标任务、技术要点等内容，方便农民学习，接受社会监督。逐级开展技术培训，重点培训省、县水肥一体化技术骨干。组织召开现场观摩活动和兴办农民田间学校，采取技术讲座、印发资料、入户指导等形式，向

基层技术人员和广大农民宣传技术效果，普及水肥一体化技术知识。

技术编写者及依托单位：郝卫平、李昊儒　中国农业科学院农业环境与可持续发展研究所

联系电话：010-82106792

电子邮箱：lihaoru@caas.cn

黄淮海地区大葱面源污染防控技术

一、技术概述

大葱/冬小麦模式通过浅根系的大葱和深根系的小麦套作，一方面可以充分利用土层中积累的养分，避免资源浪费并减少环境污染；另一方面有效解决了菜粮争地矛盾和大葱连作障碍，既保证了粮食安全，又增加了经济效益。该模式已经在河北鹿泉、山东德州、山东临沂等地大面积栽培。实际生产中，由于大葱的经济效益远高于小麦，受经济利益驱使，农民往往忽视小麦管理，而大葱生产中则存在有机肥施用不当、化肥施用过量及养分配比不合理等诸多问题。调查发现，章丘大葱生产中氮肥（N）用量高达 600 千克/公顷，而吸收养分带走的氮素仅为 107～180 千克/公顷，远低于施肥量；氮肥（N）、磷肥（P_2O_5）和钾肥（K_2O）养分投入比例为为 1∶0.48∶0.36，而其养分吸收比例为 1∶（0.33～0.36）∶（0.69～0.80），氮肥、磷肥投入比例偏大，钾肥偏小，易造成地下水硝酸盐污染。

该技术通过大葱前茬小麦机械化收获秸秆粉碎还田增碳，实现秸秆资源化和肥料化利用；并通过大葱季增施腐熟有机肥或商品有机肥，以增加土壤固碳、促进养分循环、提高土壤肥力。养分资源管理方面，综合考虑作物不同生育阶段需肥规律，综合考虑环境（灌溉和降水）养分带入量，并通过土壤养分的实时监测，严格控制肥料用量，并在两季作物上合理分配，从而避免生产中遇到上述问题。该技术的应用可以实现菜田土壤固碳减排和作物增产增效的双赢。

该技术在有“中国大葱之乡”之称的山东章丘进行了推广应用，累积应用面积 2 万亩左右，占章丘市大葱/冬小麦总种植面积的 20%。该技术的应用可以实现：①节本，氮肥减施 33%，磷肥减施 40%，总节肥 22%，肥料投入成本每公顷节约 1 120 元。②增产，大葱季平均增产 7 800 千克/公顷，冬小麦季平均增产 280 千克/公顷左右，两季平均增产率达 10%左右。③增收，农民常规技术每公顷年均收益 6.8 万元，该技术模式 7.9 万元，年均增收 16%。④增效，该技术模式下 N_2O 减排 24.4%，0～20 厘米土层固碳 2.26 吨/公顷，总氮淋失率降低 19.4%。

二、技术适用范围与条件

大葱属耐寒性蔬菜，在－20℃左右都能生长，对土壤的适应性较强，生长后期需水量大。因此，本技术适用于具有灌水条件、排水好、土壤肥沃的地块，大葱亩产 3 500 千克、冬小麦亩产 400 千克以上的地区应用，其他地区可参考使用。

三、技术规程与流程

（一）品种选用和种子处理

葱苗选用当地常用品种，章丘代表品种为大梧桐、气煞风和二九系（前两者的自然杂交体），秧苗以高 35～40 厘米、茎粗 1.0～1.5 厘米为宜。冬小麦选用单株生产力高及抗倒伏、抗病和抗逆性强的冬性或半冬性品种，如济麦 17、济麦 22 等品种。播种前种子进行精选，并采用杀虫剂、杀菌剂及生长调节物质包衣或药剂拌种，保证苗齐、苗壮，预防土传、种传病害及地下害虫。

（二）整地

大葱前茬小麦机械收获时秸秆就地粉碎均匀，还田秸秆长度小于 5 厘米，及时进行土壤翻耕，耕深 20～40 厘米，耙平。大葱定植前，每隔 80～85 厘米开沟，沟深可达 20～30 厘米，沟底宽 25 厘米（图 1-44）。栽植沟宜南北向，使受光均匀，并可减轻秋冬季节的北向强风造成大葱倒伏的程度。

图 1-44 整 地

（三）大葱移栽及冬小麦播种

6 月中上旬麦收后可移栽大葱，最迟于 6 月下旬完成，以早定植为好。栽植过晚葱白形成期短，产量低，而且秧苗栽后天气炎热，不易缓苗。一般选用水栽法，具体方法是葱沟中先灌水，待水下渗后，用葱插子分叉头抵住葱根须，将葱苗直插下去，叶面应与沟向平行，株距 3～5 厘米，每亩栽苗 1.8 万～2.2 万株，栽植深度要上齐下不齐，葱苗心叶距地面 8 厘米左右（图 1-45）。

冬小麦播种期为 10 月上旬，最适播期 10 月 5 日至 15 日，在两行葱间撒播并用犁耙覆土。或者采用小型人工播种器将肥料和种子同时播下，亩播种量 15～20 千克。

大葱定植

撒播麦种

耙土盖种

图 1-45　大葱定植和套作冬小麦

（四）肥料运筹

大葱定植前，结合整地增施充分腐熟的鸡粪 30 000 千克/公顷或商品有机肥 3 000 千克/公顷。大葱/冬小麦周年氮肥（N）投入量为 380～465 千克/公顷，磷肥（P_2O_5）用量为 180～255 千克/公顷，钾肥（K_2O）用量为 285～390 千克/公顷。劳动力充足的条件下可以应用优化施肥技术，否则可以选用氮肥缓控释技术和氮肥增效技术。大葱为喜硫忌氯作物，适宜的钾肥品种是硫酸钾；6—8 月正值雨季，为防止氮素流失，适宜的速效氮肥品种为硫酸铵，后期可选用尿素；磷肥可选用重过磷酸钙或过磷酸钙。也可选用复合肥，应选用硫基通用型或专用型，基肥不宜施用高氮复合肥。

1. 优化施肥技术　两季作物应合理分配化肥用量，①氮肥：大葱季占 70%，其中基施占 8%，在 8 月上旬、8 月下旬、9 月中上旬和 10 月上旬进行 4 次追肥，分别约占 8%、13%、36%和 35%。冬小麦季占 30%，基追比为（3～5）：（5～7）。②磷肥：大葱季占 70%，其中基肥占 50%～60%，第一次追肥时施入 40%～50%。冬小麦季占 30%，基肥一次施用。③钾肥：大葱季占 75%，1 次基肥 4 次追肥，每次用量 20%。冬小麦季占 25%，基追比为 1：1，具体施肥管理如下：

（1）大葱。①基肥：氮肥（N）用量为 15～30 千克/公顷，磷肥（P_2O_5）用量为60～90 千克/公顷，钾肥（K_2O）用量为 45～60 千克/公顷，施肥后用耙搂平沟底及沟背，注意使土壤与肥料充分混合。②第一次追肥：8 月上旬立秋前后进行追肥，氮肥（N）用量为 15～30 千克/公顷，磷肥（P_2O_5）用量为 60～90 千克/公顷，钾肥（K_2O）用量为 45～60 千克/公顷。该阶段是缓苗越夏阶段，正是炎夏多雨季节，要注意雨后排水。③第二次追肥：葱白生长初期，炎夏刚过，天气转凉，葱株生长逐渐加快。8 月下旬进行追肥，氮肥（N）用量为 30～45 千克/公顷，钾肥（K_2O）用量为 45～60 千克/公顷，撒施在垄背上，中耕混匀。④第三次追肥：葱白生长盛期，是大葱产量形成的最快时期，葱株迅速长高，葱白加粗，需要大量水分和养分。9 月中上旬进行追肥，氮肥（N）用量为 75～105 千克/公顷，钾肥（K_2O）用量为 45～60 千克/公顷，施于葱行两侧。⑤第四次追肥：10 月上旬进行追肥，氮肥（N）用量为 90～105 千克/公顷，钾肥（K_2O）用量为 45～60 千克/公顷，施于葱行两侧。

（2）冬小麦。①基肥：播种前将氮肥（N）36～60 千克/公顷、磷肥（P_2O_5）65～80

千克/公顷 、钾肥（K_2O）35～48 千克/公顷均匀撒在葱行间，用犁耙将肥料与土壤混匀，可与大葱第四次追肥一起施用。②追肥：在翌年 4 月上旬，即冬小麦拔节期追施氮肥（N）60～84 千克/公顷和钾肥（K_2O）35～48 千克/公顷，撒施后灌水。

2. 氮肥缓控释技术 应用氮肥缓控释技术仅在大葱定植、大葱缓苗和冬小麦播种时进行 3 次施肥，较农民常规生产减少 2 次施肥，可节省劳动力成本 40%。

化肥分别在 6 月、8 月中上旬及 10 月上旬施入，缓控释氮肥施用比例为 14%∶42%∶44%，磷肥施入比例 40%∶27%∶33%，钾肥施入比例为 22.5%∶37.5%∶40.0%，施肥方式同优化施肥技术，具体施肥量如下：①6 月施基肥：缓控释氮肥（N）（氮素释放期 3～4 个月）用量为 53～65 千克/公顷，磷肥（P_2O_5）用量为 72～102 千克/公顷，钾肥（K_2O）用量为 64～88 千克/公顷。②第一次追肥：8 月中上旬，施用缓控释氮肥（N）（氮素释放期 3～4 个月）159～195 千克/公顷、磷肥（P_2O_5）48～69 千克/公顷、钾肥（K_2O）106～146 千克/公顷。③第二次追肥：10 月上旬结合小麦播种，施用缓控释氮肥（N）（氮素释放期 5～7 个月）167～205 千克/公顷、磷肥（P_2O_5）59～84 千克/公顷、钾肥（K_2O）114～156 千克/公顷。

3. 氮肥增效技术 化肥用量两季作物合理分配，①氮肥：大葱季占 70%，其中基施占 10%，在 8 月上旬、9 月中上旬和 10 月上旬进行 3 次追肥，分别约占 25%、30%和 35%。冬小麦季占 30%，基追比为（3～5）∶（7～5）。②磷肥：大葱季占 70%，其中基肥占 50%～60%，第一次追肥时施入 40%～50%。冬小麦季占 30%，基肥一次施用。③钾肥：大葱季占 75%，1 次基肥 3 次追肥，每次用量分别占 20%、30%、30%和 20%。冬小麦季占 25%，基追比为 4∶6，施肥方式同优化施肥技术，每次施肥时，混合施用 2%（占氮肥含量）二氰二氨，具体施肥量如下：

（1）大葱。①基肥：氮肥（N）用量为 26～33 千克/公顷，磷肥（P_2O_5）用量为 72～102 千克/公顷，钾肥（K_2O）用量为 42～59 千克/公顷，二氰二氨用量为 0.5～0.7 千克/公顷。②第一次追肥 ：8 月上旬立秋前后进行追肥，氮肥（N）用量为 66～81 千克/公顷，磷肥（P_2O_5）用量为 48～69 千克/公顷，钾肥（K_2O）用量为 64～88 千克/公顷，二氰二氨用量为 1.3～1.6 千克/公顷。③第二次追肥 ：9 月中上旬进行追肥，氮肥（N）用量为 79～98 千克/公顷，钾肥（K_2O）用量为 64～88 千克/公顷，二氰二氨用量为 1.6～2.0 千克/公顷。④第三次追肥：10 月上旬进行追肥，氮肥（N）用量为 93～114 千克/公顷，钾肥（K_2O）用量为 42～59 千克/公顷，二氰二氨用量为 1.9～2.3 千克/公顷。

（2）冬小麦。①基肥：氮肥（N）用量为 45～56 千克/公顷、磷肥（P_2O_5）用量为 59～84 千克/公顷、钾肥（K_2O）用量为 28～39 千克/公顷，二氰二氨用量为 0.9～1.1 千克/公顷。②追肥：在翌年 4 月上旬，即小麦拔节期追施氮肥（N）68～84 千克/公顷、钾肥（K_2O）42～59 千克/公顷，二氰二氨用量为 1.4～1.7 千克/公顷。

（五）田间管理

1. 大葱

（1）培土。大葱季培土 4 次。第一次培土是在生长盛期之前，约及沟深度的 1/2；第二次培土是在生长盛期开始以后，培土至与地面相平；第三次培土成浅垄；第四次培土成高垄。每次培土以不埋没葱心（即叶片与叶鞘连接的地方）为度，每次培土与施肥相结合（图 1-46）。

图 1-46　大葱培土

（2）灌水。大葱每次追肥后都要进行灌水，特别是秋分后，大葱需水最多，每4～6天灌水 1 次，要均匀灌透；霜降后气温降低，需水量减少，保持土壤湿润即可；收获前5～7 天停止灌水。

2. 冬小麦

（1）冬前管理。在 11 月底至 12 月初，日平均气温为 3～5℃，夜冻昼消时灌 1 次冬前水，灌水量控制在 40～50 米^3/亩。降水充足且土壤墒情较好的地块可不灌冬前水。

（2）春季管理。重视挑旗和扬花水，根据灌浆期气候状况、麦田墒情确定是否灌灌浆水，每次灌水量控制在 40～50 米^3/亩。

（六）收获及储存

1. 大葱

（1）收获时期。进入 11 月上中旬，气温下降至 8～12 ℃ ，大葱地上部已停止生长，产品基本长足，在立冬前后早晨有微冻时采收。采收用长 30 厘米、宽 4 厘米的长条镢顺葱行一侧刨，刨出的葱每两垄放一铺，顺序平摊，晾干水汽，下午收集成捆。

（2）冬季储存。采收后的大葱水分较大，在背阴处，每 3～5 捆排成 1 行，行间留0.5 米的通道以便通风，10～15 天后解开葱捆晾晒 1～2 天，然后再将大葱捆整齐放回原处，竖直挨紧。天气寒冷时，外围可用干土埋上。遇雨、雪应用雨具盖好，以免积水腐烂，雨雪过后及时掀开雨具。

2. 冬小麦

（1）收获时期。适宜收获期在蜡熟末期，即小麦植株茎秆全部黄色、叶片枯黄、茎秆尚有弹性，一般 6 月 5 日至 15 日收获。

（2）储存。天晴及时晾晒，防止穗发芽和籽粒霉变，含水量低于 13%时进仓储存。

四、面源污染物减排效果

大葱和小麦收获后，农民常规生产处理下 1 米土体内的硝态氮积累量均最高，超过 300 千克/公顷（图 1-47）。与农民常规生产相比，3 种技术大葱季和冬小麦季分别有效减少 17.9%～34.5%和 24.5%～32.1%的土壤剖面氮素残留。两季综合来看，优化施肥技术效果最好，氮肥缓控释技术和氮肥增效技术相当（表 1-35）。

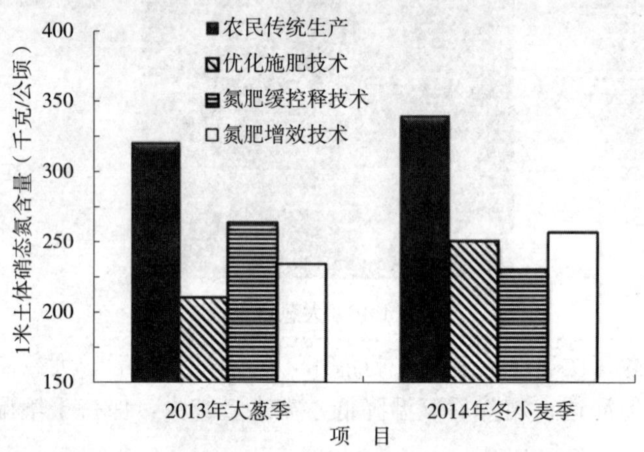

图 1-47 大葱和冬小麦收获后剖面土壤硝态氮含量

表 1-35 技术评估

技术名称	技术适用条件	面源污染物排放	生产影响	经济效益	环境风险
优化施肥技术	劳动力充足	土壤剖面氮素残留大葱季降低了 34.5%，冬小麦季降低了 26.4%	周年氮肥施用量减少 21.6%，冬小麦增产 5.6%，大葱增产 1.9%	氮肥成本节省 1 350 元/公顷，年均经济效益增加 2 300 元，产投比增加 3.3%	N_2O 的排放减排率为 25.0%
氮肥缓控释技术	劳动力缺乏	土壤剖面氮素残留大葱季降低了 18.2%，冬小麦季降低了 32.2%	周年氮肥施用量减少 21.6%，冬小麦平产，大葱增产 2.0%	生产节本 1 350 元/公顷，劳动力成本减少 50.0%，总生产成本减少 26.1%；年增收 8.5%，产投比增加 19.4%	N_2O 的排放减排率为 24.4%
氮肥增效技术	劳动力充足	土壤剖面氮素残留大葱季降低了 26.2%，冬小麦季降低了 25.0%	周年氮肥施用量减少 21.6%，冬小麦、大葱平产	每公顷节本 850 元，年收入和产投比均略有增加	N_2O 的排放减排率为 38.0%

五、对生产的影响

与农民常规生产相比，本技术周年氮肥施用量减少 21.6%，但 3 种技术的大葱和冬小麦产量均未减产，优化施肥技术和氮肥缓控释技术应用周年产量略增产 1.9%～2.3%，冬小麦的增产率略高于大葱（表 1-36）。

表 1-36 大葱/冬小麦产量结果

单位：吨/公顷

处　理	冬小麦季	大葱季	周　年
农民常规生产	6.64±0.13b	58.70±1.16a	65.34±1.25a
优化施肥技术	7.01±0.14a	59.82±2.10a	66.83±2.08a
氮肥缓控释技术	6.64±0.19b	59.90±2.01a	66.55±2.18a
氮肥增效技术	6.63±0.12b	58.57±1.73a	65.20±1.71a

六、经济效益分析

从生产成本来看（表 1-37），农民常规生产和 3 种技术的田间管理措施与磷钾肥用量一致，所以生产成本的差别在于氮肥成本（包含增效剂）和劳动力成本两方面。与农民常规生产相比，3 种技术的成本和收益分别如下：①优化施肥技术周年氮肥减施 21.6%，因此氮肥成本约节省 1 350 元/公顷，但由于大葱季增加了 1 次追肥，所以劳动力成本增加 1 200元/公顷，总生产成本减少 150 元/公顷。另外，技术应用周年产量增加 1.39 吨/公顷，不但能够抵消生产成本的增加，而且较农民常规生产年均经济效益增加 2 300 元，产投比增加 3.3%。②氮肥缓控释技术中，尽管缓控释氮肥成本比尿素高，但由于农民常规生产中还使用了硫酸铵，其氮肥成本与优化施肥技术相当,较农民常规生产节本 1 350 元/公顷；减少了 2 次施肥，劳动力成本减少 50%，总生产成本减少 26.1%；年增收 8.5%，产投比增加 19.4%。③氮肥增效技术中，由于施用氮肥增效剂（二氰二氨），氮肥成本较优化施肥技术增加，但仍比农民常规生产每公顷节本 850 元，年收入和产投比均略有增加。与农民常规生产相比，3 种技术均能实现节本、增产和增效，尤以氮肥缓控释技术最优，优化施肥技术次之。

表 1-37 生产成本与经济效益分析

处　理	冬小麦季投入（万元/公顷）		大葱季投入（万元/公顷）		产出（万元/公顷）		年收入（万元/公顷）	年投入（万元/公顷）	产投比
	氮肥	劳动力	氮肥	劳动力	小麦季	大葱季			
农民常规生产	0.035	0.12	0.92	0.36	1.46	5.87	5.97	2.54	3.35
优化施肥技术	0.13	0.12	0.69	0.48	1.54	5.98	6.20	2.52	3.46
氮肥缓控释技术	0.15	0.00	0.67	0.24	1.46	5.99	6.48	2.16	4.00
氮肥增效技术	0.15	0.12	0.72	0.36	1.46	5.86	6.04	2.45	3.46

七、潜在环境风险

较强的 N_2O 排放主要发生在每次施肥＋灌溉、单纯灌溉或强降水事件之后的一段时间（图 1-48）。经统计，峰值持续的时间约占全年的 25%，氮排放量却占全年总排放量的 60%以上。大葱季由于施肥、灌溉和降水频次高，出现了比较密集的 N_2O 排放高峰，排放通量峰值的大小与施肥量呈正比；而冬小麦季 N_2O 排放波动较少，N_2O 排放峰值主要出现在秋季播种和春季追肥两个时期，但由于施肥量较少，其排放峰值明显低于大葱季。与农民常规生产相比，3 种技术的 N_2O 排放通量峰值会降低 10%～80%。

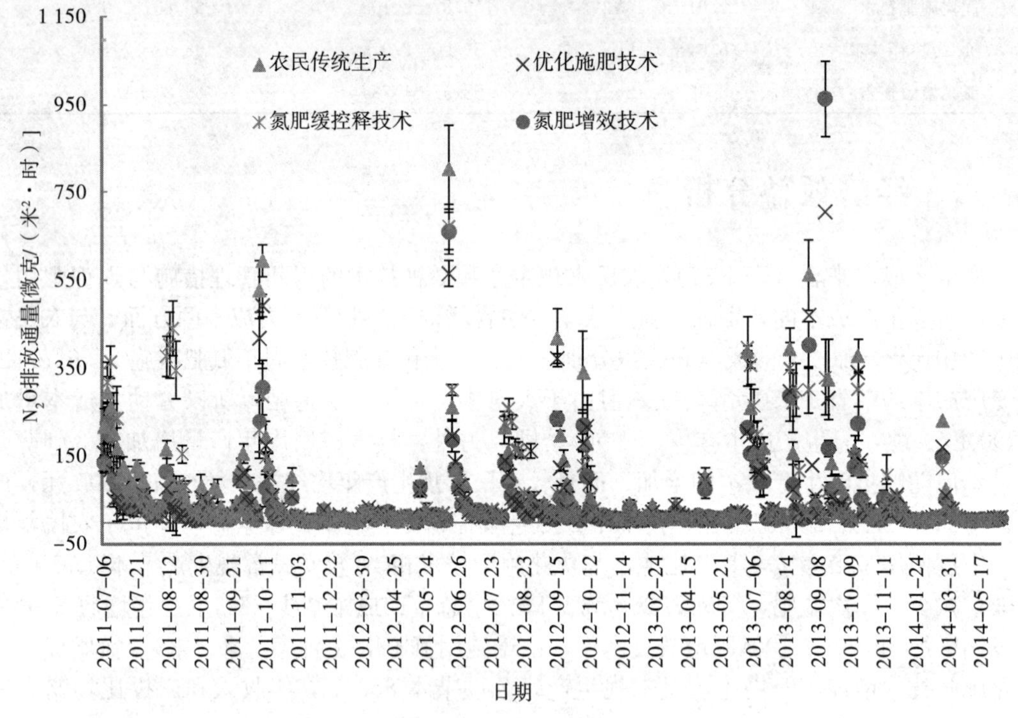

图 1-48 大葱/冬小麦农田 N_2O 排放动态

两季作物相比，大葱季 N_2O 排放量最高，占周年总排放量的 71%～78%。轮作周年中，农民常规生产处理下 N_2O 排放量最高，3 种施肥技术均能有效减少 N_2O 的排放，减排率为 25%～38%。其中，氮肥增效技术最优，优化施肥技术与氮肥缓控释技术相当（表 1-38）。

表 1-38 大葱/冬小麦农田周年 N_2O 净排放量

单位：千克/公顷

处 理	大葱季	冬小麦季	周年
农民常规生产	2.81	0.83	3.64
优化施肥技术	1.96	0.77	2.73
氮肥缓控释技术	2.05	0.69	2.75
氮肥增效技术	1.63	0.62	2.26

注：试验年份为 2013—2014 年。

八、推广政策建议

缓控释肥料通过减肥、增产及减少劳动投入达到增加收入、降低面源污染的目标，但较普通肥料价格高 600～1 200 元/吨，氮肥增效剂（二氰二氨）也需要额外购买；优化施肥通过肥料用量和比例的合理优化也达到了减肥、增产目标，但在技术推广应用初期，农户担心产量不能保证，一般不敢采用该技术，建议政府对采用新技术、新产品的农户给予每亩 150～200 元补助。

技术编写者及依托单位：江丽华、徐钰　山东省农业科学院农业资源与环境研究所
联系电话：0531-66659096
电子邮箱：xuy0221@163. com、jiangli8227@sina. com

黄淮海地区设施黄瓜—番茄轮作水肥一体化技术

一、技术概述

据统计，2015 年我国设施蔬菜种植面积达 400 万公顷，产值约 9 800 亿元，约占农业总产值的 17.9%。设施蔬菜栽培通常是高投入，造成肥料施用量（尤其是氮肥）远高于作物需求量，并且常规蔬菜栽培模式中多采取一水一肥、大水漫灌的方式，使得蔬菜地土壤氮素淋洗损失量可占氮素投入总量的 32%～77%，造成地下水硝态氮含量超标。此外，大水漫灌导致土壤含水量高，作物根系缺氧，阻碍植株的正常生长；而大棚空气湿度大，病虫害频发，进而导致农药的过量使用。因此，迫切需要改变常规的水肥管理模式，以降低水肥药投入、提高生产效益和保护生态环境。

该技术综合考虑作物不同生育阶段的需肥规律，通过对作物生育期内的施肥量、施肥比例以及灌溉施肥方式的优化，对土壤养分进行实时监测，避免生产中产生化肥施用量偏高及肥料运筹不合理导致的资源浪费、环境污染等问题，以水肥一体化的形式实现提高肥料利用率、降低生产成本、促进农民增收的目的。

该技术应用前景广阔，可以实现：①增效。该技术模式下黄瓜季的氮肥利用率提高 28.12%，氮素淋失量减少 21.81%。②节本增收。黄瓜季氮肥减施 46.67%、磷肥减施 25%，番茄季氮肥减施 60%，黄瓜—番茄季纯收入增加 13.08 万元/公顷。

二、技术适用范围与条件

黄瓜—番茄轮作的种植模式在设施蔬菜种植中的应用相当普遍。本技术适用于黄淮海平原的设施黄瓜—番茄轮作种植区域，可避免连作，但前期滴灌设备的投入较大，因此更适宜在有一定经济实力的蔬菜种植区域推广应用。

三、技术规程与流程

以山东禹城为例，该区土壤类型为盐化潮土，质地为中壤。0～20 厘米土层土壤 pH（土∶水=1∶2.5）8.10，有机质含量 8.14 克/千克、全氮 0.56 克/千克、有效磷（P_2O_5）71.11 毫克/千克、速效钾（K_2O）213.5 毫克/千克。其他地区可适当参照当地的土壤肥力水平和气候条件调整施肥量及作物品种等。

（一）品种选用及育苗

1. 黄瓜

（1）品种选择。首先要选择优质高产、耐低温耐弱光、抗病的黄瓜品种，其次再选瓜柄短、刺微密、皮色较好的品种。例如，津优、津绿、冬冠系列的品种。

（2）育苗。常规育苗床育苗，也可购买配制好的基质，用穴盘基质育苗。

苗床准备：在1月前，大棚药剂消毒，苗床施肥，耕翻，用农膜盖好闷1周待播种。

营养土的配制：用60%土、40%有机肥混合后每立方米添加多菌灵180克、甲霜·锰锌50克，过筛后用农膜盖好闷24小时待用。

药土的配制：每平方米苗床用25%甲霜灵、50%多菌灵、50%甲基硫菌灵或五氯硝基苯5～8克混1千克土，过筛后用农膜盖好闷24小时备用。

种子消毒：首先用55℃热水浸种15～20分钟，然后用30℃温水浸种6～8小时。

播种：首先整好苗床，一般苗床宽1.0～1.2米，长度应依种子量而定，播种前一天把苗床土挖出，用辛硫磷与细土按1∶3混匀撒入苗床底，再把苗床土填入苗床，用脚踩实，灌透底水。待第二天早上播种前用草钩刨出。用钉耙耧平撒入营养土，再盖毒土。撒种先撒四周，再撒中间。撒种遇到丛籽应挑开，然后盖毒土，再盖营养土，营养土盖得深浅一致，一般为1.5厘米（过浅容易带帽出土），然后用铁锹拍平，四周撒好鼠药，盖好小棚。

播种后管理：播种后棚内温度应掌握在32℃左右，一般播后3天有1/3出苗；当出苗率达70%时温度下降至18～22℃，为防止高温窜苗可将地膜抽出，5天即可出齐苗。齐苗后温度应控制在22～25℃，白天最高不超过28℃，晚上不超过14℃。苗期根据墒情适当灌水。为防病害发生，每隔4～5天喷1次百菌清600倍液。嫁接利用的黑籽南瓜播种一般比黄瓜晚播5～6天，也就是待黄瓜出齐苗后再播南瓜，原则是：让黄瓜苗等南瓜苗，不能让南瓜苗等黄瓜苗，否则成活率会降低。南瓜播种后覆土2厘米，铺盖地膜。注意南瓜种应尽量密播，然后插上小拱棚。温度应在32℃，苗出齐后撤去地膜、小拱棚，并喷洒400倍甲基硫菌灵药液预防病害。

（3）嫁接和嫁接后管理。

嫁接：一般南瓜苗高8～9厘米真叶初露、黄瓜在第一片真叶刚展开时为嫁接最佳时期。采用靠接法，嫁接时先将两种苗从苗床陆续取出，运到嫁接台，以南瓜苗做砧木。首先用嫁接刀片除去南瓜心芽，然后从叶片下1厘米自上而下呈45°角下刀，斜割茎粗2/3深，放在左手心中；再取黄瓜苗从子叶下1.5厘米处自下而上呈45°角下刀，斜割茎粗2/3深；然后将切口对好，黄瓜苗在里，南瓜苗在外，夹好嫁接夹即可。为防止病菌侵入，嫁接前1天，对黄瓜苗喷洒1次防病药液。

嫁接后管理：提高育苗质量，灵活掌握苗情变化。将嫁接好的苗按10厘米×10厘米的株行距移栽在配制好的苗床土上，边栽边灌透水，注意不要把水灌到接口上。移栽时嫁接夹朝一个方向，便于后期黄瓜断根。盖土要适宜，离嫁接夹2厘米，避免黄瓜发生不定根。边栽边搭小拱棚、扣薄膜，移栽5天内拱棚内温度应保持在28～30℃、空气湿度95%以上，有利于刀口愈合。白天用揭盖草帘调节棚内光照度。10天后进入常规育苗管理。嫁接后12～13天，在嫁接口的下方，将黄瓜下胚轴捏伤，破坏输导组织；间隔3～4天，再从接口下方把黄瓜下胚轴割断。断根后要灵活掌握苗情变化，用拉放草帘来调节棚内光照度和温度，提高成活率。如果发现砧木发生新芽要随时除去，以免黄瓜影响正常生长。另外，还应加强苗床管理，及时灌水，喷药防止黄瓜病虫害发生。

2. 番茄

（1）品种选择。一般栽培最好选择无限生长、早熟丰产品种。无限生长型开花结果期长，供应期也长，总产量高。如武昌大红、粤农2号、弗洛雷德、满丝、玛娜佩尔、强力米寿、浙杂5号、苏抗7号、双抗2号、中蔬6号、中杂4号、浦红8号、洪抗1号、红牡丹、毛粉802等。

（2）育苗。

育苗前种子消毒：防治番茄叶霉病、斑枯病、早疫病、溃疡病等病害宜选用温汤浸种的方法，即把种子放在55℃的热水中，边搅拌边浸种15分钟；之后在30℃的温水中浸泡4～5小时后捞出，在30℃环境中催芽。防治病毒病，可选用10%磷酸三钠溶液浸种20分钟后用清水洗净催芽。

苗床土消毒：在播前床土灌透水后，用72.2%霜霉威盐酸盐水剂500～600倍液喷洒苗床，每平方米喷洒2～4千克。或用多菌灵消毒，每1 000千克床土用50%多菌灵可湿性粉剂25～30克。处理时，先把多菌灵配成水溶液，接着喷洒在床土上，拌匀后用塑料薄膜严密覆盖，一般经2～3天即可杀死土壤中枯萎病等的多种病原菌。

早施基肥：营养土配制时施入的肥料充足，整个苗期可不用施肥。如果发现幼苗叶片颜色变淡，出现缺肥症状时，可喷施少许质量有保证的磷酸二氢钾500倍液。

温度调控得当：齐苗后，苗床的温度切忌偏高，以便幼苗生长健壮，增强抗寒力、抗病力。2叶1心期切忌苗床保温措施跟不上，若温度持续偏低，会使花芽分化受阻，早春落花落果严重，影响早期产量；晴天中午，苗床温度很容易偏高，此时切忌揭苫大通风，以防幼苗由于温差变幅过大，失水过多而发生萎蔫或死亡。

灌溉：苗期一般不需灌水，必须灌水时，要选择晴天中午，灌水要用温水。切忌灌水过量，以防造成苗床过大，导致烂眼、僵苗和病害滋生。施药后为防止苗床湿度过大，可撒草木灰或细干土吸湿。

光照：要增加光照，经常保持覆盖物的清洁，草帘尽量早揭晚盖。阴天也要正常揭盖草帘，尽量增加光照时间。

病虫害预防：苗期易发生立枯病、猝倒病等。发病初期，先拔除病苗，然后及时喷药保护，防止蔓延。

（二）肥料运筹及整地

黄瓜—番茄轮作周年有机肥投入量为18吨/公顷，氮肥（N）用量为660千克/公顷，磷肥（P_2O_5）用量为450千克/公顷，钾肥（K_2O）用量为990千克/公顷。化肥用量两季作物合理分配，①氮肥：黄瓜季占54.54%，其中基肥占45.64%，追肥占54.36%。番茄季占45.46%，其中基肥占75%，追肥占25%。②磷肥：黄瓜季占51.22%，其中基肥占65.22%。番茄季占48.78%，基肥一次施用。③钾肥：黄瓜季占45.45%，基追比为1∶1。番茄季占54.55%，基追比为2.5∶1。具体生产管理如下：

(1) 黄瓜季。起垄前均匀撒施有机肥9吨/公顷、复合肥（15-15-15）1 000千克/公顷、硫酸钾150千克/公顷（图1-49），而后进行土壤翻耕，耕深20厘米，耙平后，南北向做畦，畦宽70～80厘米。追肥总量氮肥（N）、磷肥（P_2O_5）、钾肥（K_2O）分别为210千克/公顷、80千克/公顷、225千克/公顷，具体施肥量如下：①第一次追肥：8月下旬追施尿素41.08千克/公顷、磷酸一铵45.2千克/公顷、硫酸钾28千克/公顷，此时黄瓜处于抽蔓期，主攻营养生长，促进枝叶发育。②第二次追肥：9月中上旬追施尿素52.25千克/公顷、磷酸一铵25千克/公顷、硫酸钾46千克/公顷，此时黄瓜处于开花坐果期，应注意调节营养生长和生殖生长，黄瓜坐稳果后方可追肥。③第三次追肥：9月下旬追施尿素66.30千克/公顷、磷酸一铵50千克/公顷、硫酸钾36千克/公顷。④第四次追肥：此时黄瓜基本处于盛果期，对氮肥和钾肥的需求量增加，10月上旬追施尿素73.48千克/公顷、磷酸一铵20千克/公顷、硫酸钾55千克/公顷。⑤第五次追肥：10月中旬追施尿素74.67千克/公顷、磷酸一铵15千克/公顷、硫酸钾67千克/公顷。⑥第六次追肥：10月下旬追施尿素43.37千克/公顷、磷酸一铵15千克/公顷、硫酸钾40千克/公顷。⑦第七次追肥：11月上旬追施尿素47.27千克/公顷、硫酸钾30千克/公顷。⑧第八次追肥：11月中旬追施尿素17.61千克/公顷、硫酸钾22千克/公顷。追肥全部所用的氮（N）、磷（P_2O_5）、钾（K_2O）养分分别为210千克/公顷、80千克/公顷、225千克/公顷。

图1-49　黄瓜季起垄前施有机肥

(2) 番茄季。起垄前均匀撒施有机肥9吨/公顷，基肥施用50%氮肥、100%磷肥、42%钾肥（即尿素326.09千克/公顷、重过磷酸钙478.30千克/公顷、硫酸钾453千克/公顷），而后进行土壤翻耕，耕深20厘米，耙平后，南北向做畦，畦宽70～80厘米。追肥总量氮肥（N）、钾肥（K_2O）分别为150千克/公顷、315千克/公顷，具体施肥量如下：①第一次追肥：1月下旬追施尿素40千克/公顷、硫酸钾98千克/公顷，此时番茄根系较弱，追肥后应适当灌溉清水，防止烧苗。②第二次追肥：2月上旬追施尿素40千克/公顷、硫酸钾98千克/公顷。③第三次追肥：2月中旬追施尿素80千克/公顷、硫酸钾126千克/公顷，此时番茄处于开花坐果期，需肥量逐渐增加，但应注意协调营养生长和生殖生长，进行打岔除叶等操作。④第四次追肥：3 月初追施尿素 80 千克/公顷、硫酸钾 126 千克/公顷。⑤第五次追肥：3 月下旬追施尿素 46 千克/公顷、硫酸钾 98 千克/公顷。⑥第六次追肥：4 月中下旬追施尿素 40 千克/公顷、硫酸钾 84 千克/公顷，此阶段处于结果期的后期，作物产量有所降低，应减少施肥量以免造成浪费。

（三）定植及灌溉

1. 定植

（1）黄瓜。前茬番茄拉秧后，闷棚 1 月左右，于 8 月初进行移栽。根据多年的实践经验得出，当黄瓜苗长至 3 叶 1 心时为最佳定植期。定植时让黄瓜第一片真叶朝向阳光一面。株距 30～40 厘米，每亩栽苗 3 000 株左右。栽时灌足缓苗水。栽后 5 天内棚内温度应保持在 28～30℃，最高不超过 32℃，缓苗后进入常规管理（图 1-50）。

图 1-50　黄瓜定植

（2）番茄。黄瓜拉秧后，施基肥后翻地起垄。番茄幼苗长至 8～10 片叶、第一花序刚刚显露时方可定植。株距 30～40 厘米，每亩栽苗 3 000 株左右（图 1-51）。定植时要依据花序着生方向，实行定向栽苗。

2. 灌溉　灌溉采用滴灌方式（图 1-51），灌溉频率保持在 7～10 天 1 次，黄瓜季每次灌溉用水量 15～30 毫米，番茄季每次灌溉用水量 20～30 毫米。

图 1-51　番茄定植与滴灌

（四）田间管理

1. 黄瓜季

（1）温度管理。晴天上午温度保持在 30 ℃左右，午后降至 20～25 ℃；夜间前半夜保持在 16～17 ℃，后半夜为 11～13 ℃。一般用通风来调节温度，大棚主要以自然通风为主（图 1-52）。

图 1-52　黄瓜通风

（2）黄瓜落蔓要领。在植株生长点接近棚顶、植株底部无叶茎蔓离地面 30 厘米以上的时候及时落蔓，落蔓宜选择晴暖午后进行，这样不易损伤茎蔓。切记不要在含水量高的早晨、上午或灌水后落蔓，以免损伤茎蔓，影响植株正常生长。②落蔓前 7 天最好不要灌水，这样有利于降低茎蔓组织的含水量，增强柔韧性，还可以减少病源。③先去除病、老叶，带至棚外烧毁，避免落蔓后靠近地面的果实、叶片因潮湿的环境发病。④将缠绕在茎蔓上的吊绳松下，顺势把茎蔓落于地面，切忌硬拉硬拽，茎蔓要有秩序地向同一方向逐步盘绕于栽培垄的两侧。盘绕茎蔓时，要顺茎蔓的弯向把茎蔓打弯，不要硬打弯或反方向打弯，避免扭裂或反方向折断茎蔓。开始落蔓的时候，茎蔓较细，间隔时间短，绕圈小；茎蔓长粗后，落蔓时间间隔稍长，绕圈大，可一次性落茎蔓长的 1/3～1/4。⑤保持有叶茎蔓距垄面 13 厘米左右，每株保持功能叶在 20 片以上。在主夏雌花较多的情况下，6～8 节以下侧枝早期应及时摘除，以便减少养分消耗。主蔓长至 25～30 片真叶后进行掐尖，掐尖后适当增施氮、磷、钾肥。

（3）病虫害防治。①霜霉病。发病初期，可喷 75%百菌清可湿性粉剂 500 倍液＋甲基硫菌灵 500 倍液，或 64%噁霜·锰锌可湿性粉剂 600 倍液。发病中期，用霜脲·锰锌、烯酰吗啉＋代森联杀菌剂混合液或烯酰吗啉＋代森锰锌混合液，用量见产品说明。喷药时应正反两面均匀喷洒。发病后期，将病叶全部摘除，采用高温闷棚法防治。②细菌性角斑病。发病初期喷硫酸链霉素·土霉素 5 000 倍液、77%氢氧化铜可湿性粉剂 400 倍液、47%春雷·王铜可湿性粉剂 600～800 倍液、70%琥铜·甲霜灵可湿性粉剂 600 倍液，以上药剂可交替使用，每隔 7～10 天喷 1 次，连续喷 3～4 次。③斑潜蝇。采用灭蝇纸诱杀成虫，在成虫始盛期至盛末期，每公顷置 225 个诱杀点，每个点放置 1 张诱蝇纸诱杀成虫，3～4 天更换 1 次。在受害作物某叶片有幼虫 5 头时，在幼虫 2 龄前，于 8～11 时露水干后幼虫开始到叶面活动，或者幼虫从虫道中钻出时开始喷洒25%阿维·杀虫单乳油1 500倍液、1.8%阿维菌素乳油3 000倍液、5%顺式氰戊菊酯乳油2 000倍液、25%杀虫双水剂500倍液、98%杀虫单可溶性粉剂800倍液、1%增效阿维菌素2 000倍液、1.5%阿维菌素乳油3 000倍液、20%吡虫啉可溶剂4 000倍液、5%氟啶脲乳油2 000倍液、36%阿维菌素乳油1 000～1 500倍液和5%氟虫脲乳油2 000倍液等其中一种即可防治。防治时间掌握在成虫羽化高峰期8～12时效果最好。此外，还可选用生物防治法，如释放姬小蜂等寄生蜂对斑潜蝇寄生，效果较好。

2. 番茄季

（1）温度管理。定植初期以防寒保温为主，如遇寒潮，可采用大棚内加小拱棚等措施防寒。番茄幼苗成活后，棚内温度白天保持在25～28℃，不超过30℃，夜间保持在13℃以上，同时适量通风排湿。随着温度回升，逐渐加大通风时间，温度过高时可以揭开棚膜加大通风量。

（2）植株调整。番茄整枝多采用单干，只保留一个主枝结果，其余侧枝全部去除；植株30厘米高时需吊绳。

（3）打杈。打杈即打掉多余的侧枝，打杈要及早开始、经常进行。

（4）疏花疏果。在每台花坐稳果后，及时将畸形果、畸形花及长势差的小果去掉，每台留3～5个果实，保证果实有较好的商品性。

（5）去老叶。番茄生长中后期，要去掉植株下部的老叶、黄叶，这样既可减少养分的消耗，又可减少病虫的感染传播。

（6）稳花稳果。早春大棚番茄的1～2台花在花期时用25～50微升/升防落素喷施花器，或用15～20微升/升2.4-滴，用毛笔涂抹于花的柱头上以稳花，提高坐果率。注意药液浓度不能高，不能洒在叶上，不能重复涂抹喷花。

（7）病虫害防治。番茄的主要病害有番茄苗期的猝倒病，立枯病和灰霉病，番茄的早、晚疫病，主要害虫是蚜虫。可用代森铵、硫菌灵、多菌灵1 000倍液或噁霜·锰锌600倍液，也可用铜铵合剂500～700倍液、70%甲呋酰胺+代森锰锌可湿性粉剂500～700倍液、噁霜灵粉剂3 000～4 000倍液防治病毒病、猝倒病和立枯病；用腐霉利1 500倍液或2 000倍液、异菌脲1 000倍液防治灰霉病。一般7～10天喷1次，连续喷2～3次药剂，不同药剂可以交替使用。可用47%春雷·王铜可湿性粉剂800倍液防治早晚疫病，70%甲呋酰胺+代森锰锌可湿性粉剂500～700倍液防治晚疫病，病毒病还可用5%烷醇·硫酸铜水剂300倍液、菌毒清200～500倍液防治。每亩可用10%吡虫啉可湿性粉剂10克、5%吡虫啉20毫升、菊酯类农药2 000～3 000倍液防治蚜虫。

（五）采收

（1）黄瓜。夏秋季黄瓜从定植至初收约35天。开花10天左右可采收，以黄瓜皮色从暗绿变为鲜绿有光泽、花瓣不脱落时采收为佳（图1-53）。头瓜要早收，以免影响后续瓜的生长，甚至妨碍植株生长，形成畸形瓜和造成植株早衰，从而影响产量。

（2）番茄。番茄成熟有绿熟、变色、成熟、完熟4个时期。储存保鲜可在绿熟期采收（图1-53），运输出售可在变色期（果实的1/3变红）采摘，就地出售或自食应在成熟期即

图 1-53　黄瓜与番茄采收

果实 1/3 以上变红时采摘。采收时应轻摘轻放，摘时最好不带果蒂，以防装运中果实相互刺伤。春季大棚春番茄在果实充分长大、果顶发白后采收，在室内放置 1～2 天果实转红后可以上市。

四、面源污染物减排效果

（一）黄瓜季的氮磷淋失量

表 1-39 为黄瓜季常规条件和水肥一体化技术条件下的淋溶水量和氮磷淋失量。防控技术处理的淋溶水量、氮磷淋失量均与常规处理无显著差异。

表 1-39　黄瓜季的氮磷淋失量

处　理	淋溶水量（升）	TN（千克/公顷）	TP（千克/公顷）
常规技术	108.87±68.27a	201.80±133.65a	2.00±1.47a
水肥一体化技术	126.50±68.14a	157.78±0.13a	3.51±1.02a

（二）黄瓜季总氮淋失量动态变化

图 1-54 为黄瓜季总氮淋失量的动态变化。黄瓜整个生育期内，水肥一体化技术处理的总氮淋失量随黄瓜生育期的延长而下降，但在黄瓜生育中期出现了一个淋失高峰，达

34.05 千克/公顷。与常规处理相比，水肥一体化技术对氮淋失的减排效果主要体现在黄瓜生育前期和后期。

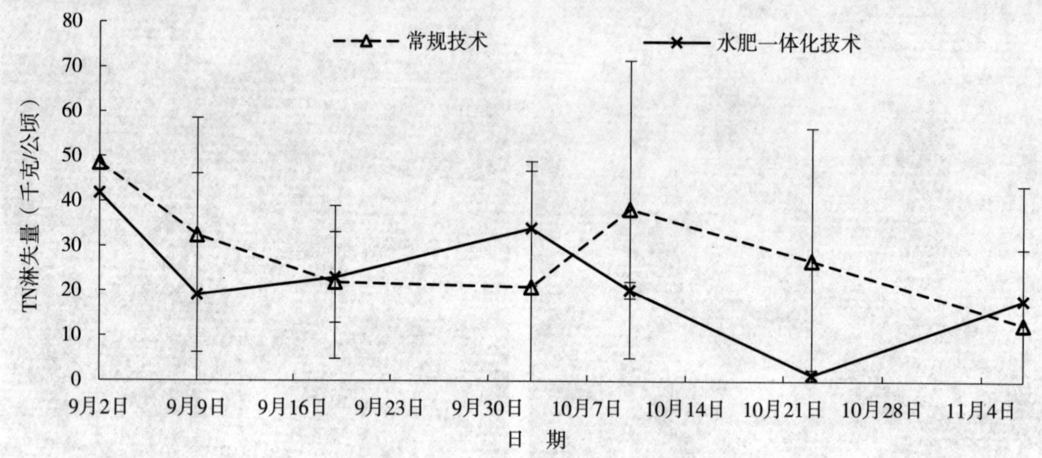

图 1-54 黄瓜季总氮淋失量的动态变化

注：试验年份为 2015 年。

（三）黄瓜季总磷淋失量动态变化

图 1-55 为黄瓜季总磷淋失量的动态变化。水肥一体化技术处理的总磷淋失量在黄瓜生育前期出现了一个峰值，达 2.18 千克/公顷，这导致黄瓜整个生育期的总磷累积淋失量高于常规处理。

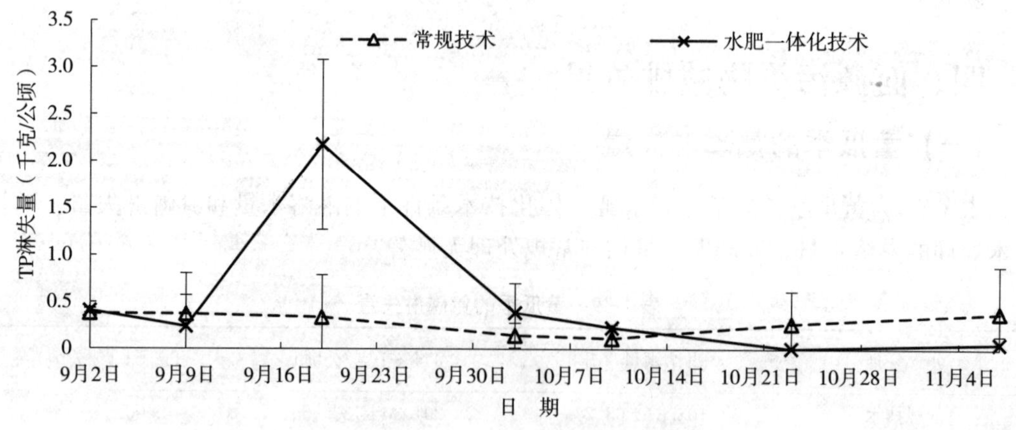

图 1-55 黄瓜季总磷淋失量的动态变化

注：试验年份为 2015 年。

水肥一体化技术整体评估见表 1-40。该技术适用于高强度利用、高化学品投入引起的面源污染严重的设施菜地，对面源污染物总氮的减排、环境风险的降低和生产影响的效果相对较好，对经济效益的提高有比较明显的效果。

表 1-40　水肥一体化技术评估

技术名称	技术适用条件	面源污染物减排效果（TN）	生产影响	经济效益	环境风险	备注
水肥一体化	高强度利用、高化学品投入引起的面源污染严重的设施菜地	↓↓	↑↑	↑↑↑	↓↓	

注：箭头方向表示增加或者减小，数量多少表示强弱，5 个最多。

五、对生产的影响

（一）对产量的影响

黄瓜季和番茄季的生产性指标如表 1-41 所示。黄瓜季水肥一体化技术模式下的产量及吸氮量较常规技术无显著差异；但水肥一体化技术处理的番茄季产量显著高于常规技术处理（$P=0.000\ 2$），达 81.51 吨/公顷。在黄瓜—番茄轮作周期内，总增产率达 43.72%。

表 1-41　黄瓜—番茄轮作季产量

单位：吨/公顷

处　理	黄瓜季	番茄季	合　计
常规技术	81.11±3.52a	36.31±6.90b	117.42±9.84b
水肥一体化技术	86.26±7.02a	81.51±4.69a	168.76±8.64a

（二）对品质的影响

表 1-42 为番茄维生素 C、硝酸盐和可溶性固形物含量。常规技术处理的维生素 C 含量相对较高，达 18.80 毫克/千克，水肥一体化技术处理的番茄维生素 C 含量较低，但差异不显著；在硝酸盐和可溶性固形物含量上的差异也不显著。因此，可以认为水肥一体化技术能够在保证蔬菜品质的前提下，实现蔬菜的稳产增产。

表 1-42　番茄品质

处　　理	维生素 C 含量（毫克/千克）	硝酸盐含量（毫克/千克）	可溶性固形物含量（%）
常规技术	18.80±4.52 a	98.93±12.02 a	7.40±0.79 a
水肥一体化技术	14.90±3.35 a	81.97±2.96 a	5.67±0.57 a

六、经济效益分析

黄瓜季的常规技术处理和水肥一体化技术处理的田间管理及钾肥的施用量一致，因此生产成本的差别在于灌溉成本和氮磷肥施用；而番茄季的成本差异则主要在于灌溉成本和氮肥用量。目前，滴灌设备的生产技术及市场监管存在一定的问题，造成滴灌设备质量不稳定，使用寿命相对较短，所以试验点每季均需投入 1 万元/公顷的滴灌设备成本。常规技术处理黄瓜和番茄季纯收入为 7.72 万元/公顷，水肥一体化技术处理收入为 13.08 万元/公顷，能为农民增收提供保证（表 1-43）。

表 1-43 黄瓜—番茄轮作经济性指标

单位：万元/公顷

处 理	黄瓜季投入		番茄季投入		产出		纯收入
	生产投入	燃料	生产投入	燃料	黄瓜季	番茄季	
常规技术	1.98	0	2.04	0	8.11	3.63	7.72
水肥一体化技术	1.72	0	1.98	0	8.63	8.15	13.08

注：有机肥价格为 2 元/千克，尿素 1.3 元/千克，过磷酸钙 0.65 元/千克，硫酸钾 3.6 元/千克，灌溉水 0.3 元/米^3，番茄、黄瓜价格 1 元/千克。

七、潜在环境风险

黄瓜季 0～100 厘米土层的土壤硝态氮含量如图 1-56 所示。水肥一体化技术处理的表层土壤硝态氮含量显著低于常规技术处理；但在 40～80 厘米深度的土层中，硝态氮含量略高于常规技术处理，而且这一土层的土壤硝态氮可能存在继续下移的趋势，因而存在对地下水的污染风险。

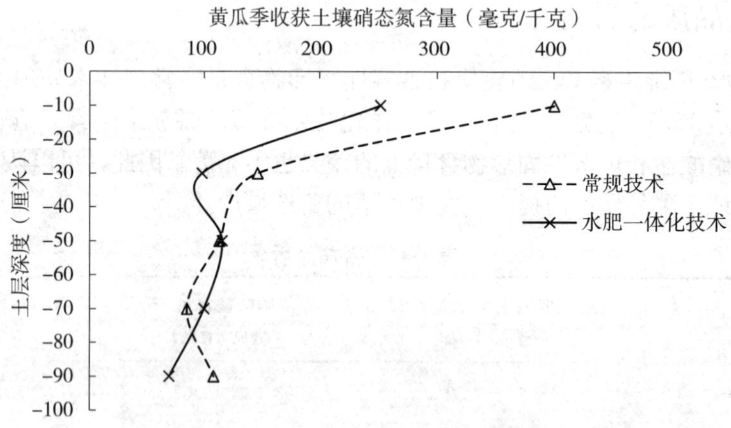

图 1-56 黄瓜季的土壤硝态氮含量

黄瓜季 0～100 厘米土层的铵态氮含量如图 1-57 所示。水肥一体化技术处理的 0～100 厘米土层的土壤铵态氮含量显著低于常规技术处理，降低了对地下水污染的风险。

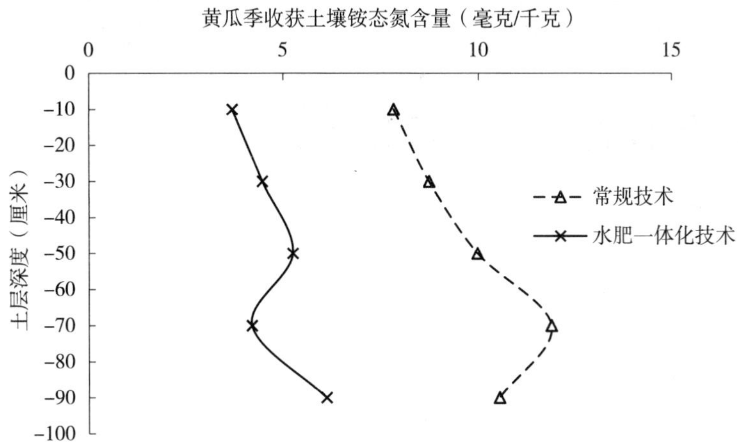

图 1-57 黄瓜季的土壤铵态氮含量

八、推广政策建议

水肥一体化设备初次投入较大，建议对采用该技术的用户进行补贴，给予占设备总额30%～50%的补贴；同时，补贴政策与奖励政策结合，即通过对享受补贴的农户进行面源污染控制水平及投入产出效益评比，评比优秀者可以获得更多补贴额度，而效益差者则减少补贴甚至不补贴。

技术编写者及依托单位：江丽华、杨岩 山东省农业科学院农业资源与环境研究所
联系电话：0531-66659545
电子邮箱：tornado23@126.com、jiangli8227@sina.com

三峡流域水稻—油菜轮作限肥控排技术

一、技术概述

本技术包括六方面的关键内容：一是根据产量和环境效应协调的原则确定肥料限制施用量；二是在限制施用量的基础上，施用有机肥或秸秆还田，减少化肥的施用量；三是将底施氮肥适当后移至穗肥；四是深施底肥；五是避开雨季和大雨暴雨施肥；六是严格控制泡田水排放。内容一至内容四主要是通过限量施肥、减少化肥施用、后移氮肥、肥料深施等措施，降低氮磷流失高风险期田面水中氮磷浓度来防控氮磷的流失。内容五主要是通过避免施肥期与降水重叠来控制氮磷的流失。内容六主要是通过控制刚施肥泡田水的排放来控制氮磷的流失。

与常规肥水相比，该技术对产量没有明显影响，但能使全年氮、磷肥用量各减少10%，钾肥用量减少40%～60%，TN、TP 流失分别减少 36.7%、58.3%；同时可使土壤有机质增加 6.8%，容重降低 4.1%，全氮增加 4.7%，速效氮增加 4.6%，有效磷增加 2.9%，速效钾增加 13.5%。该技术能减少秸秆露天焚烧，减少碳排放，也能降低稻季氮素挥发损失，但有增加甲烷排放的风险。另外，仅从肥料、整地、收获等方面核算经济效益的话，该技术与常规肥水管理的经济效益基本持平。

二、技术适用范围与条件

本技术适合三峡流域稻油轮作稻区使用，其他稻区可参考使用。

三、技术规程与流程

（一）水稻

1. 水稻移栽前准备

（1）水稻选种。根据不同茬口、品种特性及安全齐穗期，选择适合当地种植的分蘖好、根系发达、耐肥抗倒伏、抗病性强的稳产、高产穗粒兼顾型优质水稻品种。种子质量应符合 GB 4404.1 中的良种要求，净度不低于 98.0%、发芽率不低于 85.0%、水分不高于 13.0%。

（2）水稻育秧。实行工厂化育秧，参照 NY/T 1534 规定执行。

2. 水稻肥料施用总体规划

（1）肥料选择。根据生产资料市场及用肥习惯，选择适宜的肥料种类，避免施用碳酸氢铵和氨水。

(2) 肥料限量标准。根据产量和环境效应相协调的原则，确定水稻肥料允许施用量。

当稻谷产量水平小于 7 500 千克/公顷时，氮肥（N）、磷肥（P_2O_5）的限量分别为 180 千克/公顷、60 千克/公顷；当稻谷产量水平介于 7 500 千克/公顷和 9 000 千克/公顷时，氮肥（N）、磷肥（P_2O_5）的限量分别为 195 千克/公顷、75 千克/公顷；当稻谷产量水平大于 9 000 千克/公顷时，氮肥（N）、磷肥（P_2O_5）的限量分别为 225 千克/公顷、90 千克/公顷。

(3) 肥料限量标准优化。秸秆全量还田情况下，氮磷限量标准下调 10%；施有机肥情况下，氮磷投入总量不超过限量标准；绿肥翻压还田情况下，氮限量标准下调 10%～15%；施用缓控释氮肥情况下，氮限量标准下调 15%～20%。

(4) 肥料运筹。氮肥按基肥 20%～40%、分蘖肥 30%～40%、穗肥 30%～40%的比例分配施用，磷肥全部用作基肥施用。

(5) 施肥时间。调整移栽和施肥时间，使分蘖肥和穗肥的施用时间避开梅雨季。三峡流域水稻返青肥需在梅雨来临前 1 周（约 6 月 10 日）施用，穗肥需在梅雨后（约 7 月 20 日）施用。每次施肥时，要密切关注天气预报，尽量避免施肥后 7 天内发生大雨和暴雨。

3. 水稻施底肥 根据肥料施用总体规划中的底肥用量施用底肥，底肥在泡田、旋耕前施用。

4. 水稻泡田

(1) 泡田前准备工作。泡田前，先整理田埂和田埂排水口。田埂要高于田面 15～20 厘米，不漏水、不漏肥，不易垮塌。田埂排水口应操控方便、高度可控，保证田间蓄水面高于田面 10 厘米以上。

(2) 泡田水量确定。泡田前，先根据水稻不同栽植方式对水分的需求、土壤渗漏、蒸发、降水量、泡田天数等因素决定泡田灌水量（泡田定额），具体泡田灌水量计算方法如下：

$$M_1=0.677\ (h_0+S_1+e_1t_1-P_1)$$

式中：M_1——泡田定额，米^3/亩；

h_0——插秧时田面所需的水层深度，毫米；

S_1——泡田期总渗漏量，毫米；

e_1——泡田期水田田面日平均蒸发强度，毫米/天；

t_1——泡田期的天数，天；

P_1——泡田期内的总降水量，毫米。

5. 水稻旋耕整地及泡田水管理

(1) 旋耕整地。泡田 1～2 天后，旋耕耙田 1～2 遍，将底肥、秸秆翻压入土，要求旋耕深度≥15 厘米，秸秆埋伏率≥80%。

(2) 泡田水管理。旋耕整地后，让田面水沉淀 4～5 天，待田面水层厚度≤1 厘米后机械插秧。在此期间，严禁随意排放泡田水，尤其禁止整地后 5 天内排放泡田水。

6. 机械插秧

(1) 秧苗要求。苗高 15～20 厘米，均匀整齐，茎部粗壮，青秀无病，无黑根枯叶，叶挺有弹性，盘根结实。秧苗插前床土绝对含水率为35%～55%，插前均匀度合格率≥85%，空格率≤5%。起运苗时，秧块不变形、不断裂，秧苗不受损伤。

（2）机插密度。插秧机插秧株行距调节为14.6厘米×30.0厘米或18.0厘米×25.0厘米左右，机插深度1.5厘米。每亩插1.5万穴左右，每穴2～3苗，漏插率<5%，漂秧率<3%，伤秧率<5%。

7. 水稻返青期管理 实行浅水勤灌。每次浅水灌溉至田面水层厚度达2～3厘米，待田面水自然落干后再灌浅水，如此循环。

8. 水稻分蘖期管理

（1）水分管理。实行浅水间歇灌溉。每次灌水至田面水层厚度达2～3厘米，待田面水自然落干2～3天后再灌，如此循环。

（2）施肥管理。根据肥料施用总体规划中的用量施用分蘖肥。施肥时，要密切关注近期降水情况，力求避免施肥后7天内发生大暴雨。

9. 水稻晒田 当田间分蘖数达到要求时，自然落干晒田7～10天。

10. 孕穗、灌浆期管理

（1）水分管理。实行浅水勤灌。每次灌水至田面水层厚度达3～5厘米，待自然落干1～2天后再灌，如此循环。当扬花期遇高温天气时，要深水降温，保持田面水8～10厘米。

（2）施肥管理。根据肥料施用总体规划中的用量施用穗肥。施肥时，要密切关注近期降水情况，力求避免施肥后7天内发生大暴雨。

11. 成熟期管理 实行浅水间歇灌溉，直至收获前7天。每次灌水2～3厘米，待自然落干3～5天后，再灌新水。

12. 水稻收获 收获时，要求收割机配置秸秆粉碎抛撒机，边收获边将秸秆全部粉碎、匀抛，要求粉碎长度≤10厘米、秸秆覆盖率≥80%、留茬高度≤15厘米。

（二）油菜

1. 油菜播前准备 依据耕作制度和气候特点，选择扎根力强、根颈短、根冠比大、主花序长、分枝少的中早熟品种，种子品质符合NY 414中的规定，种子质量符合GB 4407.2中的规定。

2. 油菜肥料施用总体规划

（1）肥料限量标准。根据产量和环境效应相协调的原则，确定油菜肥料允许施用量。

当油菜籽粒产量水平小于2 250千克/公顷时，氮肥（N）、磷肥（P_2O_5）、钾肥（K_2O）的限量分别为150千克/公顷、45千克/公顷、45千克/公顷；当油菜籽粒产量水平介于2 250千克/公顷和3 000千克/公顷之间时，氮肥（N）、磷肥（P_2O_5）、钾肥（K_2O）的限量分别为180千克/公顷、60千克/公顷、75千克/公顷；当油菜籽粒产量水平大于3 000千克/公顷时，氮肥（N）、磷肥（P_2O_5）、钾肥（K_2O）的限量分别为210千克/公顷、75千克/公顷、90千克/公顷。

（2）肥料限量标准优化。秸秆全量还田情况下，氮磷限量标准下调10%；施有机肥情况下，氮磷投入总量不超过限量标准；绿肥翻压还田情况下，氮限量标准下调 10%～15%；施用缓控释氮肥情况下，氮限量标准下调 15%。

(3) 肥料运筹。氮肥按基肥 20%～40%、苗肥 30%～40%、薹肥 30%～40%的比例分配施用，磷肥全部用作基肥施用，钾肥分基肥和薹肥各 50%施用。

3. 油菜施底肥 根据肥料施用总体规划中的底肥用量施用底肥，在旋耕前施用。施肥时，要密切关注近期降水情况，力求避免施肥后 7 天内发生大暴雨。

4. 油菜整地

(1) 旋耕秸秆全量还田。油菜播种前，施底肥，旋耕两遍。要求旋耕深度≥22 厘米，秸秆埋伏率≥80%，碎土率≥80%。

(2) 做好“三沟”。旋耕完毕后，及时开厢，并挖厢沟、腰沟和围沟。厢宽一般为 1.0～1.2 米，厢沟宽 15～20 厘米、深 18～20 厘米，腰沟、围沟宽 20 厘米、深 25～30 厘米。低洼田要适当缩小厢宽并增加沟的深度。

5. 油菜播种 播种前用 0.136%芸薹素·吲哚乙酸·赤霉酸+20%氯虫苯甲酰胺悬浮剂拌种，促进发芽，防治苗期虫害。一般亩播种量 300～400 克，成苗 2.5 万～3.5 万株；播种期偏迟、墒情较差的田块适当加大播种量，亩播量不超过 400 克。

6. 油菜苗期管理

(1) 除草。草害较重的田块，在油菜 4～5 叶、杂草 2～3 叶期喷施专用除草剂除草。冬至前喷施 0.136%芸薹素·吲哚乙酸·赤霉酸等生长调节剂，增强油菜抗冻性；暖冬年份冬至苗偏旺田块，用 15%多效唑可湿性粉剂 100 克或 5%烯效唑 40 克兑水 50 千克喷雾控旺，防止早薹早花，减轻冻害影响。

(2) 施肥。根据肥料施用总体规划中的苗肥用量施用苗肥。施肥时，要密切关注近期降水情况，力求避免施肥后 7 天内发生大暴雨。

7. 油菜薹期管理 根据肥料施用总体规划中的薹肥用量施用薹肥。施肥时，要密切关注近期降水情况，力求避免施肥后 7 天内发生大暴雨。

8. 油菜收获 收获时，要求收割机配置秸秆粉碎抛撒机，边收获边将秸秆全部粉碎、匀抛，要求粉碎长度≤10 厘米、秸秆覆盖率≥80%、留茬高度≤15 厘米。

四、面源污染物减排效果

对限肥控排技术的氮磷减排效果监测表明，与常规肥水相比，限肥控排技术能使全年氮、磷肥用量各减少 10%，TN、TP 流失分别减少 36.7%和 58.3%（表 1-44）。该技术整体评估结果见表 1-45。

表 1-44 限肥控排技术对水稻—油菜轮作农田氮磷流失的影响

处　理	径流量（毫米）	TN 流失量（千克/公顷）	TN 减排（%）	TP 流失量（千克/公顷）	TP 减排（%）
常规肥水	330.9	26.14		2.18	
限肥控排技术	300.9	16.54	36.7	0.91	58.3

表 1-45 限肥控排技术评估

技术名称	技术适用条件	面源污染减排	生产影响	经济效益	环境风险
限肥控排技术	适合三峡流域稻油轮作稻区	TN 减排 36.7%，TP 减排 58.3%	可培肥土壤，改善耕性，减少化肥用量，对产量没有影响	与常规肥水管理的经济效益基本持平	会增加 CH_4 排放

五、对生产的影响

限肥控排技术可培肥土壤，改善土壤耕作性能，减少化肥用量。定位研究表明，限肥控排技术可使土壤有机质增加 6.8%，容重降低 4.1%，全氮增加 4.7%，速效氮增加 4.6%，有效磷增加 2.9%，速效钾增加 13.5%（表 1-46）。此外，该技术可使氮、磷化肥用量各减少 10%左右，钾肥用量减少 40%～60%。另外，限肥控排技术对水稻和油菜籽粒产量没有明显影响（表 1-47）。

表 1-46 限肥控排技术对土壤理化性状的影响

处 理	有机质（克/千克）	容重（克/厘米^3）	全氮（克/千克）	速效氮（毫克/千克）	有效磷（毫克/千克）	速效钾（毫克/千克）
常规肥水	27.9	1.22	1.3	110.2	27.4	79.5
限肥控排技术	29.8	1.17	1.4	115.3	28.2	90.2

表 1-47 限肥控排技术对产量的影响

单位：吨/公顷

处 理	油菜产量	稻谷产量	两季总产量
常规肥水	2.79	8.69	11.5±0.4a
限肥控排技术	2.82	8.74	11.6±0.3a

六、经济效益分析

与常规肥水相比，限肥控排技术能降低化肥投入，但同时会增加机械收获和旋田整地的投入。总体来看，限肥控排技术与常规肥水的经济效益基本持平（表 1-48）。

表 1-48 限肥控排技术的经济效益

单位：元/公顷

处 理	化肥投入	机械收获投入	旋耕投入	籽粒产出	纯收入
常规肥水	4 713.3	1 800	2 000	38 965.8	30 452.5
限肥控排技术	3 237.1	2 250	3 000	39 212.0	30 724.9

七、潜在环境风险

限肥控排技术能够减少秸秆露天焚烧，减少碳排放，减少稻季氮素挥发损失（表 1-49）。但有研究表明，稻季秸秆还田可大幅增加 CH_4 排放。

表 1-49 限肥控排技术对稻季氨挥发损失的影响

处　理	氨挥发损失量（千克/公顷）	氨挥发减幅（%）
常规肥水	63.0	
限肥控排技术	37.8	40

八、推广政策建议

限肥控排技术能有效降低三峡流域水稻—油菜轮作农田氮磷的流失，减少秸秆露天焚烧，减少碳排放；但该技术会使两季作物收获支出（秸秆粉碎）增加 30 元/亩，整地支出（秸秆全量还田）增加 60 元/亩，合计增加支出 90 元/亩。因此，要使该技术真正被农民采纳，需对收割机和旋耕整地经营者农机操作给予补贴，让收割机经营者负责将秸秆粉碎、匀抛，旋耕机经营者负责将粉碎后的秸秆全部高质量还田，农民负责监督秸秆粉碎和还田的质量。根据目前的市场价格，每季给收割机经营者秸秆粉碎、匀抛的补贴应为 15 元/亩，给旋田整地机经营者秸秆还田的补贴应为 30 元/亩。

技术编写者及依托单位：张富林、范先鹏　湖北省农业科学院植保土肥研究所
联系电话：027-88430558
电子邮箱：fulinzhang@126. com

三峡流域油菜/玉米秸秆覆盖还田整装技术

一、技术概况

通过控源减排来阻控油菜/玉米种植氮磷流失，通过优化施肥（有机肥替代部分化肥+肥料条施+避雨施肥）从源头控制农田氮磷的流失量；通过玉米、油菜秸秆覆盖还田可增加地表覆盖度，减轻雨水对土壤表面的打击和冲刷，在降水过程中延缓地表结皮的形成，延长产流的时间，增加入渗量，加强渗透性和抗冲性，有效减少水土流失和地表径流发生量，从而降低农田氮磷流失量。该技术主要由优化施肥技术和秸秆覆盖还田技术组合而成。目前，该技术在丘陵山区应用广泛。

二、技术适用范围与条件

本技术适用于南方山地丘陵区。

三、技术规程与流程

（一）油菜季

1. 秸秆处置 油菜季不覆盖秸秆，玉米秸秆收割后堆放在地头腐解一季。

2. 整地 翻耕深度20～30厘米。根据农田面积在坡面沿等高线布置集流沟（一条或数条，田块面积较小时仅在坡底布置），遇大雨时排水用，一般沟宽25～30厘米、沟深20～25厘米。

3. 基肥

（1）施肥方法。播种前，在播种行将所有基肥混匀后条施，施肥深度15～20厘米，施肥后覆土。

（2）施肥量。油菜全生育期施肥量：当油菜籽粒产量水平小于2 250千克/公顷时，氮肥（N）、磷肥（P_2O_5）的限量分别为150千克/公顷、55千克/公顷；当油菜籽粒产量水平介于2 250千克/公顷和3 000千克/公顷之间时，氮肥（N）、磷肥（P_2O_5）的限量分别为165千克/公顷、70千克/公顷；当油菜籽粒产量水平大于3 000千克/公顷时，氮肥（N）、磷肥（P_2O_5）的限量分别为190千克/公顷、80千克/公顷。其中，磷肥全部用作基肥施用，氮肥基肥用量占总氮量的40%～50%。

(3) 注意事项。密切关注近期降水情况，避免施肥后 7 天内发生降水量为 43 毫米以上降水。

4. 播种或移栽 施肥后 2～3 天，油菜直播或移栽。直播：播种量 300～350 克/亩，种子均匀撒播，翻土覆盖。移栽：秧龄 35 天，叶龄 3.0～3.5 叶，密度 3 200 株/亩。

5. 越冬肥

(1) 施肥量。施入 30%～35%氮肥。

(2) 施肥方式。在距离播种行 10～15 厘米处开沟条施，施肥深度 20～30 厘米，施肥后覆土。

(3) 注意事项。密切关注近期降水情况，避免施肥后 7 天内发生降水量为 43 毫米以上降水。

6. 蕾薹肥 施入 20%～25%氮肥。如果茎秆出现茎裂或花而不实现象，注意叶面喷施硼砂，硼砂浓度为 0.1%～0.2%，在苗期或薹期喷施。

7. 收获 油菜秸秆留茬高度 30～40 厘米，收获的秸秆不粉碎直接覆盖还田。

(二) 玉米季

1. 秸秆覆盖还田 除了油菜秸秆直接覆盖还田外，还要将上一年堆放在地头腐解的玉米秸秆覆盖还田，秸秆不粉碎。

2. 免（少）耕、修沟 玉米季采用免（少）耕，避免土壤扰动引起氮磷流失。修整坡耕地底部的集流沟。

3. 基肥

(1) 施肥方法。播种前，在播种行将所有基肥混匀后条施，施肥深度 15～20 厘米，施肥后覆土。

(2) 施肥量。玉米全生育期施肥量：当玉米籽粒产量水平小于 4 500 千克/公顷时，氮肥（N）、磷肥（P_2O_5）的限量分别为 150 千克/公顷、60 千克/公顷；当玉米籽粒产量水平介于 4 500 千克/公顷和 6 000 千克/公顷时，氮肥（N）、磷肥（P_2O_5）的限量分别为 180 千克/公顷、80 千克/公顷；当玉米籽粒产量水平大于 6 000 千克/公顷时，氮肥（N）、磷肥（P_2O_5）的限量分别为 225 千克/公顷、90 千克/公顷。其中，磷肥全部用作基肥施用，氮肥基肥用量占全生育期的 60%。

(3) 注意事项。密切关注近期降水情况，避免施肥后 7 天内发生降水量为 43 毫米以上降水。

4. 玉米直播 点播玉米，每穴播 2 粒，确保 1 颗成苗。播种密度 3 300 株/亩，行距 50 厘米，株距 40 厘米。

5. 拔节肥 施入 20%氮肥，可以借助小雨施肥，肥料条施，施肥深度 20 厘米。注意避免施肥后 7 天发生降水量为 43 毫米以上降水。

6. 灌浆肥 施入 20%氮肥，可以借助小雨施肥，肥料条施，施肥深度 20 厘米。注意避免施肥后 7 天发生降水量为 43 毫米以上降水。

7. 收获 玉米秸秆堆放在地头自然腐解 1 季。

四、面源污染减排效果

（一）秸秆覆盖对径流量的阻控效果

1. **径流发生特征** 油菜季处于枯水期（10 月至翌年 5 月），玉米季处于丰水期（6 月至 9 月）；油菜季径流次数较多但单次产流量小，玉米季径流次数少但单次产流量大。2016 年玉米季产流量比油菜季高 49.2%，2017 年玉米季产流量比油菜季高 84.0%（图 1-58）。

2. **径流发生量** 秸秆覆盖处理能显著降低径流发生量，2 年平均拦截径流量 17.2%。

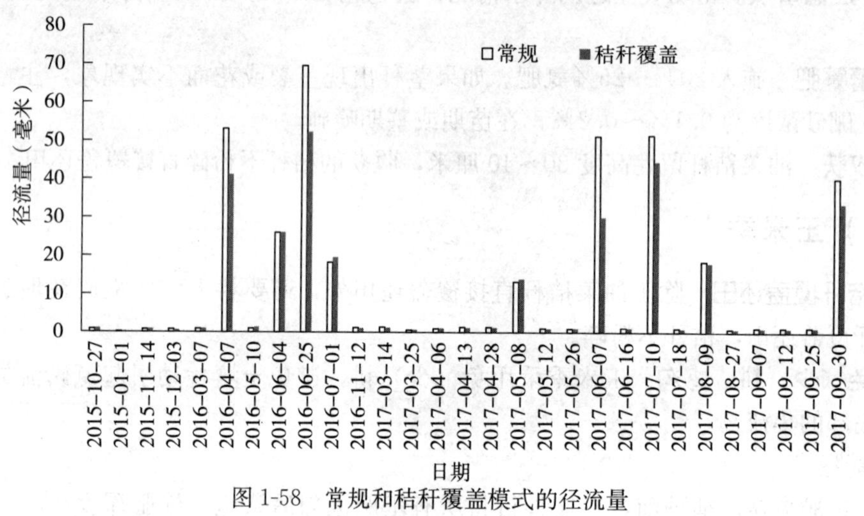

图 1-58 常规和秸秆覆盖模式的径流量

（二）秸秆覆盖对氮磷流失量的阻控效果

1. **氮、磷流失时期** 氮、磷流失量主要集中在 4—9 月，并且玉米季是氮、磷流失的主要时期，占全年氮、磷流失量的 87.6%和 55.0%，因此在玉米季进行秸秆覆盖是阻控氮、磷流失的有效措施。秸秆覆盖对氮、磷流失时期没有影响（图 1-59）。

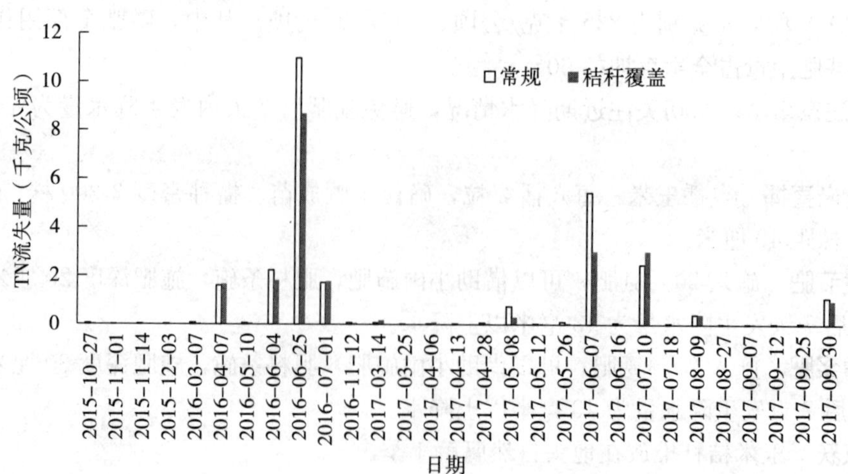

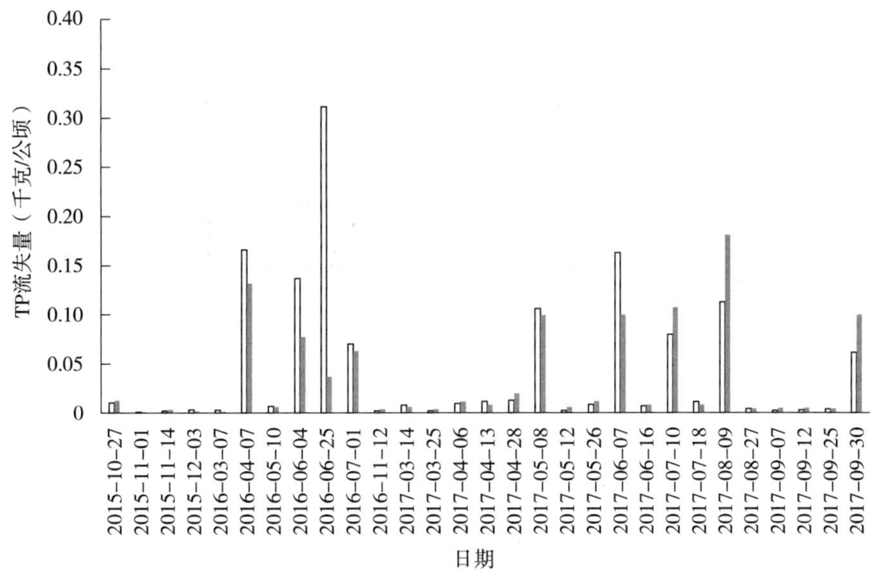

图 1-59　常规和秸秆覆盖模式的氮、磷流失量

2. 秸秆覆盖对氮流失量的阻控效果　秸秆覆盖处理和常规处理相比，总氮、硝态氮流失量分别降低了 17.9%、15.8%，而铵态氮流失量增加了 1.6%。因此，秸秆覆盖处理主要降低了硝态氮的流失量（图 1-60）。

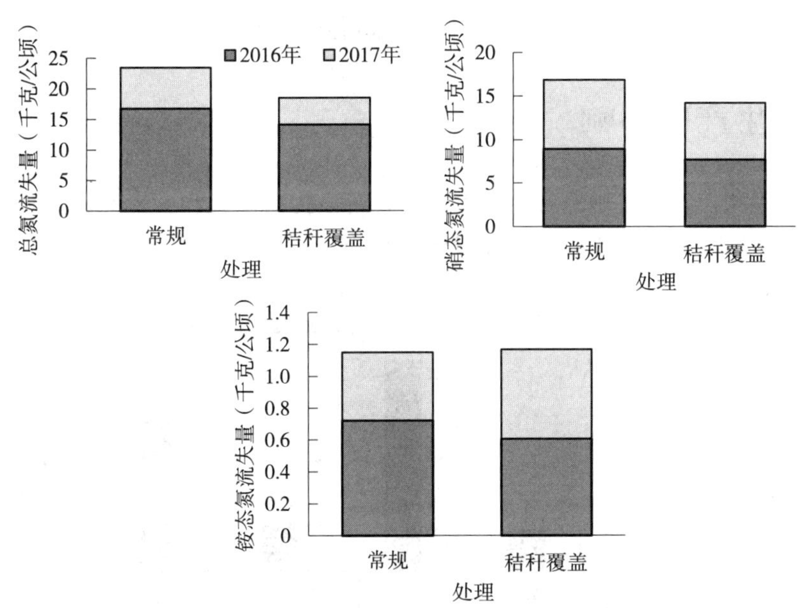

图 1-60　秸秆覆盖对不同形态氮流失量的阻控效果

3. 秸秆覆盖对磷流失量的阻控效果　秸秆覆盖处理和常规处理相比，总磷、可溶性磷和颗粒态磷流失量分别降低了 22.2%、9.2%和 28.5%，可见秸秆覆盖主要是通过降低颗粒态磷的流失量来降低总磷的流失量（图 1-61）。

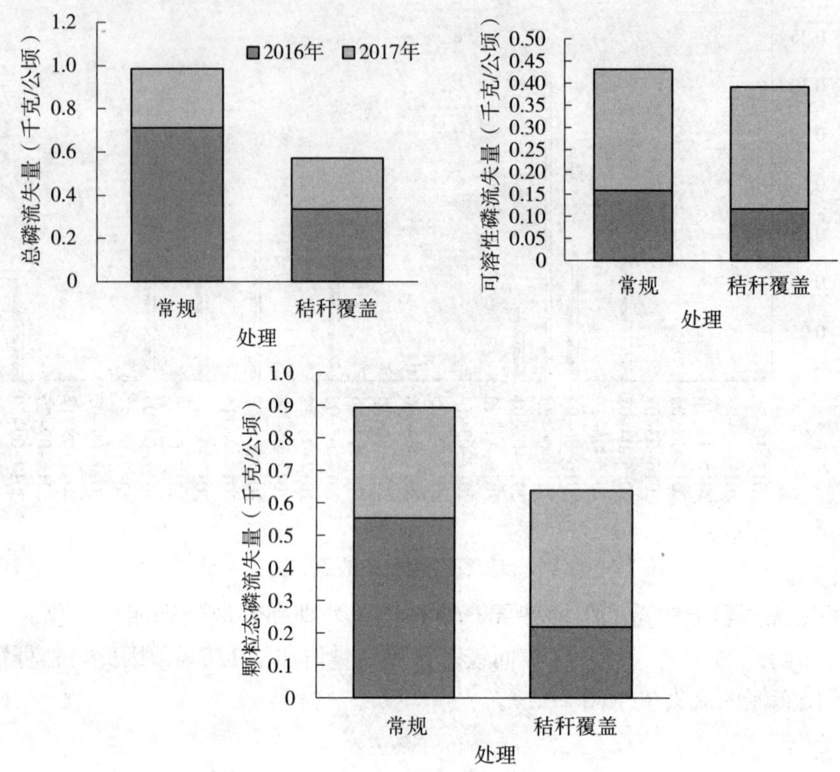

图 1-61 秸秆覆盖对不同形态磷流失量的阻控效果

五、对生产的影响

与常规处理相比，在坡耕地农田覆盖秸秆，可以提高油菜和玉米产量。其中，油菜产量增加 8.4%，玉米产量增加 8.4%，但是差异均不显著（图 1-62）。

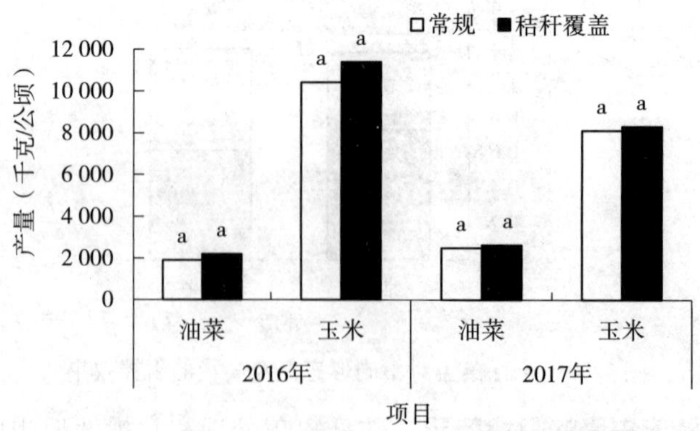

图 1-62 常规和秸秆覆盖模式的油菜、玉米产量

六、经济效益分析

与秸秆不还田相比，秸秆覆盖处理能降低化肥投入，减少一季翻耕投入，油菜和玉米籽粒的产量稍有增加。总体来看，秸秆覆盖处理能够提高农民收入（表 1-50）。

表 1-50　秸秆覆盖技术经济效益

处理	投入（元/公顷）				产量（千克/公顷）		纯收入
	化肥	整地	农药	人工	油菜	玉米	（元/公顷）
常规	5 724.3	4 500	3 750	1 350	2 569	7 188	13 438.1
秸秆覆盖	4 029.8	2 250	3 750	1 350	2 849	7 884	20 342.7

注：氮肥（N）价格为 4.32 元/千克，磷肥（P_2O_5）价格 7.3 元/千克，钾肥（K_2O）价格 6 元/千克。耕地价格为 150 元/亩，常规处理一年两耕，秸秆覆盖处理一年一耕。油菜农药投入成本 100 元/亩，玉米 150 元/亩。人工 90 元/亩。油菜价格 5.6 元/千克，玉米价格 2 元/千克。

七、推广政策建议

丘陵山区机械化程度低，基本靠农民手工收割，秸秆难以粉碎还田。玉米季是氮磷流失的主要时期，并且玉米秸秆腐解慢，直接覆盖到油菜季不合适，最好将秸秆都还田到玉米季。建议先将当季的秸秆堆放在田块旁边，等秸秆自然腐解，待下季播种后覆盖还田，该方法已经被农民广泛采用。但是秸秆堆放需要占用田块面积，基本每亩需要占用 10 米^2，按纯收入 1 000 元/亩计算，两季作物占地共 20 米^2，减少收入 30 元/亩。所以，建议政府补贴 30 元/亩，以调动农民秸秆还田的积极性。

推广过程中需要注意的问题：秸秆覆盖还田的时间因直播和移栽而异，如果是直播，建议先直播，然后将秸秆覆盖还田；如果是移栽，先覆盖秸秆，然后移栽。

技术编写者及依托单位：夏颖、范先鹏、刘冬碧　湖北省农业科学院植保土肥研究所
联系电话：027-88430571
电子邮箱：xiayinghappy105@163.com

巢湖流域设施辣椒膜下精准水肥一体化技术

一、技术概述

精准水肥一体化技术是根据土壤实际养分含量、栽培作物种类及作物不同生长时期需肥需水规律和特点，将不同比例、不同含量的可溶性固体肥料或液体肥料兑成肥液，再与灌溉水同时通过压力系统、可控管道系统、滴头形成微滴灌，定时、定量、均匀、准确地将肥水直接输送到作物根际范围的土壤中，用肥水浸润作物根系生长区域，使主要根系土壤始终保持疏松和适宜的含水量、肥力，提高肥水利用率及精确性。其中，膜下水肥一体化技术结合了以色列滴灌技术和国内覆膜技术优点，是将灌溉与施肥有机结合的一项农业新技术，可大幅提高水资源和肥料的利用率，增产效果明显，能减轻草害的发生，促进生态环境保护的建设，具有广阔的发展前景。

二、技术适用范围与条件

本技术适用于日光温室蔬菜、果树等集约化设施栽培。

三、技术规程与流程

（一）辣椒品种选用及育苗

1. 品种选择 选择优质高产、抗旱耐冻特性的品种，根据各地区主产辣椒类型的不同进行选择。河南、河北南部、陕西等地区主产簇生朝天椒干椒（天鹰椒）和线椒类干椒，安徽主要栽培品种有高山红辣椒、徽椒系列（1 号、2 号、3 号）、江淮 2 号、早丰 1 号、苏椒系列、杭椒系列等。本技术示范选取的是薄皮辣椒新苏椒 5 号，其具有果形较大、果长 15～20 厘米、果粗 4～5 厘米，青果绿色、老果鲜红，耐低温、抗病毒，生长势旺、连续坐果率高、后期不易早衰等特点。

2. 常规育苗床育苗

（1）苗床选址。辣椒苗床应选择背风向阳、地势平坦、土层深厚、便于灌溉，前茬没有种过番茄、茄子、马铃薯、辣椒的地块，因为这几种作物属同一科，病害相同，重茬易感病害。苗床沟宽 30 厘米、畦面宽 1.2～1.5 米、高 15 厘米、长 10～15 米（过宽不利间苗，过长不宜通风），面积是大田面积的 1%，并保持畦面平整。苗床地选好后在播种前灌足底水。

（2）营养土配制。辣椒苗期需肥量不大，但要求营养土养分均衡全面、有良好的物理性状（较强的保水能力、良好的空气通透性）、无病菌和害虫等。营养土可按如下方法配制：

取未种过茄果类作物的大田土（必须过筛）6 份、充分腐熟的优质农家肥（过筛）4 份，每立方米营养土加 60%硫黄·敌磺钠可湿性粉剂、30%多·福可湿性粉剂或多菌灵 100 克左右、敌百虫 100 克左右，充分混合拌匀，也可每立方米大田土中加拌 500 克蜡质芽孢杆菌生物杀菌剂（注意此药不能与其他杀菌剂混用），可很好地预防苗期多种病害。若肥力不足，可在每立方米营养土中加入硫酸钾型三元复合肥（氮、磷、钾含量各 15%）1 千克，但一定要充分混匀，以防烧根。

随后将配好的营养土填入苗床内，播种前 2～3 天覆膜“烤”地。如果采用营养钵护根育苗（即分苗至营养钵中），建议使用 10 厘米×10 厘米的营养钵或 32 孔的穴盘，有利于培育壮苗，营养土装至钵体 80%～90%即可。在实际生产中，许多农户嫌大营养钵成本高、占地、费土，而采用较小的营养钵育苗。这种方法是不科学的，因为辣椒苗期长，小营养钵的营养面积有限，往往出现苗小、须根少、长势弱的后果，达不到壮苗要求，对辣椒的生长不利，也会影响上市时间和产量。

（3）催芽播种。在播种前晒种 2 天，再在常温清水中浸种 8 小时左右。时间太短、吸水不足容易造成发芽慢；太长则造成种子内部养分流失，发芽势减弱，影响发芽率。将浸种后的种子沥干水分，并晾干表面明水，然后摊在干净、湿润的棉布上，卷起后用塑料袋保湿，置于 30℃的黑暗条件下催芽。催芽过程中每天翻动种子，使种子透气、受热均匀，一般经 2～4 天，待 70%种子露白后即可选择晴天进行播种。或者用温水浸泡 3～5 小时，然后再用 10%磷酸三钠 1 000 倍液浸种 10 分钟后用清水洗净，再用 55℃热水浸种 10 分钟。要不断搅拌，并使保持水温在 55℃，捞出催芽 24 小时后播种。而在实际操作中，经常会出现由于控温设施简陋，不易控制温度而造成催芽温度过高烫伤种子或温度低于发芽适温而不出芽的现象；由于种子湿度过大、包布太湿、种子太多、堆积较厚而影响气体交换、透气不良，发生闷种和烂种的现象等。因此，要特别注意：催芽时一定要设法满足种子发芽的 3 个基本条件，即水分、温度和空气，以提高催芽质量。播种前苗床先灌足底水，等底水全部渗入没有明水时再播种，一般采用撒播，每 50 克种子撒播 10 米^{2}左右的苗床面积，用 30%多·福可湿性粉剂每袋拌土 30 千克做“盖种土”，预防猝倒病的发生。播后及时覆过筛的营养土 1 厘米厚，覆土后盖 1 层地膜，既有保温保湿的作用，又可防止“戴帽”出土。

（4）播种床管理。辣椒是喜温、需充足阳光、忌湿的作物，在苗期阶段以调节床温、增加光照、合理控制湿度为主。

温度管理：采用“三高三低”，即出苗前温度高，白天地温 25～30℃，气温 28～32℃，夜间气温 15～20℃；出苗后温度低，白天气温 25～28℃，夜间气温 10～13℃；心叶展开后温度高，白天气温 28～30℃，夜间气温 13～15℃；分苗前温度低，白天气温 25～26℃，夜间气温 10～13℃；分苗后温度高，白天气温 28～30℃，夜间气温 15～20℃；定植前温度低，低温炼苗，白天气温 23～25℃，夜间气温 10℃。

水分管理：苗床应有充足的水分，但又不能过湿。播种时灌足底水，一般到分苗时不会缺水。如果湿度过大，可趁苗上无水滴时向床面筛细干土，每次 0.5 厘米厚，共筛 2～3 次，有利于保墒和降低苗床湿度；筛药土（30%多・福可湿性粉剂 20 克掺细干土 15 千克配成）则可防止立枯病和猝倒病的发生。如果床土过干，可适当用喷壶灌水，但不宜过多，以保持土壤湿润为宜。若发现苗缺肥时，可喷施含 0.1%的硼砂溶液叶面肥。

分苗：当幼苗长至 2 叶 1 心或 3 叶 1 心时进行分苗，分苗前需进行低温炼苗 2～3 天。分苗方法有苗床分苗和营养钵分苗两种，宜选择"冷尾暖头"的晴天进行。分苗前一天，幼苗要灌起苗水，以利于起苗，防止散坨，减少伤根，促进缓苗。分苗时苗距 8～10 厘米为宜，要注意栽苗深度，以子叶露出床面为最佳，每穴或每钵根据品种和定植要求栽单株或双株。

(5) 苗期温度管理。分苗后 1 周内，苗床要保持较高温度，有利于生根缓苗。平均地温 18～20℃，气温白天保持 28～30℃，夜间 20℃。如果地温低于 16℃，则生根较慢，长期低于 13℃，则停止生长，甚至死苗。缓苗后降低气温，一般白天 20～25℃、夜间 15～17℃，以保持秧苗健壮，避免徒长。设施内温度超过 32℃时，可适当揭开部分薄膜放风降温，17 时前后要合住风口。

定植前 10～15 天进行低温炼苗。低温炼苗是指后期在放风的基础上，逐渐延长放风时间和放风量，在移植前 7～10 天大通风，使秧苗适应外界环境条件，缩短缓苗时间。炼苗时应当按照"阴天少通风，晴天多通风，雨天不通风"的原则，使苗健壮、整齐、不徒长。炼苗方法应该根据苗长势而定，长势好、气温高就要多通风。

(6) 苗期水肥管理。分苗后至新根长出以前，一般不灌水；心叶开始生长后，可根据床土墒情于晴天上午灌水；幼苗定植前 15～20 天，结合灌水追施一次速效化肥。每次灌水后给苗床适当松土，切不可伤及根系。如果采用营养钵分苗，应遇旱就灌，控温不控水。

(7) 苗期光照管理。分苗后的 2～3 天，在中午光照较强时，应盖"回头苫"，短时间遮光，防止幼苗失水萎蔫，造成缓苗时间过长。缓苗后，由于分苗床需要充分见光，设在温室或大棚内的苗床棚膜上的草苫在白天尽量揭开，特别是阴天，只要温度适宜且不会造成寒害的情况下，应揭开草苫使幼苗见光。

(8) 定植前蹲苗。采用苗床分苗法，定植前需用栽铲将苗床土切开，进行蹲苗；采用营养钵分苗法，在定植前 2～4 天灌 1 次水，做到定植时不散坨，避免伤根，保证苗的质量。

3. 注意事项

(1) 通风换气。通风换气的主要目的是降低棚内湿度，抑制病害发生蔓延；同时也能风干塑料薄膜上的水珠，提高塑料薄膜的透光率。

(2) 撒药土防病。在高湿条件下极易滋生蔓延各种病菌，要想冬季育苗成功，在通风排湿的前提下，定期向床面撒药土可有效预防死苗。

(3) 控温控水。辣椒苗生长周期在冬季，播期早，苗龄期长，遇上冬季高温，小苗生长过快，可能造成苗期与大田栽培期无法衔接，可采取以下措施：一是多揭膜，降低棚温；二是控制灌水，根据墒情灌肥水，原则是"见干见湿、不干不浇、浇则浇透"；三是喷 0.0001%羟烯腺・烯腺可湿性粉剂和健植宝 300 倍液控制旺长。

(二) 肥料运筹及整地

起垄前均匀撒施商品有机肥 667 千克/公顷、复合肥（15-15-15）667 千克/公顷，而后进行土壤翻耕，耕深 20 厘米；耙平后，南北向做畦，畦宽 80 厘米，畦高 15～20 厘米，沟宽 25 厘米；铺设已安装好的滴灌带，滴头间距可选择 10 厘米、15 厘米、20 厘米或 30 厘米，铺设时出水孔朝上；打封闭覆盖地膜，使用黑色地膜，宽度以 90～100 厘米为宜；2～3 天后方可定植。

当地常规种植技术氮肥（N）用量为 210 千克/公顷，磷肥（P_2O_5）用量为 118 千克/公顷，钾肥（K_2O）用量为 106 千克/公顷；膜下水肥一体化技术氮肥（N）用量为 160 千克/公顷，磷肥（P_2O_5）用量为 67.8 千克/公顷，钾肥（K_2O）用量为 56.1 千克/公顷。

第一阶段追肥：定植 7～10 天后可灌一次低浓度的复合肥水溶液，于 3 月中旬开始（46%尿素 22.5 千克/公顷），此时辣椒处于拔节期，主攻营养生长，促进枝叶发育；第二阶段追肥：于 4 月下旬开始（46%尿素 25.5 千克/公顷＋45%硫酸钾型三元复合肥），此时辣椒已经坐果，在辣椒一茬果实摘取后追施肥料有助于下茬果实的收获；第三阶段追肥：于 5 月上旬开始（46%尿素 25.5 千克/公顷＋45%硫酸钾型三元复合肥），此时辣椒处于盛果期，在两茬辣椒收获之后追肥能提高辣椒果实的品质。以后每采收一次果，结合灌水追施高氮高钾型肥料一次，追肥原则是“薄肥勤施”。生长季结合病虫害喷药防治时，适当喷施 0.2%～0.4%尿素和磷酸二氢钾溶液，可有效防止落花落果；缺硼时，喷施 0.1%硼砂溶液，隔 7 天喷 1 次。

（三）定植及灌溉

（1）定植。第一年 11 月上旬播种后，翌年 2 月下旬移栽定植。选取合适的辣椒苗进行定植，健壮的辣椒苗一般株高 18～25 厘米，茎秆粗壮，节间短，茎粗 0.3～0.5 厘米；有真叶 8～14 片，子叶完好，真叶叶色深绿，叶片大而厚；有 70%～80%植株带大蕾，无病虫害，根系发达，具有旺盛的生命力。具备上述条件的辣椒苗，移栽后缓苗快，抗逆性强。先牵绳，绳距厢边 10 厘米左右；沿绳打孔，栽植孔不能太靠近厢边，分布均匀，过密过稀均不好，株距 30～40 厘米，每亩栽苗 3 000～3 500 株。栽时灌足定根水，控制温室内温度在 15℃左右，因辣椒为不耐寒作物，温度过低会导致其死亡。

（2）灌溉。灌溉采用滴灌方式，灌溉频率保持在 7 天左右 1 次，每次灌溉用水量20～30 毫米。

（四）田间管理

1. 温度管理　辣椒最适生长温度白天 24～28℃，夜间 15～18℃，低于 10℃时生长受阻，低于 5℃时受冻。高温时应开棚遮阴，低温时扣好棚膜。后期地温低时应加盖小拱棚，夜间发生霜冻时应在小拱棚上加盖草帘。防冻是设施辣椒栽培的一项关键措施，绝不能大意。为满足辣椒对光照的需求，温度回升时应及时放风，揭去草帘增加光照。气温上升，苗期揭膜通风换气时间为 9～10 时，15～16 时后要关门盖膜。

2. 水肥管理　辣椒较耐旱不耐涝，要获得高产，必须加强水分管理。开花结果期如遇干旱，要适时灌溉，保持土壤湿润。应以基肥为主，看苗追肥。初花至盛花结果期是营养生长和生殖生长旺盛时期，也是氮素吸收最多的时期；盛花至成熟期，植株的营养生长较弱，对磷、钾的需求量较大。土壤保持湿润，忌热灌、浸灌，忽干忽湿，最好用微滴灌，易掌握湿度，做到后期偏干。同时，配套做好抹腋芽、保果等工作。

3. 病虫害防治

（1）疫病。辣椒生长期应掌握在发病前喷洒或淋灌植株茎基部和地表，防止初侵染；进入生长中后期应以药剂灌根、喷洒相结合，防止再侵染。夏季高温多雨季节，降水或灌水前，每亩撒播96%以上硫酸铜3千克，防效明显。或在发病初期喷洒64%噁霜·锰锌可湿性粉剂500倍液，或58%甲霜·锰锌可湿性粉剂500倍液或50%琥铜·甲霜灵可湿性粉剂800倍液，或70%敌磺钠原粉500倍液或50%代森锰锌可湿性粉剂600倍液。隔7～10天喷1次，视病情连续用药2～3次。病害大流行时，用药间隔可缩短为5～7天，用药次数增至4～5次。交替用药，搭配使用，效果更佳。

（2）病毒病。10%磷酸三钠浸种20～30分钟，再洗净催芽。锌对控制烟草花叶病毒（TMV）侵染有明显效果，可于分苗定植前或花期分别喷洒0.1%～0.2%硫酸锌，喷洒蛋白聚糖200～300倍液，或20%吗胍·乙酸铜可湿性粉剂500倍液。发病初期可用0.1%高锰酸钾和0.3%磷酸二氢钾，每5～7天喷1次，共喷3～4次，有一定的预防效果；发病时可用51%病毒K乳油600倍液，或1.5%烷醇·硫酸铜水剂800倍液防治，也可用三氮唑核苷加以防治，但几种药必须交替使用。

（3）根腐病。定植缓苗后，在发病前用50%多菌灵可湿性粉剂600倍液，40%多硫悬浮剂600倍液，50%甲基硫菌灵可湿性粉剂500倍液，隔7～10天对辣椒连株灌根，连续灌3～4次。

（4）炭疽病。选无病种子并对种子消毒，消毒前将种子先在冷水中预浸6～10小时，再用1%硫酸铜溶液浸种5分钟，最后用清水洗去药液。种子晾干后，继续进行催芽，拌入少量熟石灰粉或草木灰，或用58%甲霜灵拌匀播种，也可用55℃热水浸种10分钟，随即用冷水冷却，然后浸种催芽。发病初期，拔掉病株并及时施药防治，可选用200倍波尔多液，或硫酸铜1 000倍液，或8%三乙膦酸铝可湿性粉剂800倍液喷施植株，或75%百菌清可湿性粉剂600倍液，或70%甲基硫菌灵可湿性粉剂400～500倍液喷施植株，每隔5～7天喷1次，连喷2～3次；病情严重时，每3～4天喷1次，连喷4～5次。

（5）蚜虫、温室白粉虱。育苗期喷施40.7%毒死蜱粉剂800倍液、25%噻嗪酮粉剂1 000倍液、25%噻虫嗪乳油3 000倍液，定植期喷施10%吡虫啉可湿性粉剂4 000～5 000倍液。

（6）棉铃虫、烟叶蛾。喷施21%氰戊·马拉松（增效）2 000倍液、2.5%氯氟氰菊酯乳油5 000倍液。

（7）红蜘蛛。喷施10%吡虫啉可湿性粉剂1 500倍液，15%哒螨灵乳油2 000倍液，1.8%阿维菌素乳油2 000倍液，20%甲氰菊酯乳油2 000倍液，73%炔螨特乳油3 000倍液，50%四螨嗪悬浮剂5 000～6 000倍液，或20%双甲脒2 000倍液。

（五）采收

辣椒从定植至初收需60～70天，开花40天左右可采收。辣椒成熟有绿熟期、转色期、红熟期、完熟期4个阶段，分别在5月上旬至10月上旬期间对辣椒果实进行适时采摘，在采摘过程中注意不要将枝条拉断、植株踩断，应轻拿轻放。

四、面源污染物减排效果

辣椒每收获一茬后，追加施肥一次。在辣椒成熟多次、追加施肥多次后，土壤中氮磷累积会逐渐增加。3 次试验数据中，水肥一体化技术表层土壤中亚硝态氮、硝态氮、总氮、总磷含量与常规技术无显著差异，且随土壤深度的增加逐步减少；但水肥一体化技术深层土壤中各指标与常规技术有显著差异。由于水肥一体化技术处理设置为覆膜处理，故部分氮肥施用后造成的氮挥发损失比常规技术小。

（一）辣椒当季氮素动态

在收获第一茬辣椒时，常规技术的总氮在土层 60 厘米处明显升高，远高于或接近表层土壤的总氮含量，可能是由于前期深翻地时施入的有机肥，经大水漫灌后淋溶至深层土壤。随着时间推移，常规技术 40～60 厘米土壤中总氮含量由 388.33 毫克/千克升至 519.1 毫克/千克，水肥一体化技术由 107.23 毫克/千克升至 732.65 毫克/千克（图 1-63）。因此，要控制氮素淋失的风险，灌水量是关键。

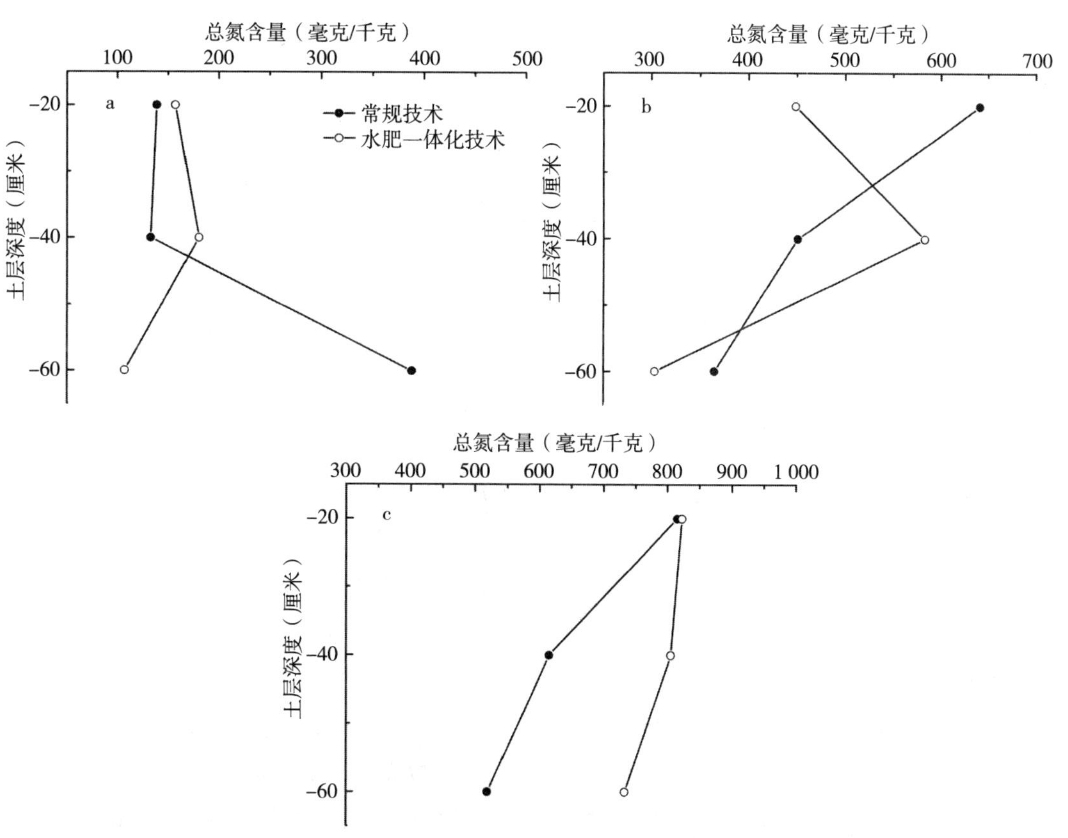

图 1-63　两种技术下土壤不同深度总氮含量

注：a、b、c 分别代表 3 次采样结果，采样日期分别为 5 月 25 日、7 月 22 日、9 月 22 日。下同。

（二）辣椒当季磷素动态

在收获二茬与三茬辣椒时，土壤中总磷的分布呈现逐层下降的趋势，表层土壤中总磷含量最高且不同深度土壤中总磷都出现累积的现象。常规技术 20～40 厘米土壤中总磷含量由 325.76 毫克/千克升至 682.1 毫克/千克，水肥一体化技术由 241.05 毫克/千克升至 840.8 毫克/千克（图 1-64）。深层土壤中磷素的累积也表明了磷素随着时间推移逐渐向下淋溶，但监测的土壤深度没有超过根系深度。因此，要控制磷素淋失的风险，灌水量是关键。

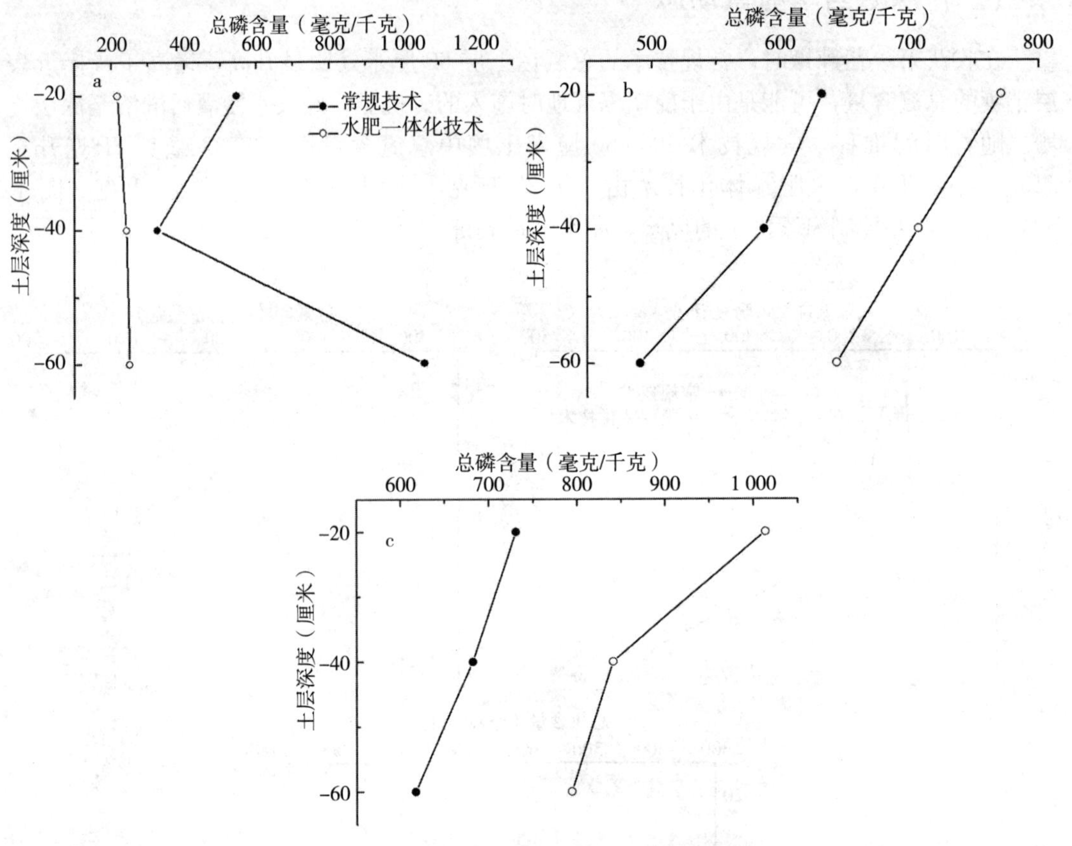

图 1-64　两种技术下土壤不同深度总磷含量

（三）辣椒当季温室气体排放

结合常规施肥结果，第一次采样设施辣椒 CO_2、N_2O 排放通量较低的均是水肥一体化技术处理，分别为 55.8 微克/（米^2·时）、21.55 微克/（米^2·时）；第二次采样设施辣椒 CO_2、N_2O 排放通量较低的均是水肥一体化技术处理，分别为 8.14 微克/（米^2·时）、0.03 微克/（米^2·时）（表 1-51）。因此，常规技术温室气体排放通量较高，水肥一体化技术温室气体排放通量较低。该技术整体评估见表 1-52。

表 1-51 不同技术温室气体排放通量

单位：微克/（米^2·时）

处理	CO_2		N_2O	
	第一次采样	第二次采样	第一次采样	第二次采样
常规技术	79.14a	11.22a	60.27a	1.89a
水肥一体化技术	55.8b	8.14b	21.55b	0.03b

表 1-52 水肥一体化技术评估

技术名称	技术适用条件	面源污染	生产影响	经济效益	环境风险	备注
水肥一体化技术	前期投入需要有一定的经济基础	氮肥减量 23.8%；可通过灌水量精准控制，降低氮磷面源污染风险	较常规技术增产 79%	较常规技术增加 148%	CO_2、N_2O 等温室气体排放降低	

五、对生产的影响

（一）对产量和肥料利用率的影响

（1）产量。常规技术产量 630 千克/亩，水肥一体化技术产量 1 130 千克/亩，水肥一体化技术的产量较高，较常规技术增产 79.36%（表 1-53）。

表 1-53 不同技术产量与氮肥偏生产力

项目	常规技术	水肥一体化技术
产量（千克/公顷）	9 450±300b	16 950±937a
施氮量（千克/公顷）	210.00	160.05
氮肥偏生产力（千克/千克）	45.00±1.43b	105.90±5.85a

（2）肥料利用率。氮肥偏生产力（PFP_N）反映了单位氮肥投入量所能生产的作物产量。从表 1-53 可以看出，水肥一体化技术的氮肥偏生产力显著高于常规处理，较常规处理高 135.33%。

（二）对维生素 C 含量的影响

水肥一体化技术处理辣椒果实在收获后期的维生素 C 含量相对较高，每 100 克果实中含量达 69.23 毫克（表 1-54）。因此，水肥一体化技术不仅能实现蔬菜的稳产增产，而且能提高品质。

表 1-54 不同技术下 100 克果实中维生素 C 含量

单位：毫克

采样时间	常规技术	水肥一体化技术
5 月 25 日	38.00±1.00a	41.67±0.58a

（续）

采样时间	常规技术	水肥一体化技术
7月22日	42.33±0.35a	45.57±0.15a
9月22日	52.20±0.10b	61.40±0.20a
11月22日	56.57±0.42b	69.23±0.51a

六、经济效益分析

（1）成本分析。 水肥一体化技术（包括人工、水电费、肥料、种子）成本1 400元/亩，普通大棚蔬菜（包括人工、水电费、肥料、种子）成本1 000元/亩。

（2）收益分析。 以青椒2.5元/千克计算，常规技术的理论收益为1 575元/亩，水肥一体化技术的理论收益为2 825元/亩，可得水肥一体化技术较常规技术纯收入增加147.83%（表1-55）。

表1-55　不同技术产量与经济效益分析

项　目	常规技术	水肥一体化技术
产量（千克/公顷）	9 450±300b	16 950±937a
成本（元/公顷）	15 000	21 000
收益（元/公顷）	37 800	67 800
产投比	2.52b	3.23a

七、潜在环境风险

滴灌水量较小，养分向下迁移速度较慢，累积在根层中的养分量较多（图1-65），因此需要精准控制灌溉水量，防止养分淋失到根层以下。水肥一体化技术40～60厘米土壤中硝态氮最高含量在地下水质量Ⅴ级标准范围（小于30毫克/升）内。

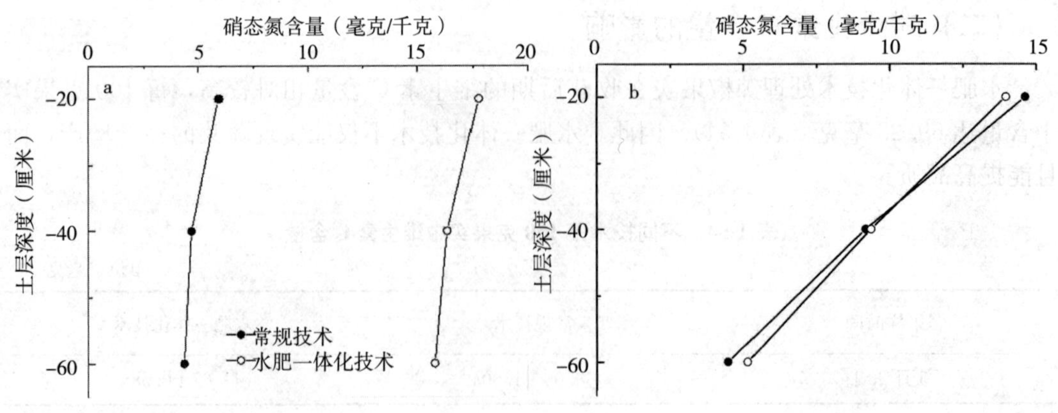

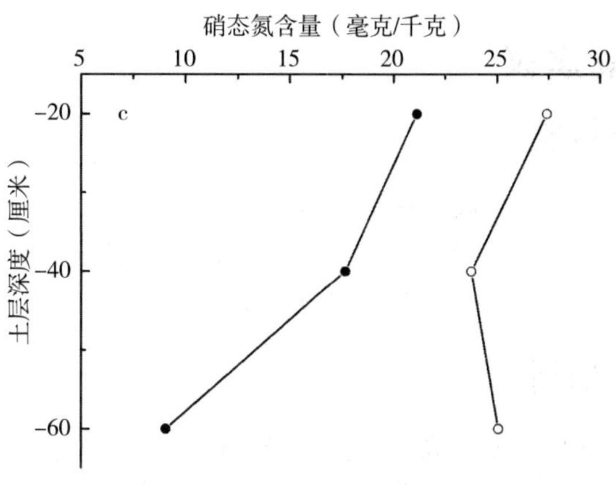

图 1-65　两种技术下土壤中硝态氮含量

水肥一体化技术没有重金属污染的风险，且该技术对土壤覆膜，可减少杂草生长，从而减少除草剂用量；但由于其灌溉模式易造成土壤盐分的累积，水肥一体化技术下土壤铵态氮累积高于常规技术（图 1-66）。因此，不断施肥易造成盐分的积累，导致土壤盐渍化。

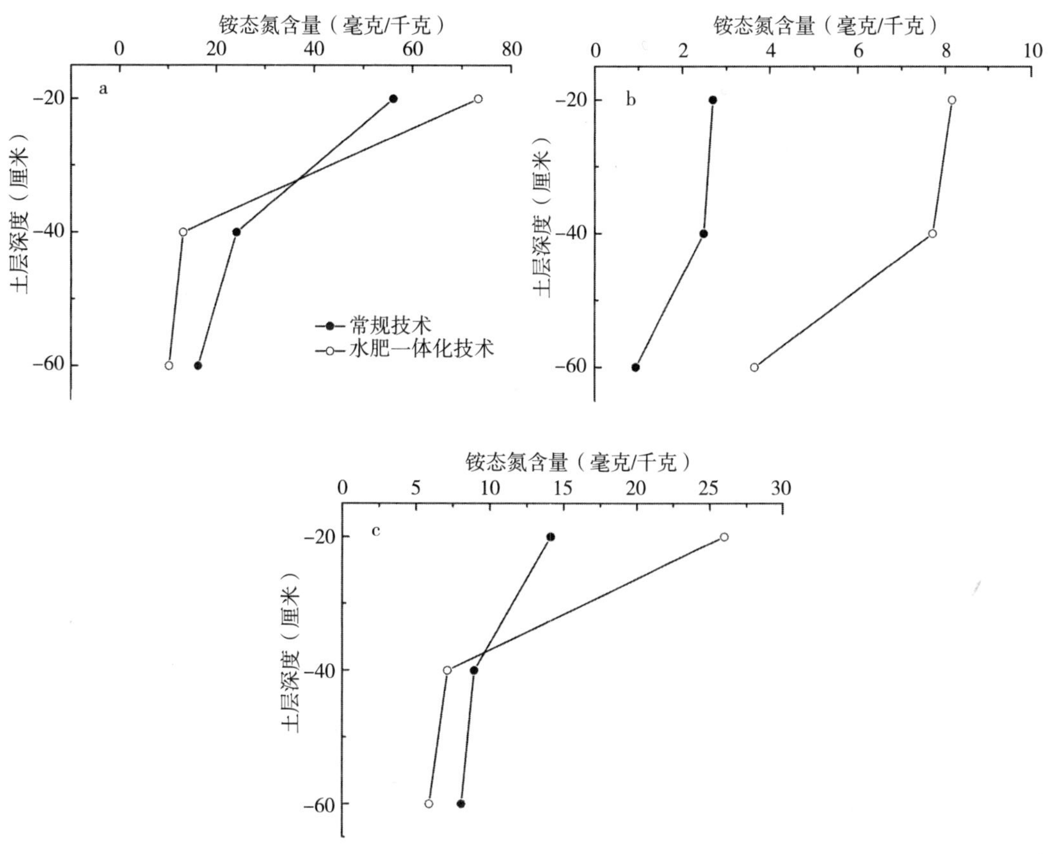

图 1-66　两种技术下土壤中铵态氮含量

八、推广政策建议

(一) 建立补贴机制

政府需加大宣传力度，提高膜下精准水肥一体化技术在广大农村地区的认知度，为其普及发展打好坚实的群众基础。膜下精准水肥一体化技术较传统施肥方式一次性投资大，政府需要加大对农户的补贴力度，切实减轻农户负担。

(二) 开展示范培训

膜下精准水肥一体化技术要求高，农民不经过培训一般很难掌握。政府可以将设施辣椒膜下精准水肥一体化技术作为节水节肥减排增产的关键技术，组织专家对农民进行技术培训，建立地方示范片，方便农民学习。

技术编写者及依托单位：李仁杰、李杏、汤婕、李学德　安徽农业大学资源与环境学院

联系电话：0551-65786320

电子邮箱：xuedel@ahau. edu. cn

巢湖流域水稻控失肥施用技术

一、技术概述

控失剂是通过离子束改性的天然矿物质与生物活性物质等生物、有机制品精准复配而成，具有吸附、搭桥、吸水、胶团（团聚）、增效等多种复合功能。控失肥是控失剂与肥料均匀混合造粒制成的控失性肥料，能够提高肥料利用率，减少肥料养分流失。当施入土壤遇水后，会形成全方位立体的微纳网络，通过氢键、范德华力和黏滞力的共同作用，网捕肥料有效养分，并团聚于土壤耕作层中，即水肥耦合成胶黏团粒群（点状如养分包、片状如养分库），增大肥料养分空间尺度，降低水分养分迁移速率，减少水分养分流失总量，从而为植物生长持续提供充足的养分。控释肥既可大幅提高肥料利用率，又可大幅减少养分损失（径流、渗漏和挥发 3 种途径），降低农业面源污染和温室气体排放。

二、技术适用范围与条件

本技术适用于巢湖流域的水稻种植，其他流域的水稻种植可参照。

三、技术规程与流程

（一）育秧

一般采用软盘细土育秧，将专用育秧软盘（长×宽×高：58 厘米×28 厘米×2.5 厘米）整齐排放在秧苗板上，再铺放 2.0～2.5 厘米的床土，直接播种、覆膜保温保湿的育苗方式。一般选用适宜于当地气候，分蘖性中等偏上、抗倒性好、抗病性强、穗型较大的高产稳产优质品种。必须坚持播前晒种 1～2 天；坚持药剂浸种，以有效预防水稻恶苗病及其他以种子传播的病虫害。

机插秧以小苗机插，壮苗指标是：秧龄 20 天左右，叶龄 3.5～3.8 叶，苗高 12～17 厘米，单株白根数 10 条以上，每平方厘米成苗 2～3 株，均匀整齐，青秀无病，秧苗块盘根好，提起不散。

（二）整地

上茬作物基本上是小麦或油菜，因此采用小麦秸秆或油菜秸秆全量还田，即小麦或油菜收割时，采取秸秆全部就地粉碎还田。在水稻种植整地时，先用旋耕机干旋一遍，以便将秸秆进一步粉碎，而后灌水至形成 5～10 厘米的水面，再继续旋耕，旋耕深度以 15 厘米左右为宜，旋至满足插秧要求。整地经过沉淀 1～2 天后进行插秧作业，田间水要适宜，水深应以 1～2 厘米为宜。

（三）插秧

根据中稻品种的不同，行距一般为 30 厘米，株距为 15～21 厘米。

（四）施肥

当地常规施肥量和施肥方式为：基施复合肥（$N\text{-}P_2O_5\text{-}K_2O=15\text{-}15\text{-}15$），施肥量 50 千克/亩；分蘖肥追施尿素 10 千克/亩；穗肥追施尿素 8 千克/亩。

本技术的施肥量和施肥方式：基施控失肥（$N\text{-}P_2O_5\text{-}K_2O=24\text{-}10\text{-}14$），施肥量 40 千克/亩；穗肥追施活性控失尿素 6 千克/亩、氯化钾 3 千克/亩。

肥料基施是在旋地时施用，以便肥料与土壤能够充分混合，避免肥料撒施于表层造成养分流失，同时又能规避肥料局部撒施不匀造成的烧苗现象。

肥料基施重点推荐采用插秧施肥一体技术，即在插秧的同时将肥料施在秧苗一侧 3～5 厘米处，深度 5 厘米左右。施肥量要经过校准，确保施肥量准确，施肥结束后要清理干净施肥机械及管道中的肥料。

（五）田间管理

1. 杂草防控 采用“二封一补”的除草对策：插秧前使用 57%苄·丙·异丙隆可湿性粉剂 1 500～1 800 克/公顷进行第一次封闭处理，插秧后 10 天用 50%苄·丁·异丙隆可湿性粉剂 1 200～1 500 克/公顷进行第二次封闭，既能有效控制早期杂草为害，保证秧苗安全，又能延长对杂草持续控制作用，提高水稻产量。在两次封闭基础上，针对不平整地块和烤田后抗性杂草发生情况，采取相对应的补治措施。

2. 病虫害防治

（1）农业防治。选用抗病、虫的品种，合理密植，尽早铲除病株。

（2）物理防治。根据害虫生物学特点，采用黑光灯、紫外灯、黏虫板等方法诱杀害虫。

（3）生物防治。通过保护天敌和释放性引诱剂、干扰素及喷施生物农药等方法防治病虫害。

（4）化学防治。合理选用农药，尽量选用高效、低毒、低残留的农药。禁止使用拟除虫菊酯类及其混配农药，水稻后期严禁使用剧毒、高毒农药。适期、适量用药即根据当地害虫情报，结合田间调查，确定防治期；还要注意农药使用的有效剂量，不能随意增加用药量；同时需要采用正确的施药方法，如防治稻瘟病、稻纵卷叶螟等叶面病虫，应使用低容量或超低容量喷雾，防治纹枯病、稻飞虱等茎下部病虫则用粗水喷雾。此外，防治对象基本相同的农药要轮换使用，避免害虫产生抗性。

3. 田间水分管理 在插秧后 2～3 天内不灌水，保持田面湿润即可，之后要灌相当于苗高 1/3～1/2 的稍大水层扶秧护苗，以减少叶面蒸腾，防止秧苗凋萎，加速返青成活。

扶秧护苗后，要随即改灌 2～3 厘米的浅水层，经过自然落干后间隔 2～3 天再灌一次水，如此反复至水稻孕穗期，必须保持水层灌溉，防止受害减产。抽穗开始时田中灌浅水，结合追穗肥，使抽穗快而整齐；灌浆期采用湿润灌溉，保持田面干干湿湿直至黄熟期断水。因为抽穗期前后田间多数保持水层，土壤通透性变差，氧气不足，影响根系活力，易于早衰；但灌浆结实期又不能缺水，实行间歇灌溉，使稻田处于干湿交替状态，就可以较好地协调这一矛盾。

（六）适时收获

中稻的适时收获期为水稻的完熟前期，一般在 9 月底至 10 月初。适时收获能够确保稻谷产量、稻米品质，提高整精米率。收获太早，籽粒不饱满，千粒重降低，青米率增多，产量降低、品质变差；收获过晚，掉粒断穗增多，抛撒损失过重，稻谷水分含量下降，加工整精米率偏低，稻谷的外观品质下降，商品性能降低，造成丰产不丰收。最佳收获时期，即全穗失去绿色，稻穗颖壳 95％基本变黄，米粒开始转白，手压谷粒不变形，稻谷的含水量以 20％～25％最为适宜。但因自然灾害等原因，应提前到蜡熟中期收获，可以明显减少损失。水稻收获后，稻谷含水量往往偏高，堆放会发热、霉变，产生黄曲霉，因此要待稻谷含水率降到 12.5％以下时，才能进仓储藏。

四、面源污染物减排效果

水稻生长季稻田径流中氮、磷浓度见表 1-56。

表 1-56　稻田径流中氮、磷浓度

单位：毫克/升

施肥处理	铵态氮	总氮	总磷
控失肥	0.30	2.72	0.14
常规施肥	0.51	4.96	0.35

注：试验时间为 2017 年 9 月 25 日。

施用控失肥在氮、磷分别减施 21.7％、33.3％的情况下，能够使总氮减排 45.16％、总磷减排 60.00％，其中铵态氮减排 41.18％。

五、对生产的影响

常规施肥条件下水稻产量为 8 001 千克/公顷，控失肥施肥技术条件下水稻产量为 8 196千克/公顷，增产 2.44％。

六、经济效益分析

常规施肥的水稻生产成本为 802.4 元/亩，控失肥的水稻生产成本为 761.2 元/亩（表 1-57）。

表 1-57 不同技术的成本明细

单位：元/亩

处理	种子/育秧	肥料	农药	整地	机插秧	收割	人工	合计
常规施肥	150	152.4	100	120	80	80	120	802.4
控失肥	150	131.2	100	120	80	80	100	761.2

注：肥料包括基肥和追肥；农药含除草剂；人工包括种子处理、育秧、起秧、施肥、除草、喷洒农药等。

收益分析：以安徽水稻收购价 2.6 元/千克计算，控失肥和常规施肥的理论收益分别为 1 420.64 元/亩和 1 386.84 元/亩，其对应的产投比分别为 1.87 和 1.73。因此，控失肥的产投比比常规施肥提高了 8.09%。

七、潜在环境风险

控失肥是由控失剂和普通肥料均匀混合造粒制成的肥料，而控失剂原料由改性天然矿物质、生物活性物质、氨基酸高分子材料等组成，均属于绿色无公害原料，通过动植物模式生物——线虫和拟南芥的研究，证明其是无毒无害的。因此，控失肥也是无毒无害的。

在巢湖流域单季稻农田建立野外长期观测点，开展野外长期温室气体（CH_4、N_2O）排放、气候条件和产量的定位监测，评价了控失肥对巢湖流域稻麦轮作下农田稻季温室气体排放的影响，结果表明：控失肥较常规施肥 CH_4 减排 6.23%～34.29%，N_2O 减排 3.43%～41.96%。

八、推广政策建议

加强缓控释肥的认证并提高补贴力度，把控失肥纳入缓控释肥范畴，每吨缓控释肥补贴 500～1 000 元。

技术编写者及依托单位：徐汝民、陈天河、丁仕奇　安徽帝元生物科技有限公司
联系电话：15209896027
电子邮箱：xurm@dyemail.cn

巢湖流域小麦季生物炭土壤改良剂施用技术

一、技术概述

巢湖流域目前的面源污染问题主要是氮磷污染，主要集中在巢湖流域西南部地区。对于总氮指标，巢湖流域仍然以农业面源污染（农田型、畜禽型和农村生活型）为主，其污染比例占总面源污染的52.5%；其次为城市径流型，占34.6%。对于总磷指标，水土流失是造成流域磷面源污染的重要原因，其污染比例占总比例的39.6%；其次为农业面源污染，占35.9%。综合氮磷指标，巢湖流域农田径流占总氮磷面源污染的61%。

本技术的核心是生物炭土壤改良剂。生物炭土壤改良剂主要由复合氨基酸、高分子材料、黄腐酸、活性硅、生物炭、复合微量元素等按照一定比例精准复配而成，其施入土壤后，通过对土壤及肥料进行物理、化学、生物等方面的调控，能改善土壤结构、提高土壤阳离子交换量，保水保肥；提升土壤有机质及有机氮、有机碳含量，增加土壤中有益微生物数量，促进土壤养分循环、提升土壤肥力，从而提高肥料利用率，促进作物生长；络合土壤中高价金属离子，提升作物对中微量元素的吸收利用，且能疏松土壤及增加土壤的团粒结构；改善作物叶绿素浓度，增强光合作用，提高产量，改善品质；促进作物根系生长及对肥料养分和水分的吸收、运输，从而提高作物养分利用率。与常规施肥相比，施用生物炭土壤改良剂后，小麦田径流中铵态氮、硝态氮、正磷酸盐、总氮、总磷减排分别为51.82%～78.73%、27.45%～80.92%、44.44%～91.67%、14.20%～8.25%、10.13%～40.74%。

二、技术适用范围与条件

生物炭土壤改良剂适用于粮食作物、经济作物栽培，能改良土壤、疏松土壤、提升土壤肥力，从而提高肥料利用率。一般与有机肥、无机复合肥配合使用，单次用量20～50千克/亩。

三、技术规程与流程

（一）选种

选用良种是最经济有效的增产措施，宜选择抗赤霉病、抗穗发芽能力较强的品种。

（二）稻茬麦田整地

水稻秸秆全量还田，因稻茬田含水量高，质地黏重，耕整难度大，在水稻收割前10～15天停止灌溉。少（免）耕整地，采用少（免）耕机或防缠绕旋耕机整地，先用旋耕犁进行旋耕灭茬松土，后耙茬平整。每隔2～3年深耕或深松1次地，加深耕层到20厘米以上。

（三）播种

适时播种，长江中下游麦区适期播种为10月中旬至11月上旬，播种方法采用机械条播，行距20厘米，播深3～4厘米，播种量为10.0～12.5千克/亩。

（四）田间施肥

（1）当地常规施肥。施氮（N）量16～17千克，磷肥（P_2O_5）和钾肥（K_2O）各7.5千克。具体施用方法为：基肥亩施45%复合肥50千克、尿素10千克；拔节期亩追施尿素7.5～10.0千克。

（2）本技术施肥。施氮（N）量14千克，磷肥（P_2O_5）和钾肥（K_2O）各6千克，施用生物炭土壤改良剂20～50千克/亩。具体施用方法为：基肥亩施45%复合肥40千克、尿素7.5千克、生物炭土壤改良剂20～50千克/亩，与等量细土混匀，撒施在土壤表面再旋耕；拔节期亩追施尿素10千克。

（五）播后管理

1. 前期管理

（1）查苗、补苗。播种至拔节前，管理目标要达到全苗、匀苗、壮苗，争取早发多分蘖。出苗后及时查苗补种、疏密补稀。对行内10厘米以上缺苗断垄地段，及早催芽补种或在分蘖后移栽，过稠时适当剔苗。

（2）化学除草。越冬前在小麦3～5叶期，抓住有利的气温、墒情及时开展化学除草。禾本科杂草为主的麦田，可用6.9%精噁唑禾草灵乳剂1 200～1 500毫升/公顷兑水600千克/公顷喷雾；双子叶杂草为主的麦田，用20%氯氟吡氧乙酸675毫升/公顷或10%苯磺隆150～225千克/公顷，兑水600千克/公顷喷雾；单双子叶杂草混生的麦田，可用6.9%精噁唑禾草灵乳剂1 200～1 500毫升/公顷+苯磺隆150～225千克/公顷，兑水600千克/公顷喷雾。

返青期杂草发生较重的麦田，用6.9%精噁唑禾草灵水乳剂750～1 050毫升/公顷或10%精噁唑禾草灵乳油450～600毫升/公顷+20%氯氟吡氧乙酸900～1 200毫升/公顷，兑水600千克/公顷均匀喷雾。

2. 中后期管理

（1）追施平衡肥、拔节肥和叶面肥。对分蘖少、有脱肥现象的麦田，于2月上中旬趁雨雪每亩追施尿素4～5千克，促进麦苗均衡生长。对苗情正常的麦田，应重施拔节肥，于3月中下旬每亩追施尿素7.5～10.0千克，确保穗大粒多，拔节肥不迟于4月10日；开花至灌浆期叶面喷施 2%～3%尿素+0.5%～1.0%磷酸二氢钾溶液，每亩喷 50～60 千克。

（2）化学调控。有旺长趋势的麦田，在小麦起身期用多效唑·甲哌鎓（亩用 30～40 毫升）或助壮素水剂（亩用 15～20 毫升）或甲哌鎓粉剂（亩用 3.5～5.0 克）等植物生长调节剂，兑水 40～50 千克喷施进行化学调控。

（3）清沟排水。疏通“三沟”，保证排水畅通。

（4）综合防治病虫害。以“农业防治、生物防治、物理防治为主，化学防治为辅”的原则，尽量少用农药。病害主要防治小麦纹枯病、赤霉病、白粉病、锈病；害虫主要防治地下害虫、麦蜘蛛、蚜虫、吸浆虫；杂草主要防除播娘蒿、猪殃殃、泽漆等阔叶杂草。

（六）适期收获

一般 5 月底至 6 月初小麦基本成熟，小麦蜡熟末期至完熟初期粒重最高，是最佳收获期。小麦在成熟期，经常会遇到阴雨天气，因此在小麦蜡熟末期应做到及时收获，一般进行机械收获，以防穗发芽和“烂场雨”，确保丰产丰收，颗粒归仓。

四、面源污染物减排效果

小麦生长季麦田径流中氮、磷浓度的变化见表 1-58。

表 1-58　生物炭土壤改良剂处理麦田径流中氮、磷浓度及减排率

项　目	处　理	拔节期	抽穗期	灌浆期
铵态氮（毫克/升）	常规施肥	0.095	0.120	0.110
	生物炭土壤改良剂	0.043	0.026	0.053
减排率（%）		54.74	78.73	51.82
硝态氮（毫克/升）	常规施肥	0.561	5.088	1.107
	生物炭土壤改良剂	0.407	0.971	0.689
减排率（%）		27.45	80.92	37.76
正磷酸盐（毫克/升）	常规施肥	0.011	0.012	0.009
	生物炭土壤改良剂	0.005	0.001	0.005
减排率（%）		54.55	91.67	44.44
总氮（毫克/升）	常规施肥	8.605	7.706	14.209
	生物炭土壤改良剂	6.174	6.175	12.192
减排率（%）		28.25	19.88	14.2
总磷（毫克/升）	常规施肥	0.079	0.096	0.063
	生物炭土壤改良剂	0.071	0.079	0.045
减排率（%）		10.13	21.6	40.74

施用生物炭土壤改良剂的麦田径流中，氮、磷浓度在小麦拔节期、抽穗期、灌浆期都比常规施肥的低，说明生物炭土壤改良剂能够减少氮、磷的流失。与常规施肥相比，生物

炭改良剂处理的铵态氮、硝态氮、正磷酸盐、总氮和总磷分别减排 51.82%～78.73%、27.45%～80.92%、44.44%～91.67%、14.2%～19.88%和 10.13%～40.74%，有效减少了农田生态环境中氮、磷的流失，对农业面源污染防控具有积极意义。该技术整体评估见表 1-59。

表 1-59 生物炭土壤改良剂施用技术评估

技术名称	技术适用条件	面源污染物减排	生产影响	经济效益	环境风险
小麦生物炭土壤改良剂施用技术	撒施后机械旋耕	总氮、总磷分别减排 14.2%～19.88%、10.13%～40.74%	稳产	差异不大	减小

五、对生产的影响

当地常规施肥的小麦产量为 348.89 千克/亩，应用生物炭土壤改良剂处理的小麦产量为 366.24 千克/亩，在减量施肥的情况下，保证了小麦的稳产。

六、经济效益分析

当地常规施肥技术的成本（包括肥料、种子、农药、机械、人工）为 450 元/亩；生物炭土壤改良剂施用技术中肥料成本比常规施肥降低约 40 元/亩，生物炭土壤改良剂的成本为 60 元/亩，因此生物炭土壤改良剂施用技术的成本为 470 元/亩。

以安徽的小麦收购价 2.2 元/千克计算，常规施肥产投比为 1.58，生物炭土壤改良剂施用技术产投比为 1.55。

七、潜在环境风险

在小麦生长期间，与常规施肥相比，生物炭土壤改良剂施用处理 CO_2 排放通量显著降低，抽穗和灌浆期的 CH_4、N_2O 排放通量也显著降低，而扬花期 N_2O 排放通量略有上升（表 1-60）。

表 1-60 不同处理土壤温室气体排放情况

	处 理	采样时期		
		抽穗期	扬花期	灌浆期
CO_2 排放通量［毫克/（米^2·时）］	常规施肥	695.028	659.88	535.084
	生物炭土壤改良剂	639.780	593.09	492.282
CH_4 排放通量［毫克/（米^2·时）］	常规施肥	0.009	0.009	0.123
	生物炭土壤改良剂	0	0.044	0.005
N_2O 排放通量［微克/（米^2·时）］	常规施肥	6.375	−2.469	6.616
	生物炭土壤改良剂	1.389	8.450	1.127

八、推广政策建议

生物炭土壤改良剂的施用量不高（20～50 千克/亩），不仅降低了化肥的施用量，且施用方法简单，直接撒施即可；不增加劳动成本，综合成本增加 20 元/亩，产投比与常规施肥差异不显著。但施用生物炭土壤改良剂后，可显著降低麦田径流中氮、磷的排放，值得推广应用。

技术编写者及依托单位：汤婕、戴曹培、李仁杰、李学德　安徽农业大学资源与环境学院

联系电话：0551-65786320

电子邮箱：xuedel@ahau. edu. cn

巢湖流域水稻炭基肥施用技术

一、技术概述

该技术的核心是施用炭基肥。炭基肥是在有机肥料、无机肥料或有机无机混合肥料中添加一定量的生物炭，采用全粒法造粒而成的一种环保型肥料，具有改善土壤结构、提高土壤阳离子交换量，保水保肥；增加土壤有机质含量、土壤有益微生物数量，促进土壤养分循环、提升土壤肥力，促进作物生长；降低氮素在土壤中的转化速率，影响氮素形态，减少氮素损失，延长肥效期，从而提高肥料利用率；改善作物根系生长的微环境，钝化重金属，提升农产品品质等作用。与常规施肥相比，施用炭基肥在水稻分蘖期对稻田排水中总氮、总磷的减排率分别为69.47%、52.11%，抽穗期稻田排水中总氮、总磷的减排率分别为11.47%、13.42%。炭基肥对减少水稻田的氮磷排放有很好的效果，而水稻的产量不受影响，具有很好的推广潜力。

二、技术适用范围与条件

我国安徽、湖南、河南、内蒙古等地都有炭基肥在作物生产中施用的研究，且起到了土壤改良、作物增产的效果。在亚热带季风气候、温带季风气候、温带大陆性季风气候条件下，该技术均适用。

三、技术规程与流程

（一）品种选择

中籼稻选择优质、稳产的杂交水稻品种，中粳稻选择优质、高产的常规品种或杂交水稻品种。

（二）育秧准备

（1）营养土配置。选择疏松肥沃的旱作地或菜园地土，播种前15～20天，每亩施45%三元复合肥（15-15-15）50千克、氯化钾5千克、尿素10～15千克。

（2）秧盘准备。选用塑盘，规格参照NY/T 2674。

（3）秧板培肥。在播种前10～15天，苗床施用三元复合肥（15-15-15）30～35千克/

亩，将苗床翻耕、碎土、耙平。

(4) 种子处理。种子通过晒种、脱芒、浸种消毒后催芽备用。

(三) 播种

中粳稻 5 月上中旬育秧播种，中籼稻 5 月中旬育秧播种。

人工播种的根长为半粒谷长，芽长为 1/4 谷长；机械播种以露白为宜，一般每个秧盘（58 厘米×28 厘米）常规稻芽谷 120～130 克、杂交稻芽谷 70～80 克。播种后及时进行造墒确保出苗。播种后立即覆盖薄膜或无纺布，盖膜前如发现营养土未完全吸湿，应再喷水，防止土壤干燥。

(四) 揭膜炼苗

播种后 3～4 天，齐苗后晴天在傍晚、阴雨天在 8～9 时揭膜。

(五) 大田整地

机插水稻田整地质量要做到田平、泥软、肥均。整地后经过沉淀 1～2 天后进行插秧作业，田水要适宜，水深应为 1～2 厘米。水田泥脚深度应小于 40 厘米，泥脚过深会造成插秧机打滑，甚至无法行走。

(六) 移栽

水稻移栽一般在 6 月上、中旬进行。机插秧株行距一般为 30 厘米×13 厘米。插秧后立即灌水，保持水深 2～3 厘米，维持 2～3 天，减少秧苗叶面蒸腾，减轻枯叶现象。之后可采用浅水勤灌和晒田等综合措施，以利于扎根，促进分蘖，防倒伏。

(七) 田间施肥

水稻栽培在施足底肥的基础上，移栽后 5～10 天，及时追施分蘖肥，使水稻生长前期有丰富的速效养分，以促进分蘖。生长中后期主要是施好穗肥，达到多穗多粒、增加粒重的目的。

(1) 当地常规施肥技术。水稻氮肥（N）、磷肥（P_2O_5）、钾肥（K_2O）的施用量分别为 18 千克/亩、6 千克/亩、10.5 千克/亩。具体施用方法为：氮肥分 3 次施用，基肥 40%，分蘖肥 20%，穗肥 40%；磷肥作基肥一次性施用；钾肥 70%作基肥、30%作穗肥施用。

基肥：复合肥（15-15-15）40 千克/亩，尿素（46%）2.61 千克/亩，氯化钾（60%）5.25 千克/亩；分蘖肥：尿素（46%）7.83 千克/亩；穗肥：尿素（46%）15.66 千克/亩，氯化钾（60%）5.25 千克/亩。

(2) 炭基肥优化施肥技术。炭基肥（22-8-15）50 千克/亩；46%活性增效尿素 6 千克/亩作秒口肥；穗肥亩追施 6 千克氯化钾。

(八) 水浆管理

全生育期采用间歇浅湿节水灌溉。一般返青期浅水，分蘖前期（栽后 20 天以内）浅水湿润交替；全田总苗数达到预期穗数80%时（栽后25天左右，6月底）晒田，至拔节初期（7月下旬）以干为主，根据天气情况可分几次搁田控苗，历时25天左右；二次枝梗分化至抽穗开花期（7月下旬至8月下旬）以浅水湿润交替为主；灌浆至成熟期干湿交替，收获前一周断水。

（九）适时收获

水稻黄熟末期或完熟初期是适时收获期。

四、面源污染物减排效果

在水稻分蘖期，炭基肥的施用能降低稻田排水中总氮、总磷浓度，与常规施肥相比，减排率分别为69.47%、52.11%。抽穗期，炭基肥处理稻田排水中总氮、总磷浓度与常规施肥处理相比，减排率分别为11.47%、13.42%（表1-61）。

表1-61 炭基肥处理与常规施肥处理稻田排水中氮、磷浓度

项 目	处 理	分蘖期	抽穗期
铵态氮（毫克/升）	常规施肥	0.255	0.064
	炭基肥	0.131	0.021
减排率（%）		48.63	67.88
硝态氮（毫克/升）	常规施肥	0.058	0.130
	炭基肥	0.055	0.068
减排率（%）		5.17	47.95
亚硝态氮（毫克/升）	常规施肥	0.006	0.016
	炭基肥	0.004	0.009
减排率（%）		31.58	44.68
正磷酸盐（毫克/升）	常规施肥	0.078	0.024
	炭基肥	0.065	0.025
减排率（%）		20.00	−4.17
总磷（毫克/升）	常规施肥	0.190	0.149
	炭基肥	0.091	0.129
减排率（%）		52.11	13.42
总氮（毫克/升）	常规施肥	11.398	4.168
	炭基肥	3.480	3.690
减排率（%）		69.47	11.47

在水稻生长的各个阶段，炭基肥处理土壤中氮、磷含量相对常规施肥处理而言处于较低水平（表1-62）。该技术整体评估见表1-63。

表 1-62　炭基肥处理与常规施肥处理的稻田土壤氮、磷含量

项　目	处　理	分蘖期	抽穗期	成熟期
铵态氮（毫克/千克）	常规施肥	29.927	10.976	5.338
	炭基肥	28.249	7.631	3.738
减排率（%）		5.609	30.473	29.973
硝态氮（毫克/千克）	常规施肥	1.134	0.479	0.483
	炭基肥	0.989	0.476	0.324
减排率（%）		12.837	0.754	32.955
亚硝态氮（毫克/千克）	常规施肥	0.682	<LOQ	<LOQ
	炭基肥	0.489	<LOQ	<LOQ
减排率（%）		28.280	—	—
正磷酸盐（毫克/千克）	常规施肥	28.320	23.507	24.400
	炭基肥	21.540	21.280	22.820
减排率（%）		23.941	9.472	6.475
总磷（克/千克）	常规施肥	0.773	0.715	0.701
	炭基肥	0.755	0.815	0.694
减排率（%）		2.397	−14.057	1.018
总氮（克/千克）	常规施肥	1.574	1.310	1.353
	炭基肥	1.564	1.287	1.329
减排率（%）		0.621	1.766	1.782

注：<LOQ 表示低于最低检测限。

表 1-63　炭基肥技术评估

技术名称	技术适用条件	面源污染物减排	生产影响	经济效益	环境风险	备注
水稻炭基肥施用技术	巢湖流域，其他流域可参照	氮、磷施用量比常规分别减少了 23.6%、33.3%；分蘖期排水中氮、磷浓度分别减少了 69.47%、52.11%	产量无显著差异	无显著差异	温室气体排放量略高	

五、对生产的影响

常规施肥条件下水稻产量为 505 千克/亩，炭基肥施肥技术条件下水稻产量为 481 千克/亩，二者差异不显著。

六、经济效益分析

常规施肥处理成本（包括肥料、种子、农药、机械、人工）为520元/亩；虽然炭基肥的价格比复合肥略贵，但炭基肥处理中氮、磷肥的施用量比常规施肥分别减少了23.6%、33.3%，而且减少了施肥次数，因此炭基肥处理的综合成本与常规施肥相近。常规施肥产投比为2.52，炭基肥产投比为2.41，二者无显著差异。

七、潜在环境风险

与常规施肥相比，炭基肥处理CO_2排放通量在水稻分蘖至抽穗期增高，N_2O排放通量在水稻抽穗至成熟期增高（表1-64）。

表1-64 不同处理的温室气体排放通量

项 目	处 理	移栽至分蘖期		分蘖至抽穗期		抽穗至成熟期		
		6月中旬	7月上旬	7月中旬	8月下旬	9月上旬	9月下旬	10月上旬
CO_2排放通量[毫克/(米^2·时)]	常规施肥	274.16	1 320.01	448.00	534.20	346.07	788.10	474.53
	炭基肥	254.02	705.72	702.62	1017.13	347.37	1 197.78	195.58
N_2O排放通量[微克/(米^2·时)]	常规施肥	7.62	6.92	3.90	3.03	3.71	7.32	1.14
	炭基肥	0.68	1.10	1.01	1.43	1.97	12.66	6.32
CH_4排放通量[毫克/(米^2·时)]	常规施肥	7.75	595.46	59.46	59.44	37.80	38.60	12.13
	炭基肥	43.63	15.12	55.82	48.65	43.37	64.35	7.55

八、推广政策建议

炭基肥在保证水稻稳产的前提下，减少了氮、磷肥的施用量，大大降低了氮、磷的排放，对控制农业面源污染具有积极作用，且其产投比与常规施肥处理无显著差异，具有推广价值，建议政府相关部门加大炭基肥的宣传力度。

技术编写者及依托单位：汤婕、戴曹培、李学德、李仁杰 安徽农业大学资源与环境学院

联系电话：0551-65786320

电子邮箱：xuedel@ahau.edu.cn

第二篇

养殖业面源污染防控技术

巢湖流域生猪养殖粪污异位发酵床处理与资源化技术

一、技术概述

异位发酵床处理猪场粪污是一项集粪污减量化、无害化和资源化为一体的综合技术。采用这项技术，可以克服发酵床（舍内）养猪存在的一些不足；具有占地面积小、投资较少、运行成本低和无臭味等优点；猪场无须设置排污口，可实现粪污零排放；粪污经发酵处理后可全部转化为固态有机肥原料，实现变废为宝。

二、技术适用范围与条件

本技术适用于存栏量 3 000 头以上的规模化猪场，具备漏缝地板排污系统、自动刮粪或机械清粪设备或水泡粪等清粪设施，适用异位发酵床处理。

三、技术规程与流程

（一）异位发酵床建筑设计说明

异位发酵床建筑设计如图 2-1 所示。

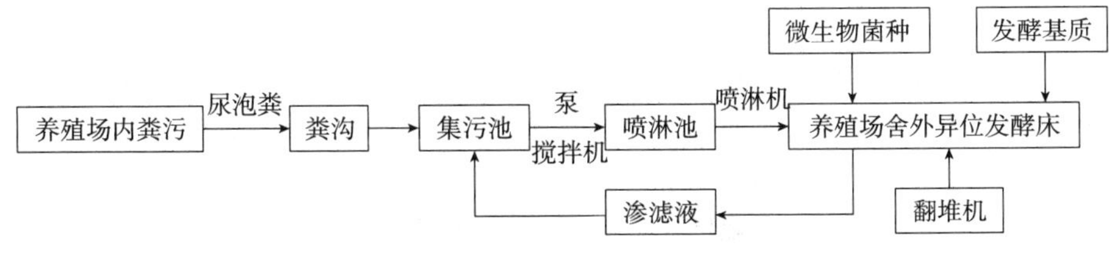

图 2-1　异位发酵床处理猪场粪污技术

1. **室外发酵舍**　建筑面积根据地形和消纳量确定，建筑层数 1 层，采用轻钢结构。该建筑东西走向，主体建筑面积由地形和日处理量确定。屋面结构：屋面采用角铁三角桁架，沿发酵舍纵向屋架间设 5 道支撑以保证屋架平面外的稳定性。屋架上铺设阳光板，墙面左右里铺普通彩板。内设发酵池（槽）与喷淋池。脊高 5.5 米，檐高 4.5 米，墙高 1.8 米，配套卷帘布、铝合金推拉窗、铝合金卷帘门。

2. **发酵池**（槽）　发酵池（槽）为微生物发酵处理粪污的场所，位于室外发酵舍内，纵向布局。以每立方米发酵基质每日消纳粪污 30 千克计算，设计单体发酵池（槽）建筑面积长度由地形和日处理量确定，宽 4 米，采用砖混结构。发酵池（槽）墙体厚 240 毫米，高 1.8 米，以 1∶3 水泥砂浆砌筑，1∶2 水泥砂浆抹浆光面 2 厘米厚。顶端设污水循环池，用于收集发酵基质中多余的渗滤液，定时抽取返还至集污池后再进入喷淋池，继续进行发酵处理。

3. 喷淋池 喷淋池用于存储待进行发酵处理的粪污，位于室外发酵舍内发酵池（槽）中央部位，与发酵池（槽）相同走向，左右为发酵池（槽）。单体建筑面积长度由地形和日处理量确定，宽 2 米，墙体高 1.8 米，池体内外墙及池底均用防水砂浆抹面 2.5 厘米厚，分 3 次抹面施工，防水剂比例根据使用说明掺入。

（二）异位发酵基质的制作

在微生物异位发酵综合技术中，发酵基质的主要功能有两个：一是吸附猪场粪污。发酵基质由有较大比表面积和孔隙度的有机物料组成，具有很强的吸附能力。二是为微生物分解转化粪污提供介质和部分养分。微生物能否快速生长繁殖，取决于发酵基质的制作与管理。

1. 发酵基质的原料

（1）选择原料应把握以下几个原则。① 发酵基质要有一定惰性，不易被分解，以木质素为主的最好；② 发酵基质要粗细搭配，不能全部用细锯末，也不能全部用谷壳，既要保证透气性，又要保证吸水性；③ 发酵基质要有一定的吸水性能，如 1 千克混合发酵基质至少吸附 1 千克水而不往外淌水，这就要求细料要占有一定比例；④ 发酵基质要有一定的硬度或刚性，不至于轻易板结。

（2）常用的发酵基质原料及质量要求。①椰糠、锯末、秸秆等，要求原料新鲜，无霉变、腐烂或异味，不含毒害物质，椰糠或锯末粒径为 0.5～0.7 毫米，粉碎的秸秆长度为 2～5 厘米；②稻壳、麦壳、花生壳、棉籽壳、蘑菇渣、玉米芯等，要求原料新鲜，无霉变、腐烂或异味，不含毒害物质，麦壳、花生壳、棉籽壳、蘑菇渣、玉米芯粒径为 1～2 厘米；③机器刨花、米糠、玉米粉、麸皮等，要求原料新鲜，无霉变、酸败、结块、异味或虫蛀，不含毒害物质。

（3）原料的功能和替代。①锯末在发酵基质中的主要功能是保水，为微生物生长繁殖提供水源。锯末的主要成分是木质素，不容易被微生物分解，使用期长。可以将树枝、椰子壳等经过粉碎后替代锯末作为原料使用。②谷壳在发酵基质中的主要功能是疏松透气，为微生物生长繁殖提供氧气。谷壳的主要成分是纤维素、半纤维素和木质素，也比较不容易被分解。可用小麦壳或粉碎过的花生壳、棉籽壳、玉米芯等替代部分谷壳。③米糠的主要功能是给微生物提供营养。在米糠较少的地区，可以用玉米粉、麸皮等替代。

2. 发酵基质的制作过程

（1）发酵基质配方。推荐使用的基本材料为谷壳和锯末，比例为 4∶6，米糠用量为每立方米发酵基质 3 千克。在冬季，还要准备一些新鲜粪便，增加营养，加快发酵速度，使用量为每立方米发酵基质 2 千克左右。

（2）菌剂的配制。菌剂喷洒至发酵池（槽）内垫料表面，并混合均匀；菌剂与垫料的质量比一般为 0.1%左右，均匀掺入发酵基质中。为保证混匀效果，可先用少量发酵基质原料将菌剂稀释，再混入大量发酵基质中。

(3) 发酵基质混合。 将锯末和谷壳混合铺设于发酵池（槽）中至使用高度（1.2～1.5米），加入菌剂与水，利用翻抛机翻耙至均匀，湿度控制在50%左右。简单的判断方法：抓一把搅拌好的发酵基质，用力握紧，如果有水从指缝间渗出，说明湿度过大，需添加干的发酵基质；如果没有水渗出，松开后，发酵基质不结成团，能松散落下，说明湿度比较合适。

(4) 发酵基质的堆放。 发酵基质和微生物菌种混合搅拌均匀后，堆放于发酵池（槽）中，在冬季可覆盖麻袋、塑料布等进行保温，加快发酵速度。

(5) 温度的检测。 每天测量发酵基质内部的温度，通常发酵池（槽）表面以下35厘米处的温度应上升至45℃左右，以后温度便逐渐上升，48小时后应达到60℃以上，在此温度下保持24小时。此时，发酵池（槽）制作完成，可再次喷淋粪污进行发酵处理。

检测：在发酵池（槽）水平方向间隔2米左右设置一个检测点，测定35厘米深度的发酵基质温度，每个点的温度基本一致，并在60℃以上持续24小时，说明本次发酵成功。

（三）异位发酵环保系统日常管理

1. 粪污的喷淋 猪场粪污暂存在喷淋池中，通过喷淋机均匀喷洒在发酵池（槽）的发酵基质上。喷淋频率为每2～3天1次，喷淋量控制在每立方米发酵基质30升粪污。

2. 发酵基质的翻抛 粪污喷淋8～10小时，完全渗入发酵基质后，开动翻抛机对发酵基质进行翻耙，使粪污与发酵基质混合均匀，同时为发酵基质内的微生物生长提供充足的氧气。

3. 发酵基质湿度控制 发酵基质与粪污混合物的含水率应为55%～65%，湿度不足时应增加喷淋，湿度过高时应适当减少喷淋次数或添加干发酵基质。

4. 发酵基质温度控制 发酵基质与粪污混合物的发酵温度应保持在55℃以上。如果发酵温度无法达到标准，其原因可能为以下几种：

(1) 湿度过高或过低。 调整方法见“发酵基质混合”。

(2) 翻耙不均匀。 部分发酵基质板结导致发酵基质透气性不佳，调整方法为彻底翻耙发酵基质一次。

(3) 外部环境温度过低。 调整方法为关闭通风设备，对发酵舍进行保温。

(4) 发酵基质已腐熟。 调整方法为更换新发酵基质。

5. 发酵基质的补充 减少量达到10%进行补充，新旧垫料混合均匀。

6. 菌种的补充 按初始比例随发酵基质一起补充。

7. 发酵基质的更新 发酵池（槽）发酵基质的使用寿命一般为1年左右。当发酵基质达到使用期限后，应将其从发酵池（槽）中全部清出，并重新放入新的发酵基质。

(1) 高温段上移，发酵池（槽）发酵基质的最高温度段由床体的中部偏下段向发酵池（槽）表面位移，即使再加大有机物含量小的发酵基质如锯末加以混合后，高温段还是在上段。

(2) 发酵舍出现臭味，并逐渐加重。

(3) 持水能力减弱，粪污中的水分不能通过发酵产生的高热挥发。

(四) 生猪养殖场粪污微生物异位发酵节水方案

1. 漏缝地面、干清粪 漏缝地板有利于猪场的通风干燥，可以极大降低冲洗用水。根据生猪存栏计算：漏缝地面 0.4 米^2/头，母猪 4 米^2/头（分娩舍），育肥猪舍的漏缝面积应占猪舍栏面的 30%以上。

2. 雨污分流 全场雨污分流，将雨水和污水分开。雨水经过管网流入河流或被利用，杜绝雨水流入污水池，减少污水量。

3. 饮用水的控制 鸭嘴式饮水器和乳头式饮水器是最早的饮水设备。试验结果显示，每 100 升水有 70 升（70%）被浪费掉，更重要的是带来了污水处理压力。鸭嘴式饮水器，每出栏一头猪用水 5～7 吨；碗式饮水器，每出栏一头猪用水 1.3～1.5 吨；水位计式饮水器，每出栏一头猪用水只有 0.8～0.9 吨。

(五) 生物腐殖酸发酵技术工艺

1. 工艺过程 生物腐殖酸（BFA）发酵技术工艺过程如图 2-2 所示。

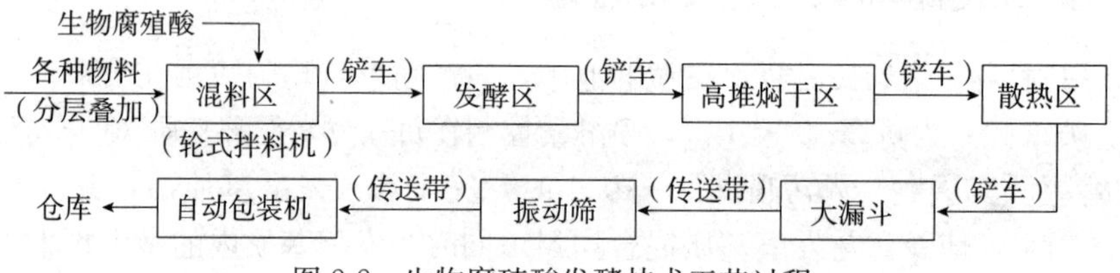

图 2-2 生物腐殖酸发酵技术工艺过程

2. 工艺流程 图 2-3、图 2-4、图 2-5、图 2-6 展示了生物腐殖酸有机肥生产工艺流程。

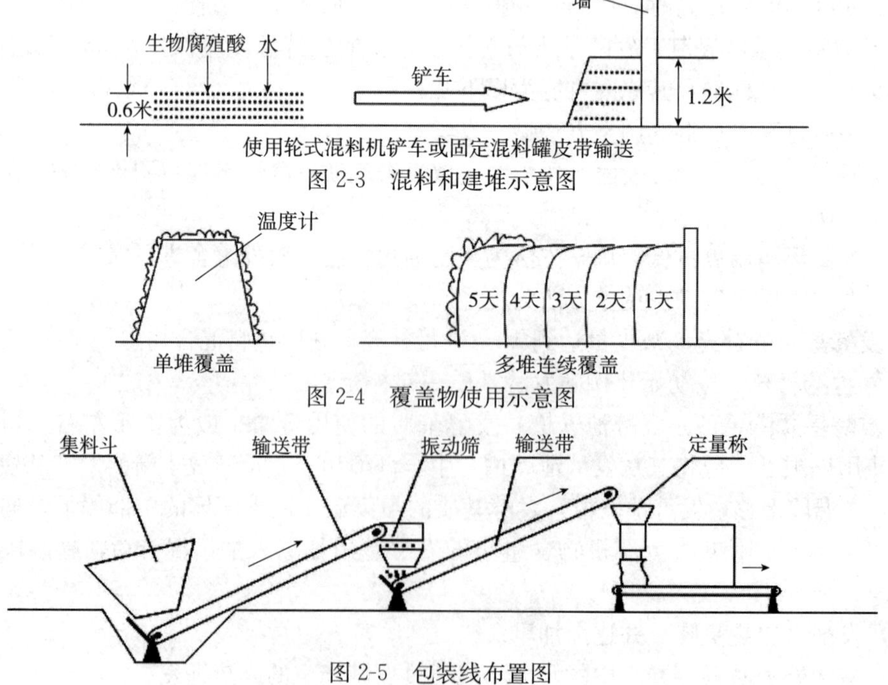

图 2-3 混料和建堆示意图

图 2-4 覆盖物使用示意图

图 2-5 包装线布置图

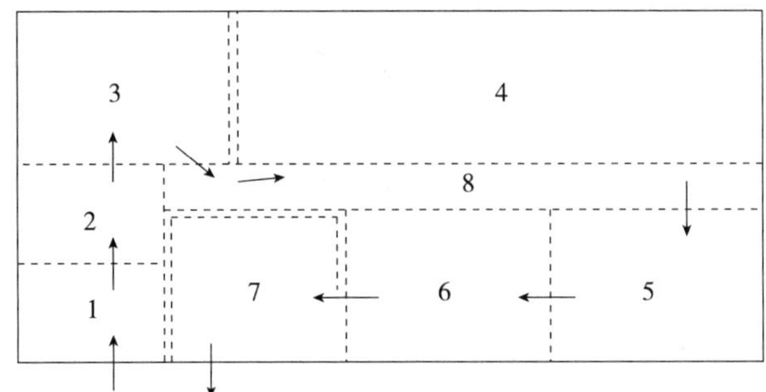

图 2-6 生物腐殖酸有机肥车间布置图

1. 原材料区 2. 混料区 3. 发酵区 4. 高堆区 5. 摊料区

6. 包装区 7. 成品仓 8. 机械通道

3. 工艺要点

(1) 混料。在地板上一层一层地铺叠所有物料，把生物腐殖酸发酵剂（按总物料的0.5%）铺在中间层，开动轮式混料机把物料混合均匀。除了各物料合理配置外，水分的掌握至关重要，水分含量应控制在50%～55%。轮式混料机除了混匀物料和打碎大团物料外，还能使物料在混合后达到良好的含氧量。

(2) 建堆。用铲车把混合后的物料铲去建堆，堆高1.0～1.1米，长宽不限。每日新建堆与前一日的料堆紧贴着，以减少散热面。

(3) 适当保温。建堆前两日是关键升温期，48小时内堆温达到50℃左右是发酵能继续的保障。所以在环境最低温度不足15℃时，必须采取保温措施，一般用编织布就可以。编织布与物料之间几厘米用粗糙硬物隔开以便料堆“呼吸”。北方地区环境温度更低时，应使用双层保温，里层为厚草帘，外层为编织布。在每日建堆互相挨着的情况下，只盖最新两日所建的堆就可以。堆温能否升到60℃以上是发酵是否正常的标志，7天之内必须有3天左右堆温超过60℃；但如果温度超过66℃即开始产生大量CO_2，应掀开覆盖物散热。

(4) 建高堆“焖干”。在建堆第八天可以把该堆用铲车铲到另外的“高堆区”，堆高2.5～3.0米。由于有余温又经1次铲动，物料会升温至50～60℃。这时由于堆料互相重压，堆中含氧量少，温度不会继续上升，而堆中的微生物活动又处于较微弱状态，在相当长时间内堆温会持续在40～50℃，这就使料堆一直处于“焖烧”。这个温度区间正是散发水分而不燃烧碳的温度，这就可以在最大限度保留有机水溶碳的情况下，达到物料干燥。配合这种工艺方法，厂房应尽量敞开，使空气流通，便于水汽散开。

(5) 开堆散热。在发酵料高堆20～30天后，便可以开堆散热。此时高堆中的料温在40℃左右，水分含量约35%，把物料铲到包装线前端的空地上摊开，2～3天后随着物料中热气的散发，水分还会降几个百分点，便可以将物料铲入集料斗进入包装线。如果发酵后物料养分（$N+P_2O_5+K_2O$）含量达不到5%，还应在此环节撒些化肥以达到NY 525—2012的技术指标。

(6) 过筛包装。物料从集料斗传到输送带，经振动筛筛去杂质和大团料，其他物料就从筛下被输送到包装机，包装入库。大料团不必粉碎，返回新的敞开料区或送回发酵混料即可。

生物腐殖酸有机肥与一般有机肥相比，其发酵剂除臭效果又快又好。在经轮式混料机来回一趟混料后，即使是以粪便为主的料堆也闻不到臭味。如果能做到原材料进车间马上组织混料发酵，或用辅料加以覆盖，整个车间基本闻不到臭味，没有蚊蝇。由于没有大规模的烘干和传送工序，整个车间少粉尘、低噪音，文明生产能得到保障。

四、面源污染减排效果

从表 2-1 中数据可以看出，生猪养殖场工程实施后污染物 COD、TN、TP 削减入河率分别为 95.90%、88.52%、94.52%。

表 2-1 养猪场污染物入河系数

	COD	TN	氨氮	TP
猪场废水原液浓度（毫克/升）	1 767.81	393	297.01	69.26
工程实施后排放口浓度（毫克/升）	72.51	45.14	26.35	3.80
工程实施后污染物入河率（%）	4.10	11.48	8.87	5.48

五、对生产的影响

室外发酵床污染处理系统利用好氧发酵原理，将生猪的粪污集中收集后，传输到专门的发酵车间内，通过自动喷污装置将粪污喷洒于发酵池（槽）垫料中，并通过自动翻抛机进行翻动。生物菌群通过对粪污进行好氧发酵，水分被蒸发，粪污得到降解，从而完全降解粪污水。该技术可实现养殖过程与废弃物处理过程单独进行，因此对养殖过程没有直接影响。另外，要控制每头生猪每天排污量在 10 千克以内，猪粪不得外卖，必须全部进入垫料床。

六、经济效益分析

该技术为养殖废弃物综合处理技术，创新点在于将作物秸秆（油菜和玉米秸秆）应用于异位发酵床填料，实现养殖污染和秸秆焚烧污染的同步解决。将作物秸秆粉碎并喷洒微生物发酵菌剂，通过控制湿度实现秸秆的预发酵。然后添加养殖废弃物，在机械翻堆条件下实现连续发酵，发酵后的填料可生产有机肥。表 2-2 和表 2-3 分别表明了微生物异位发酵床养殖技术的投资情况和养殖废弃物资源化利用技术的投资效益。

表 2-2 微生物异位发酵床养殖技术投资情况

技术名称	投资成本（元/头）	运行成本（元/头）	污染减排
异位发酵床	150	100	低排放

表 2-3 养殖粪污资源化利用技术投资效益

资源化途径	投资成本（元/吨）	销售价格（元/吨）	施肥量（千克/亩）
有机肥	300	600	500
生物腐殖酸有机肥	500	1 200	200

七、潜在环境风险

针对典型规模化养殖场生猪粪便的主要成分分析结果表明，猪粪中土霉素平均含量为9.09毫克/千克，最高达134.75毫克/千克；四环素平均含量为5.22毫克/千克，最高达78.57毫克/千克；金霉素平均含量为3.57毫克/千克，最高达121.78毫克/千克。由于含Zn和Cu等重金属的添加剂可改善猪的生长性能，养猪户会在猪饲料中添加，而大部分重金属元素会直接排出猪体，进入猪体内90%的Cu元素和90%～95%的Zn元素将从粪便中排出。有研究表明，连续4年施用猪粪的温室，导致土壤中Cu和Zn的积累，Pb、Cd、Ni和Cr有积累的风险；土壤pH降低；温室生产的部分番茄和黄瓜As含量超标。若该研究区温室蔬菜连续施用150米^3/（公顷·年）的猪粪，土壤中全Cu和全Zn含量分别经过10年和15年可能超过国家农田土壤二级标准。

八、推广政策建议

（1）政策支持是推广异位发酵床技术的关键。政府出台的设施农业扶持政策中，每年都应把异位发酵床列为补助对象，加以扶持，做到从政策、资金和技术方面全方位地鼓励推广应用异位发酵床技术。不仅可解除养殖户的后顾之忧，而且调动了养殖场应用异位发酵床技术的积极性，政策支持的作用很关键。

（2）源头减量是异位发酵床成功运行的先决条件。科学试验反复证明，养殖场粪污溶液中有机质浓度达到8%以上，才能满足耐高温微生物快速降解粪污的“营养”需要。因此，从产污源头上严控饮、用水量，特别是要严禁水冲清粪，才能确保发酵床正常运行和发酵。

（3）政府“搭台”、企业“唱戏”是推广异位发酵床技术模式的捷径。各级政府及农牧部门具有公信力，各地为有实力能为养殖场提供一条龙服务的环保、治污企业搭建各种平台，让企业开展相关技术培训和现场观摩等推广活动，对迅速推广异位发酵床技术模式可以起到事半功倍的效果。因此，政府部门与企业联手共同推进异位发酵床治污模式，也是发酵床技术推广的一个重要工作经验。

技术编写者及依托单位：耿兵　中国农业科学院农业环境与可持续发展研究所
联系电话：010-82106017
电子邮箱：gengbing2000@126.com

巢湖流域奶牛养殖污染沼气工程控制技术

一、技术概述

合肥市和六安市舒城县部分区域的养殖种类主要是猪、牛、鸡，除个别大型养殖场外，基本都是中小养殖场。截至目前，合肥市共建大中型沼气工程 24 处，池容量 4.4 万米^3；舒城县建设大中型沼气工程 3 处，池容量 3 000 米^3。

该区域沼气工程的主要模式是能源生态型：沼气发电，沼渣作有机肥，沼液服务周边农地。安徽省提出沼气建设“三个一”模式，即一个沼气站，服务周边一片农地，生产出一个或者一批名优特农产品。该模式一方面治污明显，另一方面又提升农产品品质，走出了循环利用、生态治污的路子，不仅改善生态环境，也明显提升经济效益。

二、技术适用范围与条件

（1）存栏量 1 000 头以上规模化奶牛场，配备自动刮粪或机械清粪设备。

（2）适用于规模化奶牛养殖场或养殖密集区，具备沼气发电上网或生物天然气进入管网条件。

（3）奶牛养殖场周边能够配套足够的农田消纳粪肥。以 1 000 头奶牛场为例，消纳年产生粪肥所需农田面积至少 2 000 亩。

三、技术规程与流程

（一）科学饲喂技术

采用培育优良品种、科学饲养、科学配料、应用无公害的绿色添加剂和高新技术改变饲料品质及物理形态（如生物制剂处理技术与饲料颗粒化、饲料热喷技术）等措施，提高奶牛饲料转化率和产奶性能，降低粪尿氮及恶臭气体的排放。

科学合理配比奶牛饲料，通过添加合成氨基酸提高饲料蛋白质含量和调节氨基酸比例，提高饲料蛋白质和其他营养成分的吸收、转化效率，减少粪便的产生量和粪尿氮排放量。

在饲料中添加微生物制剂、酶制剂和植物提取液等活性物质，提高饲料吸收、转化效率，可减少粪尿氮排放量，降低氨气等恶臭气体的排放。

（二）清粪技术

采用往复式刮板清粪机进行干清粪，清粪机由带刮粪板的滑架、传动装置、张紧机构和钢丝绳等构成，适用于暗沟排污的奶牛舍（图 2-7）。粪尿通过刮粪板收集至排污暗道，最终汇入奶牛场的集粪池内。目前，巢湖流域规模化奶牛场大都采用了该类型的自动清粪设备。

图 2-7　往复式刮板清粪机

（三）发酵产沼利用技术

建立大型沼气工程，采用全混式厌氧反应器（CSTR）厌氧消化工艺。以马鞍山现代牧场为例，日处理粪污量 500 吨，日产沼气 11 000 米^3，除供职工炊事、洗浴使用外，大部分用于发电和供气；产生的沼液再进入地下厌氧池进行二级发酵，发酵后的出水大部分泵入液态肥库储存用于种植有机水稻，少量沼液用于养殖蚯蚓，或流入生物氧化塘经分解后回流冲洗养殖舍及注入鱼塘。该工艺适用于存栏超过 1 000 头以上的规模化奶牛养殖场，且周边区域必须配备足够的农田，能够完全消纳和利用厌氧消化后的沼渣、沼液。工艺流程见图 2-8。

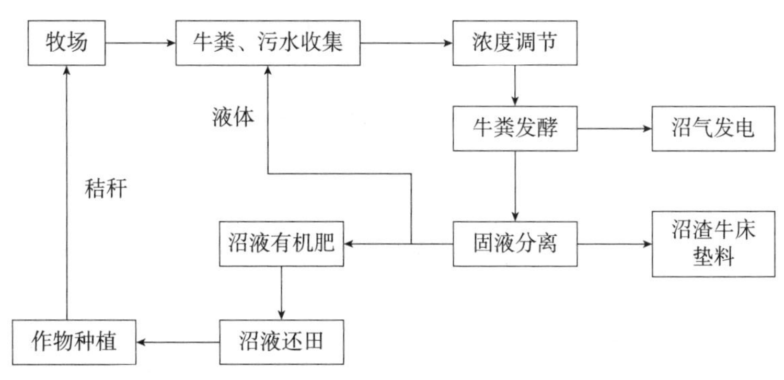

图 2-8　奶牛场污水处理和产沼工艺流程

（四）技术流程

1. 前处理

（1）沉淀。利用固定格栅在粪污汇入集粪池前拦截过滤较大杂物，栅条间距一般为15～30毫米。

奶牛粪污颗粒物以及消化不全的纤维较多，格栅拦截后粪污进入沉沙池进行分离。沉沙池一般设于泵站及沉淀池之前，通过控制水流速度利用重力分离。污水在沉沙池中的流速为0.15～0.3米/秒，而在最大流量时的停留时间不小于30秒，一般为30～60秒。池的有效水深不大于1.2米，一般采用0.25～1.00米，每格宽度一般不小于0.6米，超高0.3米。进水头部一般设有消能和整流措施。池底坡度一般为0.01%～0.02%。储沙斗的容积一般按不超过2天的沉沙量考虑。

沉淀池进水区应有整流措施，入流处挡板一般高出池水水面0.10～0.15米，浸没深度应不小于0.25米，挡板距进水口0.5～1.0米。有效水深一般为3.0～3.5米，超高一般为0.3～0.5米。沉淀池的长宽比应不小于4：1，每格宽度或导流墙间距一般采用3～9米，最大为15米，水力停留时间为1～3小时，流速一般为10～25毫米/秒。

（2）固液分离。采用挤压螺旋式分离机，其属于较为新型的固液分离设备，结构如图2-9所示。粪水固液混合物从进料口被泵入挤压式螺旋分离机内，安装在筛网中的挤压螺旋以30转/分的转速将要脱水的原粪水向前推进，其中的干物质通过与机口形成的固态物质柱体相挤压而被分离出来，液体则通过筛网筛出。经处理后的固态物含水量可降到65%以下，再经发酵处理，掺入不同比例的氮、磷、钾，可制成高效复合有机肥。

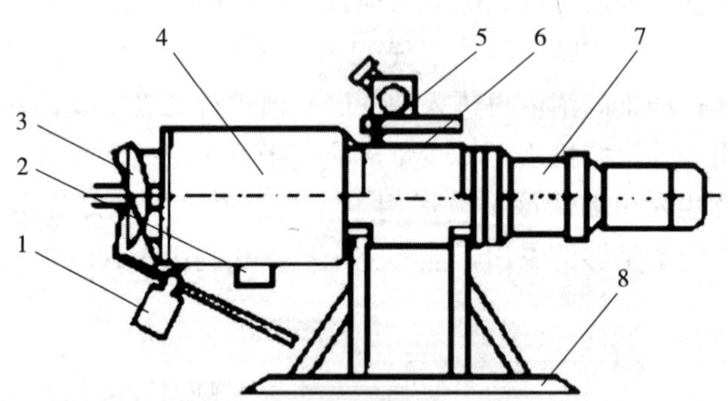

图2-9 挤压螺旋式分离机结构

1. 配重块 2. 出水口 3. 卸料装置 4. 机体 5. 振动电机 6. 进料口 7. 传动电机及减速器 8. 支架

挤压螺旋式分离机工作效率取决于原粪水的储存时间、干物质含量、原粪水的黏性等因素。奶牛粪水每小时处理量约10米^3。挤压螺旋式分离机的优点是效率较高，分离出的干物质含水量较低。

2. 厌氧消化 奶牛养殖有机废弃物的厌氧消化是奶牛养殖粪污在一定的水分、温度和厌氧条件下，通过种类繁多、数量巨大且功能不同的各类微生物的分解代谢，最终形成甲烷和二氧化碳等混合性气体（沼气）的复杂的生物化学过程。微生物厌氧发酵产甲烷的过程又可分为 3 个阶段，分别是水解阶段、产氢产酸阶段和产甲烷阶段。沼气发酵罐如图 2-10 所示。

图 2-10　沼气发酵罐

(五) 沼气、沼渣和沼液利用

1. 沼气利用　沼气经过脱水、脱硫后，引入纯烧沼气发动机燃烧室，燃烧后产生的膨胀气体推动活塞、连杆进行做功，进而带动三相交流发电机发电。沼气发电机组主要由以下 3 部分组成：纯烧沼气发动机、三相无刷交流发电机和自动化运行控制台。沼气发电技术的工艺流程和设备如图 2-11 所示。

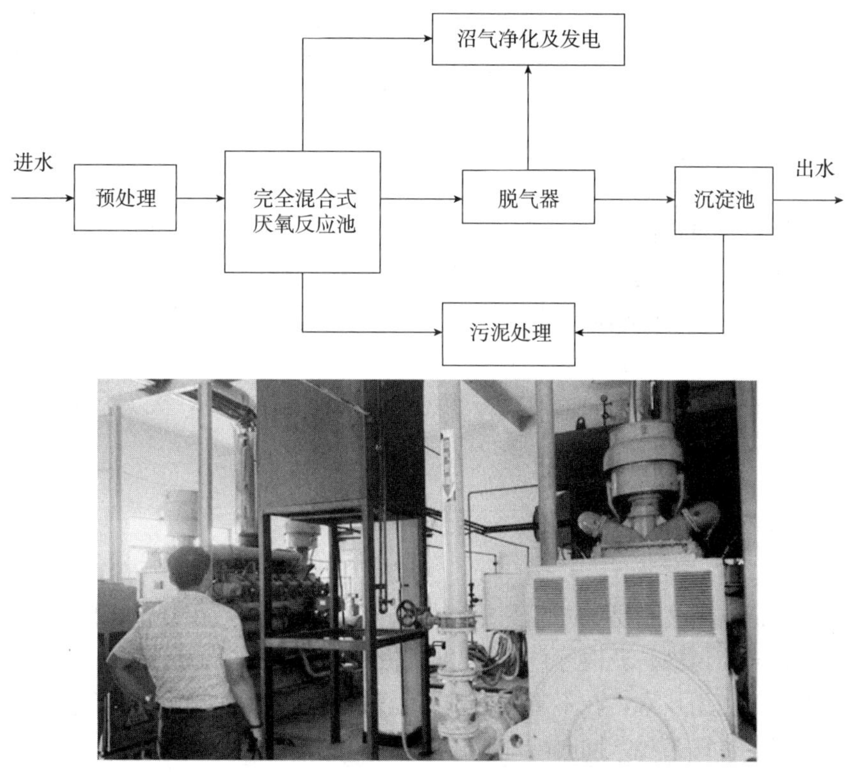

图 2-11　沼气发电工艺流程和设备

沼气利用途径包括以下 2 种方式：

（1）用沼气烧锅炉加热，利用产生的热量将水作为介质，通过专用循环管路，对污泥消化池加热。

（2）利用沼气发电，电能用于办公、生活，如开水房、食堂、宿舍等。

2. 沼渣、沼液利用

（1）沼渣利用。沼渣与固体粪便混合，将经好氧堆肥无害化处理之后的腐熟堆肥作为原料，再经过干燥、粉碎、筛分和计量装袋后成为商品有机肥用于市场销售；或通过添加无机肥料调节养分，制成有机-无机复混肥后进行销售。沼渣与固体粪便混合生产肥料如图 2-12 所示。

图 2-12 沼渣与固体粪便混合生产肥料

（2）沼液利用。少量沼液用于蚯蚓养殖，或流入生物氧化塘经分解后回流冲洗养殖舍或注入鱼塘。大量沼液再进入地下厌氧池进行二级发酵，发酵后的出水泵入液态肥库储存，通过水肥一体化施用于有机水稻田。

四、面源污染物减排效果

固体污染物主要包括沼渣与固液分离后的固体粪便，通过进行好氧堆肥处理后制成有机肥料，施入周边农田消纳或包装成袋出售。液体污染物以沼液为主，经过该工艺的处理，COD、BOD_5（五日生化需氧量）、氨氮、TP 可以减排 99%以上，TN 减排率可以达 95%以上。

通过上述处理和利用途径，固液废弃物完全进入种养循环链，大大减少面源污染，减排效果良好。

五、对生产的影响

粪污发酵产沼利用技术是针对集约化奶牛养殖业发展的特点和环境保护的需要而发展起来的一项治理环境污染、获取绿色能源的经济、实用、节能和环保的技术。作为养殖废弃物资源的能源化利用技术，在不影响正常的养殖场生产管理、畜禽生产性能的前提下，有效处理和利用了畜禽粪污，同时增加农民收入、节约能源、改善农村人口生活质量、减少污染物排放。

养殖方面，建有沼气工程的养殖场粪污得到有效处理，畜禽患病概率大大降低，减少了抗生素的使用。种植方面，对比沼肥和化肥施用，施用沼肥可提前水稻收割期，且大米品质得到提升。

六、经济效益分析

养殖场日处理粪污量 500 吨，日产沼气11 000米^3、液体有机肥 500 吨、沼渣 180 吨，日发电量4 000千瓦·时，年节省电费约 100 万元。沼气锅炉每日产生 65～80 吨蒸汽，年减排温室气体 4.5 万吨左右，消除了可能带来的环境问题，也节约了生产成本。发展牧草订单基地 10 000 亩，每年可提供青贮玉米 2 万～3 万吨，不仅保证了奶牛获得优质的饲草料，还可通过牧场农业订单拉动当地农业经济的发展。沼渣、沼液得到充分利用，使用有机沼肥的田地每亩可减少 20～25 千克化肥用量，每亩可节本增收 200～500 元。

七、潜在环境风险

巢湖流域种植土地基本都在圩区，存在决堤风险。若出现这种情况，沼液就无法使用，存在沼液无法存储现象。

八、推广政策建议

在国家环保政策的扶持下，粪污发酵产沼利用技术已在大中规模化奶牛养殖场得到大力推广。沼气工程是环保工程，更是农业基础设施，是乡村振兴产业发展的必要设施，既可实现清洁能源利用，也有效减少了养殖场对周边环境的水土污染，显著提高了农村地区的经济和环境效益。针对奶牛养殖场产沼利用技术的发展应用现况和前景，提出以下建议：

（1）规划好沼气工程建设。要便于为产业发展提供能源，要与美丽乡村建设结合，便于为村民提供优质能源，更要便于处理粪污和为周边土地提供肥源。

（2）在具备沼气发电上网或生物天然气进入管网条件的养殖场或养殖密集区发展沼气工程，需要地方政府配套政策予以保障，确保沼气发电、供气能够用之于民。

（3）加强沼气运行操作人员培训。沼气工程值守需要熟练操作工人，施用沼液要进行水肥配比也需要技术工人。政府要加大对农民的培训，培养一批高素质农民，更好地服务乡村振兴。

技术编写者及依托单位：黄宏坤　农业农村部农业生态与资源保护总站
联系电话：010-59196361
电子邮箱：huangdusk@126.com

海河流域家禽原位发酵床养殖技术

一、技术概述

家禽原位发酵床技术是为解决家禽粪便对土壤、水体、空气造成的污染在家禽养殖中广泛推行的发酵床技术。原位发酵床技术是指在传统的养殖基础上，圈舍下面铺设一定厚度的垫料（锯末、稻壳等），家禽直接生活在垫料床上，排出的粪便被微生物分解利用，不需人工清粪的一种生态环保养殖模式。利用发酵床方法养殖家禽具有以下几个优点：①减少臭气排放，改善舍内环境，降低环境污染；②提升家禽品质，缩短出栏周期；③提高家禽免疫力，减少疾病的发生；④提高饲料利用率，节约养殖成本，减小劳动强度；⑤实现家禽粪便的资源化利用。

二、技术适用范围与条件

本技术适合劳动力、作物秸秆充足的地区。发酵床养殖对于禽类的地域要求并不严格，南、北方地区均可使用，建议单栋鸡舍出栏或存栏超过1万只肉鸡或蛋鸡的养殖场使用。

三、技术规程与流程

（一）菌床微生物菌剂开发

1. 发酵菌种的分离和筛选 从鸡粪、鸡粪土、发酵鸡粪等样品中进行菌株分离，筛选出不产臭气菌、氨氮降解菌和产酸菌，并对其进行生理生化特性及系统发育地位分析。一般家禽养殖场可以购买商品菌剂，EM菌是包含以光合细菌、乳酸菌、酵母菌和放线菌为主的80余种微生物复合而成的一种微生物菌剂。

2. 发酵菌载体筛选 从技术角度看，垫料原料应满足碳氮比高、糖类（特别是木质纤维）含量高、疏松多孔透气、吸水吸附性能良好、细度适当、无毒无害、无明显杂质等要求。从实用角度看，垫料原料必须来源广泛，采集采购方便，价格尽可能低，质量容易把握。发酵床原料碳氮比是发酵体系中最重要的影响因素。锯末是最佳的发酵床垫料，在所有垫料中碳氮比最高，最耐发酵。同时，锯末疏松多孔，保水性最好，透气性也比较好。但在多数地区，锯末资源比较缺乏，价格也较高。稻壳也是一种很好的垫料原料，透气性能比锯末好，价格低，但吸附性能稍次于锯末。综合考虑作用效果与经济因素，可将锯末、稻壳与麸皮以一定比例混合作为垫料载体。

(二)发酵菌床原理

在舍内铺设一定厚度的谷壳、锯末和发酵菌种等混合垫料，把动物饲养在垫料上面，鸡排出的粪尿在垫料内经微生物发酵迅速降解。发酵过程中产生的热能能提高舍内温度，同时有害、有异味的物质通过发酵变成无害、无异味的物质，实现舍内无异味、粪尿零排放。

垫料中的有益菌会通过鸡采食进入肠道，有益菌群相互作用而产生的代谢物质如淀粉酶、蛋白酶、纤维酶等有利于提高动物对饲料的利用。同时，有益微生物发酵还能耗去动物肠道内的氧气，给乳酸菌等有益微生物的繁殖创造良好的生长环境，促进肠道的乳酸菌等大量繁殖，从而改善肠道的微生态平衡，增强动物抗病能力，提高对饲料的吸收率，降低粪尿的臭味。

有害菌适宜的生存环境多为中性或偏碱性，而存在于垫料深部的厌氧菌（如酵母菌等）进行厌氧发酵能产生很多酸性物质，抑制有害菌的生长，减少疾病的发生。粪尿直接排到垫料中，经微生物发酵、分解变为有机肥料，可直接回施到田里被作物利用，而不用再进行堆肥处理。

(三)发酵床养鸡的优点

1. **减少有害气体排放**　粪尿在有益菌的作用下产生的代谢产物不是挥发性的有害气体，而是非挥发性的有机酸、水等代谢产物，这样环境中氨气、硫化氢、甲烷等有害气体含量会急剧下降。

2. **提高饲料利用率与生产性能**　家禽口服益生菌，可以优化肠道的菌群结构，提高家禽的免疫力及饲料利用率；家禽在发酵床中运动，运动量得以增加，提高家禽的生长性能。发酵床中的活性菌具有很强的分解能力，能将鸡粪中的有机物分解合成为菌体蛋白，供给鸡食用，补充营养。

3. **减少疫病，提高禽肉品质**　从动物福利的角度来看，发酵床养殖技术减少了氨气等刺激性臭气的产生，为家禽提供了良好的舍内空气环境。垫料中功能益生菌的添加对病原菌有拮抗作用，从而降低了家禽感染疾病的概率。抗生素使用的减少，提高了禽肉的品质。

4. **节工省本、提高效益**　微生物发酵床养鸡技术不需要每天冲洗鸡舍、清除粪便，节省了大量的水资源；同时采用了自动给食和自动饮水等技术，达到了省工节本的效果。

5. **变废为宝**　使用后的垫料含有丰富的营养物质，有机质含量较高，可用于生产有机肥，进而实现废弃物的资源化利用。

(四)发酵床养殖舍的整体要求

1. **地理位置**　场址的位置，应尽量接近饲料产地，有相对好的运输条件。由于发酵床养殖实现了粪污零排放，养殖环境明显改善，故养殖场选址应在结合区域规划的同时，着重考虑养殖场整体防疫。要远离家禽批发市场、屠宰加工企业、风景名胜地和交通要道等。一般要求距离家禽产品加工厂至少1千米以上，距离主要公路300米以上，距离一般公路100米以上，可设置专用养殖场通道与交通要道相连接；且距离最近的村庄最好不少于2千米。高压线不得在养殖舍和保育舍上面通过。一般要求养殖舍东西走向、坐北朝南，充分采光，通风良好。

2. 地势与地形 发酵床养殖场场址要求地势较高、干燥、平缓、向阳。场址至少高出当地历史洪水位线，其地下水位应在2米以下，这样可以避免洪水的威胁和减少因土壤毛管水位上升而造成地面潮湿。如果地势低洼或地面潮湿，病原微生物与寄生虫容易滋生，机具设备易被腐蚀，甚至导致鸡群各种疾病的不断发生。如果采用地下或半地下式发酵舍更应充分考虑地下水位，否则垫料过湿会影响发酵效果，也减少垫料使用年限。地下水位比较高的地方适宜选择地上式发酵垫料池。平原地区宜选择地势较高、平坦而有一定坡度的地方，以便排水、防止积水和泥泞，地面坡度以1%～3%较为理想。山区宜选择向阳坡地，不但利于排水，而且阳光充足，能减少冬季冷气流的影响。地形宜开阔整齐，不要过于狭长或边角太多，否则会影响建筑物合理布局，使场区的卫生防疫和生产联系不便，场地也不能得到充分利用。

3. 土质 生态发酵床养殖圈舍的土质除了要有一定的承载能力外，还应透气透水性强，毛管作用弱，吸湿性和导热性小，土壤质地均匀。沙土类的土壤颗粒较大，夏季太阳的辐射热量大，再加上沙土的导热性强，热容量小，易增温，也易降温，昼夜温差明显，这种特性对家禽生长发育不利；黏土类的土粒细、孔隙小，透气透水性弱、吸湿性强、毛管作用显著，所以土壤易变潮湿，常因阴雨造成泥泞不堪，有碍养殖场的正常运行；沙壤土兼有沙土和黏土的优点，透气透水性良好，雨季不会泥泞，能保持场区干燥，土壤导热性差，热容量较大，土温比较稳定，对家禽的生长发育有利，卫生防疫、绿化种植都比较适宜。

4. 水、电 生态发酵床养殖由于不用每天冲洗圈舍，所以用水量主要取决于家禽的饮用水量，同时保证垫料湿度控制、用具洗刷、员工和绿化用水即可。因此，水质要良好，达到人类饮用水标准。水面狭小的塘湾死水、井枯水，由于微生物、寄生虫较多，又有较多杂质，不宜作为养殖场水源。由于养殖舍多采用自然光线，养殖场用电主要保证相关设施设备用电和夜晚照明用电即可。

（五）发酵床的制作方法

1. 稀释菌种

（1）选择菌种。使用本技术编写者研发的零污染1号和零污染2号发酵菌剂，其具体分为两类：环境益生菌和饲用益生菌，主要包括枯草芽孢杆菌、地衣芽孢杆菌、乳酸菌等多种有益菌的复合菌，功能强大，适应性强。

（2）稀释目的。稀释菌种不仅可以增加菌种播撒前总容量，而且稀释剂可以为菌种复活提供高浓度的营养物质，促进菌种快速复活，加快发酵床启动。

（3）选择稀释剂。干燥新鲜、无霉变的稀释剂包括米糠、玉米粉、麦麸等。①准备工具：敞口且可以容纳足够量稀释剂的塑料盆、铁盆及铁锹或木板锹、笤帚、铲子、电子秤、轻便的小盆、剪刀、手套等。②稀释过程：用剪刀剪开菌种封口线，根据垫料的质量确定菌种的用量，再按照每1千克菌种配备10千克稀释剂的比例，称好稀释剂，之后均匀搅拌。如果稀释量少可以戴手套直接在大盆里搅拌，如果稀释量多可以用锹在水泥地上多次均匀搅拌。然后把稀释好的混合物平均分成4份，均分过程中要用清扫工具把残留于地面的少量发酵剂混合物清理干净，将其中 1 份装在较轻便的小盆里备用。

2. **铺设发酵床** 肉鸡垫料厚度夏季 10～20 厘米，冬季 20～30 厘米；蛋鸡垫料厚度 40～50 厘米。4 份稀释菌剂中 1 份备用，另外 3 份分别在发酵初期投加、发酵中期补加（2 次）到发酵床垫料中使用。发酵菌剂占垫料的质量比一般为 0.1%左右。

3. **配套设施设备** 配套设施设备主要包括：①大翻耙机、小翻耙机、农具叉、铁铲；②单面四孔位饲槽、双面两孔位饲槽、饲料饮水一体自动料槽；③轴流风机、引风机、无动风机、喷雾降温系统；④温度检测仪；⑤湿度检测仪；⑥通风检测仪；⑦二氧化碳/氨气检测仪。

4. **相关流程图及示意图** 技术流程及圈舍示意图见图 2-13 和图 2-14。

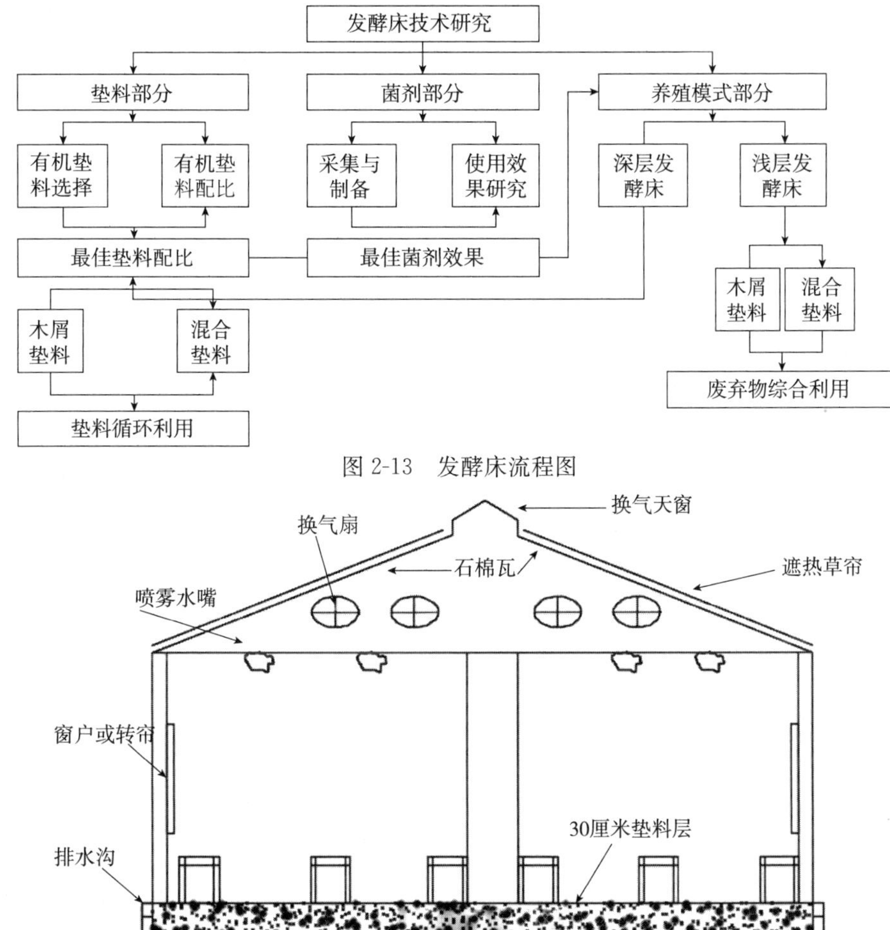

图 2-13 发酵床流程图

图 2-14 禽类发酵床圈舍示意图

（六）发酵床的日常管理

在日常饲养工作中，应加强垫料的翻耙，每周 1 次，发酵床的翻耙深度为 10～20 厘米（如果长期不翻，粪便很难被发酵处理，产生有害气体的同时出现发酵床的死床现象），并根据需要补充一定量的垫料与菌种。笼养蛋鸡人工翻耙，每两周 1 次，翻耙深度 10 厘米。

每批次出栏后，间隔 5～7 天对发酵床养殖栏周边用消毒药水和石灰进行一次处理，对发酵床进行一次全面的清翻（以便之后进雏后能充分发酵），并整理发酵床，打扫禽栏卫生及周边地带沟渠的卫生，检修饮水器、水箱、管道、沟渠等。

（七）发酵床养鸡的除臭

（1）优化日粮蛋白质和粗纤维的比例，提高饲料养分利用率，降低粪便中氨氮和硫化物含量，减少吲哚和粪臭素（3-甲基吲哚）的产生。

（2）在饲料中添加益生菌、酶制剂或植物活性提取物减少臭气产生。

（3）及时进行垫料翻拌，减少臭气产生。

（4）舍内产生较大臭味时可适当增加垫料厚度，或在垫料中添加沸石粉、丝兰属植物等原料除臭。

（5）可喷洒经农业农村部认证的除臭菌剂。

（八）发酵床垫料资源化利用

废弃垫料富含腐殖酸、有益微生物和作物所需的营养成分（$N+P_2O_5+K_2O\geqslant7\%$），主要利用方式如下：

（1）用作食用菌培养基主料，适用于生产食用菌的地区。

（2）旧垫料进行简单粉碎，打包后直接用作有机肥料，适用于小型养鸡场或大型农场。

（3）采用规范化工艺生产生物有机肥。

以1万只肉、蛋鸡规模化养殖场为例，可消纳每年生产粪肥所需农田面积分别约20亩、40亩。考虑运输成本、污染风险及本地消纳量等因素，有机肥和生物有机肥向周边农田输送的最优半径距离分别为150千米和300千米以内。发酵床腐熟垫料可直接用作有机肥或生产生物有机肥，应达到《畜禽粪便无害化处理技术规范》（NY/T 1168—2006）规定的卫生要求、《有机肥料》（NY 525—2012）或《生物有机肥》（NY 884—2012）规定的质量要求。

四、面源污染物减排效果

发酵床养鸡技术使得鸡的排泄物被有机垫料里的微生物迅速降解、消化，不需要对鸡的排泄物进行人工处理，更不需要粪便清扫、储存、处理设施和装备，能达到零排放。

在冬季气温8℃左右的情况下，预发酵发酵床垫料的温度维持在28℃左右。发酵床模式下舍内的氨气浓度比不铺设垫料的常规养殖模式降低14.6%，垫料中霉菌数量比对照组（不养鸡的垫料）降低38.68%。霉菌数量减少在发酵床养殖中意义重大，这有利于减少禽类呼吸道疾病的发生。

五、对生产的影响

发酵床养鸡改善了鸡舍内外的环境，提高了鸡群的生存质量，鸡的生产性能也大大提高。通过试验证明，发酵床养鸡能让每批鸡提前3～5天出栏，对提高中小型鸡场的鸡肉产量及品质有很大帮助。

六、经济效益分析

发酵床养鸡既节约人力资源，又节约水电和土地资源。集中式家禽发酵床无须建设污水池、发酵池、粪场等，可节约用地50%，同时减少舍内投资。以1 000只规模养殖大棚计算，舍内垫料等总投资5 000元左右（以垫料厚度40厘米计算），可连续使用3～5年，按4年计算，每年1 250元；而平养塑料网、空心砖、檩条、水泥等共需4 000元左右，使用2～3年，按2.5年计算，每年共需1 600元。微生物分解有机物的同时可产生大量的热量，平均每只减少用煤取暖费用0.2元以上。除此之外，每只鸡平均节约饲料0.2～0.4千克，直接增加经济效益0.5元以上。

发酵床养鸡技术还能提高鸡肉品质，通过采用生物环保养殖模式，可以减少药物投入，从饲养源头有效控制产品质量安全，提高产品市场竞争力。生物垫料可以多批次重复利用，使用后的垫料含有丰富的有机质，能制成有机肥料，备受菜农欢迎。

总之，与传统养鸡模式相比，发酵床养鸡模式经济效益显著。但是，如果大面积采用微生物发酵床技术，对垫料的需求将很大，必将对锯末、谷壳的市场供应产生巨大的影响。

七、潜在环境风险

在家禽粪污中，可能存在铜、锌等重金属超标的问题。如果长期大量施用，这些物质会在土壤中积累，并被作物吸收，最终富集于人体内，威胁人类健康，因此长期大量施用粪污的环境风险需要科学评估。此外，发酵床垫料层可能成为动物病原菌的滋生地，存在病害累积爆发的隐患。自然界存在着各种微生物，也包括各种病原菌。在传统养鸡模式下，养鸡场每天冲洗鸡舍，定期对鸡舍消毒，大大减少了微生物的存在，也能在很大程度上减少病原菌的存在；而在发酵床养鸡模式下，只对鸡舍及垫料表面进行消毒，垫料则可能成为微生物良好的繁殖场所。

八、推广政策建议

建议加强技术指导，在中小型规模养鸡场推广应用，既可对锯木、谷壳等废弃物有效利用，又解决了养鸡过程中造成的环境污染问题。

技术编写者及依托单位：耿兵、国辉　中国农业科学院农业环境与可持续发展研究所
联系电话：010-82106017
电子邮箱：gengbing2000@126.com

海河流域生猪原位发酵床养殖技术

一、技术概述

原位发酵床养殖技术是根据微生态理论，将自然环境中的益生菌按照一定的比例与谷壳、锯末、秸秆和一些活性剂混合发酵作为有机垫料层，猪排泄的粪尿被垫料中的益生菌分解转化成有机物质，从而达到零排放、无污染、资源循环利用的环保养殖目的。原位发酵床养殖技术以活性微生物作为物质能量转换中枢，利用活性微生物复合菌群，长期、持续、稳定地将动物粪尿完全降解为优质有机肥料和能量，从而解决养殖业产生的环境污染问题。

相比于传统养殖模式，原位发酵床养殖技术的优点在于：①降低环境污染。垫料中含有一定的活性有益微生物，能迅速并有效地降解、消化猪粪尿排泄物，基本达到零排放要求。②减少疫病，提高猪肉品质。原位发酵床猪舍各条件均适合猪只的生长。垫料中的益生菌对病原菌有拮抗作用，能降低猪感染疾病的概率，减少抗生素的使用，从而提高猪肉的品质。③提高饲料利用率。猪粪尿可被微生物分解转化为供猪拱食的有机物和菌体蛋白。④节工省本、提高效益。因为原位发酵床养猪技术不需要每天冲洗猪舍，在节水的同时节省了劳力。⑤变废为宝。垫料在超过最佳使用期限后，可作为原料通过发酵堆肥生产微生物有机肥。

二、技术适用范围与条件

本技术适合劳动力、作物秸秆充足地区。发酵床养殖对于生猪的地域要求并不严格，南、北方地区均可使用，建议存栏超过 3 000 头生猪的养殖场使用。

三、技术规程与流程

原位发酵床垫料主要由微生物菌剂及锯末、谷壳等农业有机废弃物组成，厚度一般为 60～90 厘米。将垫料各组分按比例混匀，堆积发酵至 60～70 ℃，然后将垫料摊开，即可发挥原位发酵床的粪尿消纳功能。原位发酵床垫料的温度一般保持在 40～50℃。废弃的垫料可进行资源转化，用于生产肥料、食用菌基质等产品。原位发酵床养殖技术最大的优势主要体现在粪污“零排放”（图 2-15）。

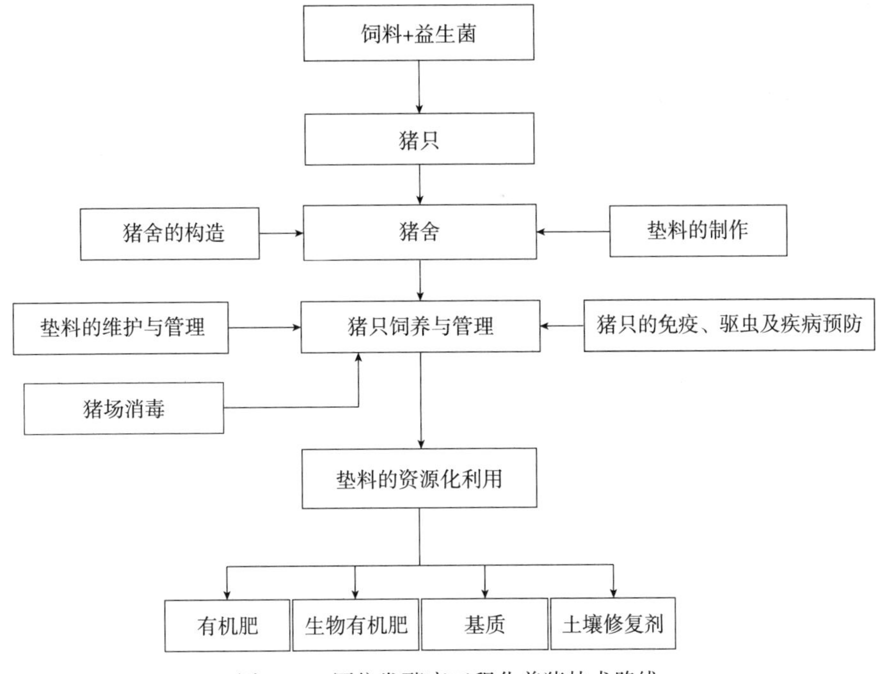

图 2-15　原位发酵床工程化养猪技术路线

(一) 原位发酵床养殖舍选址要求

1. **地理位置**　场址的位置尽量接近饲料产地，有较好的运输条件，要远离批发市场、屠宰加工企业、风景名胜地和交通要道等。一般要求距离畜产品加工厂至少 1 千米；距离主要公路 300 米以上，距离一般公路 100 米以上，且距离最近的村庄最好不少于 2 千米；高压线不得在养殖舍和保育舍上面通过。一般要求养殖舍东西走向、坐北朝南，充分采光，通风良好。

2. **地势与地形**　原位发酵床养殖场场址要求地势较高、干燥、平缓、向阳。场址至少高出当地历史洪水位线，其地下水位应在 2 米以下，这样可以避免洪水的威胁和减少因土壤毛细管水位上升而造成地面潮湿。地面坡度以 1%～3%较为理想。山区宜选择向阳坡地，不但利于排水，而且阳光充足，能减少冷气流的影响。

3. **土质**　原位发酵床养殖舍的土质除了要具有一定的承载能力外，还应具有透气透水性强、毛细管作用弱、吸湿性和导热性小、质地均匀的特点。

4. **水、电**　原位发酵床养殖由于不用频繁冲洗圈舍，所以主要用水量在于生猪的饮用水，保证垫料湿度、用具洗刷、员工和绿化用水即可。水质要良好，需达到人类饮用水标准。由于养殖舍多采用自然光线，养殖场用电只要保证相关设施设备用电和夜晚照明用电即可。

原位发酵床养殖对于生猪养殖的地域要求并不严格，但还是要因地制宜注意细节，如养殖舍的墙体要南薄北厚等。

(二) 原位发酵床猪舍结构

原位发酵床猪舍一般单列式分布，猪舍跨度一般为 8 米，最好不要超过 9 米（如果过宽投资成本会大幅增加）；长度根据实际情况而定，一般为 20 米左右，但不要超过 50 米（过长不利机械通风）；人行道宽 1 米，靠北。原位发酵床厚度一般为60～90 厘米，食槽一侧可设置水泥饲喂台。为便于猪群管理，一般每 7～8 米隔栏，可饲养猪只 40 头左右（图 2-16）。规范的原位发酵床猪舍一般要求通风、采光良好，呈东西走向，坐北朝南，单列式，南北可以敞开。南北墙可通透带卷帘，东西墙为实墙，分别设置水帘和风机。一般猪舍墙高 3 米，屋脊高 4.5 米，屋顶设喷淋装置。

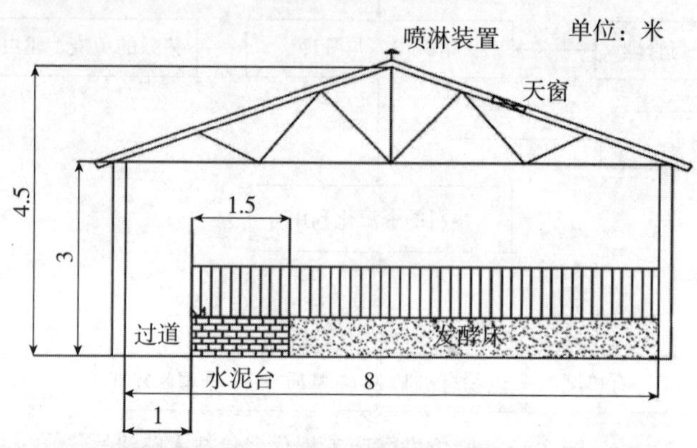

图 2-16　单列式室内原位发酵床猪舍剖面图和实景图

（三）原位发酵床垫料的筛选

根据发酵过程中优势菌种生物学特性及微生物对猪粪尿的分解作用，垫料原料筛选工作应主要考虑：①可溶性糖含量低；②粗纤维含量高；③铺设的垫床具有较高的孔隙度；④廉价易得；⑤谷类作物副产物要避免霉菌的污染和霉菌毒素的富集。常用的垫料原料一般为锯末、谷壳、玉米秸秆、小麦秸秆、玉米屑、菌渣等，目前南北方室内原位发酵床垫料原料用得较多的为前两种。

发酵床常用的垫料微生物菌剂以芽孢杆菌为主，本团队筛选的垫料微生物菌剂枯草芽孢杆菌如图 2-17 所示。

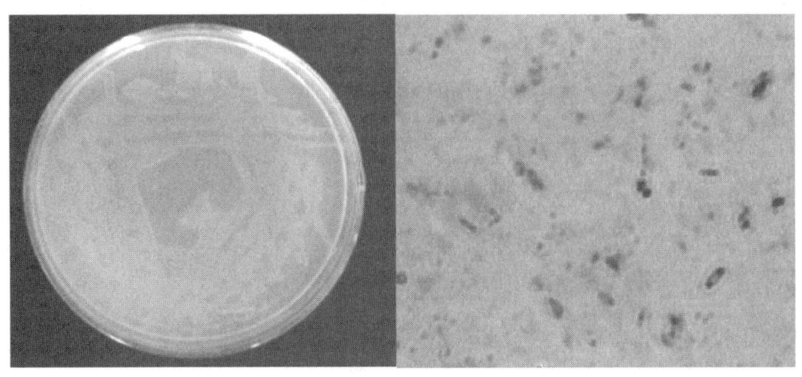

图 2-17　枯草芽孢杆菌

（四）原位发酵床制作

一般以两种垫料原料制作原位发酵床，垫料原料的配比一般为各 50%，微生物菌剂占垫料的质量比一般为 0.1%～0.2%；然后调整垫料湿度为 50%～60%进行堆置发酵（图 2-18）。

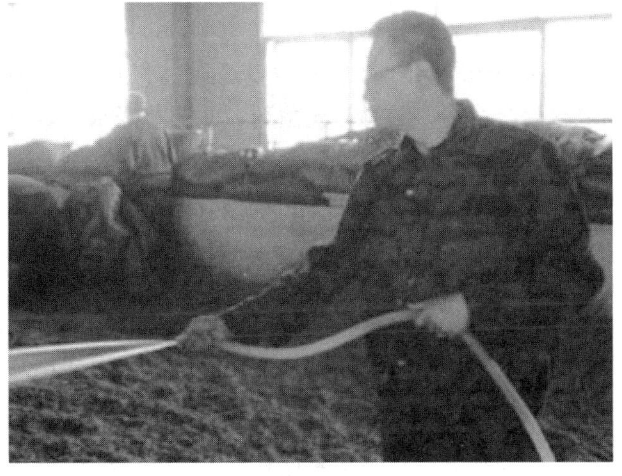

图 2-18　原位发酵床的制作

（五）原位发酵床垫料的维护和管理

原位发酵床维护的目的主要有两方面：一是保持原位发酵床正常微生态平衡，使有益微生物菌群始终处于优势地位；二是确保原位发酵床对猪粪尿的消化分解能力始终维持在较高水平。原位发酵床垫料的维护俗称养床，以维持垫床中微生物的活动在较活跃状态，维护过程主要涉及垫料通透性管理、水分调节及疏粪管理、垫料补充与更新等环节。

1. 垫料通透性管理　通过翻堆使垫料中的含氧量始终维持在正常水平。在日常饲养工作中，应加强垫料的翻倒（图 2-19），频率一般一周 1～2 次，翻倒深度为10～20 厘米。

如果长期不翻，粪便很难能被发酵处理，产生有害气体的同时出现原位发酵床的死床现象。

图 2-19 垫料翻倒

2. **垫料水分调节** 垫料合适的水分含量通常为 40%～50%，常规补水方式可以采用喷雾补水。

3. **疏粪管理** 将粪尿分散在垫料上，并与垫料混合均匀，保持原位发酵床水分的均匀一致，利于猪粪尿的分解转化。

4. **垫料补充与更新** 垫料减少量达到 10%后就要及时补充，补充的新料与原位发酵床上的垫料混合均匀，同时补充菌剂，并调节好水分。

四、面源污染物减排效果

（一）原位发酵床对猪舍面源污染物减排的影响

对比两个生猪养殖场猪舍面源污染物排放情况，Ⅰ号猪舍采用的是原位发酵床养殖技术，Ⅱ号猪舍采用的是传统养殖技术，对两个猪舍的排污口出水分别进行了指标检测（表 2-4）。Ⅰ号猪舍中垫料对猪粪尿进行了发酵，TP、COD、BOD_5、氨氮指标均明显低于Ⅱ号猪舍，甚至达到了地表水Ⅱ类标准，Ⅱ号猪舍的出水指标还达不到要求较低的集约化养殖排放标准；两个猪舍的出水 pH 均在排水标准范围内；Ⅰ号猪舍排水中的大肠杆菌数满足集约化养殖排放标准，而未达到地表水Ⅱ类标准，Ⅱ号猪舍排水中的大肠杆菌数远高于Ⅰ号猪舍。

表 2-4 猪舍环境卫生指标测定结果

指 标	Ⅰ号猪舍	Ⅱ号猪舍	集约化养殖排放标准	地表水Ⅱ类标准
TP（毫克/升）	0.03	9.6	8	0.1
COD（毫克/升）	15	530	400	15
BOD_5（毫克/升）	1.1	240	150	3
氨氮（毫克/升）	0.21	105	80	0.5

（续）

指　　标	Ⅰ号猪舍	Ⅱ号猪舍	集约化养殖排放标准	地表水Ⅱ类标准
pH	6.71	6.24	6～9	6～9
每100毫升含大肠杆菌（个）	500	≥24 000	1 000	200

注：采样点位为养殖场排污口。

综上所述，Ⅰ号猪舍排水只需处理其中的大肠杆菌就可以达到地表水Ⅱ类标准，而Ⅱ号猪舍则需进行多方面的处理。因此，相对于Ⅱ号猪舍，Ⅰ号猪舍大大节约了后期的处理费用。

（二）原位发酵床对猪舍内外环境卫生指标的影响

表2-5显示，Ⅰ号猪舍由于垫料发酵产热，舍内气温高于Ⅱ号猪舍1.95 ℃，但两个猪舍都明显低于舍外；Ⅰ号猪舍猪粪尿被垫料吸收发生生化反应，空气相对湿度降低，而Ⅱ号猪舍猪粪尿直接排放于地面，蒸发使空气相对湿度增高，但低于舍外；两个猪舍气流、光照度变化不大，但均明显低于舍外；Ⅰ号猪舍因原位发酵床有效降解了猪粪尿，舍内空气中氨、硫化氢浓度明显低于Ⅱ号猪舍；Ⅰ号猪舍内空气中微生物数量、微粒含量显著高于Ⅱ号猪舍，原因是Ⅰ号猪舍垫料中生长繁殖的微生物在翻垫料或猪拱翻垫料时附在微粒上悬浮于空气中，尤以饲喂（抢食扬尘）、翻料时最高；舍内空气中二氧化碳主要由猪呼出，Ⅰ号猪舍显著高于Ⅱ号猪舍，原因是Ⅰ号猪舍试验猪头数多于Ⅱ号猪舍，两者都明显高于舍外；由于两个猪舍处于同一养殖场且远离公路、厂矿企业，所以噪声主要来源于猪争斗、采食、走动等，两者变化不大，但均低于舍外。综上所述，两个猪舍的各项环境卫生指标均在育肥猪生长发育要求的适宜范围内，但相对于Ⅱ号猪舍，Ⅰ号猪舍各项环境卫生指标更接近于育肥猪生长发育要求的最适范围。另外，检测指标的值会因开窗、通风换气、饲喂采食、饮水、排便、翻混垫料等日常管理变化而变化。

表2-5　猪舍环境卫生指标测定结果

项　　目	Ⅰ号猪舍	Ⅱ号猪舍	舍外	适宜范围
气温（℃）	25.26	23.31	27.41	15～25
相对湿度（%）	50.23	60.70	72.06	50～80
气流速度（米/秒）	0.80	0.85	1.04	冬：0.1～0.2 夏：0.5～1.0
光照度（勒克斯）	48.36	47.95	83.47	40～50
空气中氨浓度（厘米^3/米^3）	9.09	18.60	0	40以下
空气中硫化氢浓度（厘米^3/米^3）	0.07	0.38	0	6.6以下
空气中微生物数量（百万单位/米^3）	123 200	21 500	0	—
空气中二氧化碳浓度（厘米^3/米^3）	1 095	567	312	1 500以下
噪声（分贝）	46.3	48.5	57.4	90以下
微粒（毫克/米^3）	5	2	0.89	—

五、对生产的影响

生猪生长性能测定主要包括日饲喂量、入栏时体重（初重）、出栏时体重（末重）、日增重、料重比。测定时间与方法：日饲喂量在饲喂前称重并记录，猪初重、末重分别在试验开始和结束时清晨空腹称重并记录。试验组 1、2、3 为原位发酵床养殖模式，传统养殖技术为对照组。

表 2-6 显示，试验组 1、2、3 猪初重与对照组间差异不显著，但试验组 1、2、3 猪末重与对照组间差异显著（$P<0.05$）。试验组 1、2、3 料重比比对照组分别降低 7.84%、9.33%、8.20%，与对照组间差异显著（$P<0.05$）；3 个试验组间差异不显著（$P>0.05$）。以上检测结果都表明，应用原位发酵床养猪技术对提高猪生长性能有明显影响，能促进猪的生长发育，缩短饲养时间。

表 2-6　试验猪生长性能结果

组别	猪数（头）	初重（千克/头）	末重（千克/头）	日增重（克/头）	料重比
试验组 1	20	27.48±2.14a	100.87±6.06a	408±116a	2.47±0.18b
试验组 2	20	27.51±2.12a	102.22±5.45a	415±123a	2.48±0.21b
试验组 3	20	27.40±2.09a	101.21±5.87a	410±118a	2.46±0.17b
对照组	20	27.43±2.15a	97.77±4.98b	390±121b	2.68±0.12a

六、经济效益分析

经济效益分析从两方面进行，即初期投资和养殖成本。原位发酵床猪舍初期投资较低，运行节约人力资源，又节省水电和土地资源，因此经济效益是明显的。原位发酵床养猪与传统养猪的效益对比分析如下：

1. 测算依据　猪舍建设 300 元/米^2，垫料 50～60 元/米^2（不同地区材料价格有所不同），育肥猪饲养密度 1.2～1.5 米^2/头。原位发酵床养猪技术 100 天出栏，每头猪净重 100 千克。原位发酵床猪舍垫料一次投入可用 2～3 年，之后在有益微生物的作用下，即成为天然的有机肥料，不但能改良土壤，而且能促进作物生长。

2. 成本分析（以存栏 1 000 头为例）

（1）初期投资。初期投资见表 2-7。

表 2-7　传统猪舍与发酵床猪舍初期投资对比

传统猪舍		发酵床猪舍	
投资项目	金额	投资项目	金额
①猪舍	与发酵床猪舍相当	①猪舍	与传统猪舍相当
②污水管线和污水处理设施建设	总投资约 15 万元，按 6 年折旧计算每年每栏为 0.833 万元	②垫料（稻壳、麦麸、锯末、菌种）	总投资约 9 万元，可使用 3 年，每年每栏为 1 万元

（2）养殖成本。育肥期养殖成本分析（100 天全价饲料单价为 0.6 元/千克）：传统养猪每 1 000 头投入总成本为 65.633 万元（表 2-8），发酵床猪舍养猪每 1 000 头投入总成本为 50.48 万元，发酵床猪舍养猪每 1 000 头比传统养猪减少成本 15.153 万元。

表 2-8　传统猪舍与发酵床猪舍运行费用对比

单位：万元

投资项目	传统猪舍	发酵床猪舍
饲料费用	60	48
医药费	2	0.5
人工费	1.6	0.8
电费	0.4	0.1
水费	0.4	0.08
污水处理设施运转费	0.4	0
合计	64.8	49.48

3. 传统养猪猪粪与发酵床垫料收益分析

（1）传统养猪猪粪收益。以每头猪每年收入 30 元计算，1 000 头猪每年收入 3 万元。

（2）发酵床垫料收益。垫料质量以 0.5 吨/米^2 计算。如果用后的垫料直接卖给专业服务公司，专业服务公司一般以 150 元/吨的价格与养殖企业签订合同，垫料收益为 3.75 万元/年。如果养猪企业自行加工垫料做成有机肥，以市场价格 600 元/吨计算，则收益为 15 万元/年。

（3）发酵床猪舍与传统养猪收益对比。如果发酵床垫料直接卖给服务公司，收益比传统养猪猪粪收益高 0.75 万元/年；如果自行加工，增收 12 万元/年。

4. 降低死亡率　发酵床养猪技术可大大降低死亡率，增加养殖户的经济效益。同时，也减少了病死猪流向社会对人们健康造成的损害。

5. 总增加效益　与传统养猪技术相比，原位发酵床养猪技术为猪提供一个良好的生长环境，可以做到猪舍四季无臭味、猪圈卫生干净，因此生猪增重效益明显。此外，如果发酵好的垫料直接卖给服务企业，1 000 头猪每年的总增加效益（降低养殖成本收益+垫料收益）为 15.903 万元；如果自行加工有机肥销售，1 000 头猪每年的总增加效益为 27.153 万元。

目前，养猪场使用的原位发酵床垫料主要为谷壳和木屑，谷壳主要来源于大米加工业，木屑则主要来源于木材加工业。每头猪饲养面积需 1.2～1.5 米^2，使用垫料厚度40～80 厘米，所需垫料为 0.48～1.20 米^3，其中 50%为木屑，则需木屑 0.24～0.60 米^3。按一个存栏 1 000 头的养猪场来计算，则需木屑 200～400 米^3。如果普遍采用原位发酵床技术，对垫料资源的需求将是庞大的，必将引起垫料原料价格的大幅上涨。因此，寻找原位发酵床垫料的替代原料势在必行。

七、潜在环境风险

对我国 7 个省份的典型规模化养殖场生猪粪便的主要成分分析结果表明，猪粪中土霉素平均含量为 9.09 毫克/千克，最高达 134.75 毫克/千克；四环素平均含量为 5.22 毫克/千克，最高达 78.57 毫克/千克；金霉素平均含量为 3.57 毫克/千克，最高达 121.78 毫克/千克。由于含 Zn 和 Cu 等重金属的添加剂可改善猪的生长性能，而大部分重金属元素会直接排出猪体，进入生猪体内 90%的 Cu 元素和 90%～95%的 Zn 元素将从粪便中排出。有研究表明，连续 4 年施用猪粪的温室，土壤中 Cu 和 Zn 积累，Pb、Cd、Ni 和 Cr 有积累的风险；土壤 pH 降低；部分温室生产的番茄和黄瓜 As 含量超标。若连续以每年 150 米^3/公顷的猪粪施用于该研究区蔬菜温室，土壤中全 Cu 和全 Zn 含量分别经过 10 年和 15 年可能超过国家农田土壤二级标准。采用原位发酵床养猪，这些未被利用的抗生素、重金属就会全部吸收在垫料中，从而大量累积。因此，原位发酵床垫料连续使用时限不应超过 3 年，该技术评估概况见表 2-9。

表 2-9 海河流域生猪原位发酵床养殖技术污染控制评估

技术名称	技术适用条件	面源污染物减排			生产影响	经济效益	环境风险
		COD	TP	氨氮			
生猪原位发酵床养殖技术	海河流域大部分地区	废旧垫料资源化利用实现污染低排放，COD 削减 95%	废旧垫料资源化利用实现污染低排放，TP 削减 95%	废旧垫料资源化利用实现污染低排放，氨氮削减 95%	便于管理，有利于提高生猪的增重效益	垫料加工成有机肥销售，1 000头猪每年的总增加效益为 27.15 万元	抗生素、重金属的残留风险需要注意

目前，处理生猪原位发酵床废弃垫料最简单直接的方法就是将其当作有机肥利用。然而，由于养猪场一般都地处比较偏远的地方，运输成本较高，加之农产品价格原因，有机肥的销量也十分有限；再者，多数养猪场经营比较专一，对有机肥的市场状况缺乏相应的了解，也缺乏相应的使用或经营条件。因而，有些养猪场只好把出栏垫料堆积闲置，形成新的废弃物污染和资源浪费。

八、推广政策建议

（一）制定资金扶持政策，加大推广力度

政府部门应制定资金扶持政策，设立原位发酵床养殖技术推广基金，对利用该技术建设的标准化规模养殖场和适度规模养殖户进行扶持。同时，对已经建立原位发酵床养殖技术的养殖场给予一定的税收和信贷等方面优惠政策支持。合理开发土地资源，积极引导养殖户应用该项技术建立养殖场。

（二）增强科技支撑作用，加快成果转化

在充分整合和利用现有科技资源的基础上，尽快建立和完善原位发酵床养殖技术推广体系-生猪养殖废弃物控制与资源化产业链联盟。由科研院所负责技术支撑，养殖企业负责技术应用和推广，地方政府负责协调管理。通过联盟培育养殖污染控制与有机废弃物资源化利用为一体的生物环保企业，包括养殖系列微生物菌剂生产厂、生态饲料厂、作物秸秆垫料化加工厂、垫料生物肥药化加工厂、无公害畜产品的屠宰与深加工厂和无公害茶叶、蔬菜、果树等农产品生产基地等。通过联盟加快科研成果转化，利用试点示范、教育培训等方式，促进养殖污染生态控制与农业有机废弃物资源化技术的应用。

（三）加大宣传、教育与培训力度

开展多层次、多形式的农村环境保护知识宣传教育，树立生态文明理念，提高农民的环境保护意识，调动农民参与农村环境保护的积极性和主动性。通过行政推动、政策扶持等有效措施，选择一批养殖场，并根据养殖场的基础及现存模式合理建设与改造，做好试点推广工作。加强原位发酵床养殖技术的指导、技术资料编写和培训工作，及时研究解决工作实际中遇到的困难和问题。定期组织技术人员和养殖业主召开座谈会，通报技术推广情况，交流经验、促进推广工作。通过全方位的服务，全面推进原位发酵床养殖技术，开创高科技、无害化、节能源、省人力、增效益的养殖新局面。

技术编写者及依托单位：耿兵　中国农业科学院农业环境与可持续发展研究所
联系电话：010-82106017
电子邮箱：gengbing2000@126.com

松花江流域环境友好型奶牛养殖整装技术

一、技术概述

将优质全株玉米青贮饲料应用到奶牛养殖中，能提高粗饲料质量，提升奶牛对饲料的消化率，减少奶牛采食量，降低奶牛粪便产生量及主要污染物含量，实现源头减排。根据松花江流域特殊区位特点，针对高寒地区养殖企业的干清粪、水泡粪、水冲粪的工艺特色进行广泛调研，通过清粪时间、清粪量与粪便水分、氮磷含量及运行成本的比较，提出适合松花江流域的粪污清理技术方案。根据松花江流域全年气候变化特点，开展静态堆肥、强制通风堆肥、机械搅拌堆肥等好氧堆肥技术，通过堆肥效果及全年运转情况的综合分析，形成适合松花江流域不同养殖规模的粪污综合利用模式。同时，应用粪污发酵后的基质栽培食用菌，延长粪污处理产业链，提升经济效益。通过以上几种技术的组装，形成松花江流域养殖业面源污染防控共性与整装技术，实现从源头减少污染排放，将粪污进行低成本无害化处理，变废为宝，发展多种消纳模式。

二、技术适用范围与条件

本技术适合北方寒区规模为250～500头的奶牛、肉牛养殖场，适合劳动力、作物秸秆充足地区。

三、技术规程

（一）全株玉米青贮关键技术

1. 简介 全株玉米青贮就是将玉米秸秆和果穗一起铡碎，装入密封容器内压实封严，厌氧发酵后而制成的青贮饲料。全株玉米青贮刈割时间早，质地柔软，容易消化，消化率提高10%左右，尤其是淀粉含量高，具有较高的营养价值。青贮玉米具有酸香味，适口性好。制作中要切实把握好关键技术，确保青贮饲料的质量。对于奶牛养殖来说，长期饲喂全株玉米青贮饲料还有很多好处：奶牛发情期规律，排卵正常，配种准胎率提高，产犊间隔缩短，从而提高牛场的管理水平，提升经济效益。

2. 全株玉米青贮的制作

（1）青贮场地和青贮容器。①青贮场地应选在地势高燥、排水容易、地下水位低、取用方便的地方。②青贮容器种类很多，有青贮塔、青贮壕（大型养殖场多采用）、青贮窖（长窖、圆窖）、水泥池（地下、半地下）、青贮袋以及青贮窖袋等。养殖户要根据养殖及地方的实际情况选择不同的青贮容器，在东北地区建议使用青贮窖。

（2）玉米青贮的刈割。①刈割时间。把握好青贮玉米的刈割时间是控制好青贮质量的前提。全株玉米青贮最佳刈割时间是在玉米籽实蜡熟期，整株下部有4～5片叶变成棕色时刈割（图2-20）。实践证明，青贮玉米的干物质含量为30%～35%时，青贮效果最为理想，在松花江流域一般为9月20日左右。②刈割高度。玉米青贮刈割高度通常以10～15厘米为好，如果连根刨起，带有泥土，就会严重影响青贮的质量。此外，玉米秸秆靠近根部的部分木质素含量较高，青贮质量较差。有资料显示，高茬刈割比低茬刈割中性洗涤纤维含量降低8.7%，粗蛋白质含量提高2.3%，淀粉含量提高6.7%，产奶净能提高2.7%。

图2-20　青贮刈割最佳时间

（3）玉米青贮铡碎长度。干物质含量在35%以下的整株玉米，一般可以铡至1.0～1.5厘米；干物质含量在35%以上很难被压实的整株玉米，最好铡至0.5～1.0厘米；干物质含量低于20%要长些。当全株玉米干物质含量超过30%时，需使用籽粒破碎功能（图2-21）。

图2-21　玉米青贮铡碎

（4）玉米青贮的调制。青贮发酵是一个较难控制的过程，发酵可使饲料的养分保存量降低。全株玉米青贮投入大，在制作中，添加青贮添加剂可以改善青贮过程，提高青贮质量（图 2-22）。

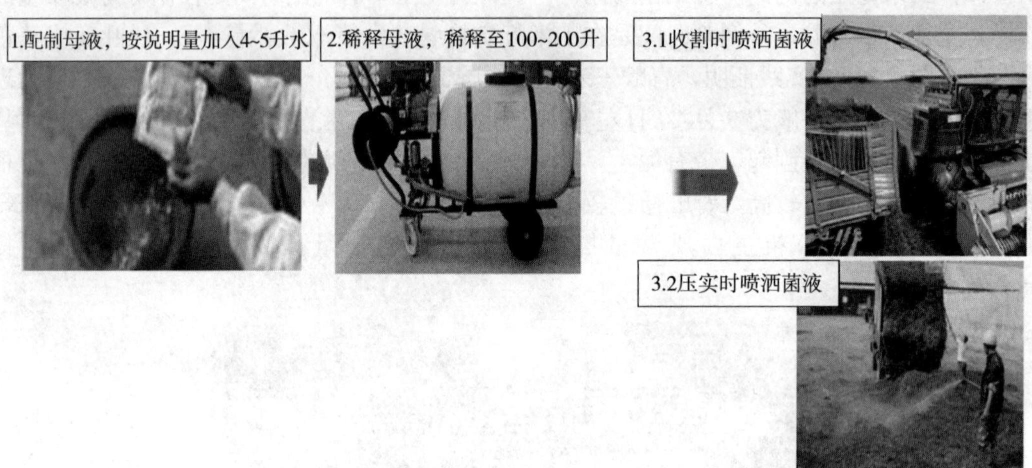

图 2-22 青贮调制

发酵刺激物：发酵刺激物包括微生物接种剂和酶等。青贮发酵很大程度上取决于控制发酵过程的微生物种类，纯乳酸发酵在理论上可保存100%的干物质与99%的能量。青贮过程中添加微生物接种剂来加速乳酸发酵，从而达到控制发酵，进而生产出优质青贮饲料的目的。试验证明，接种青贮微生物发酵，奶牛对青贮干物质的采食量提高 4.8%，产奶量比对照组提高 4.6%。常用的青贮接种剂包括：植物乳杆菌、嗜酸乳杆菌、嗜乳酸小球菌、粪大肠杆菌等。将益康生物菌剂按 1：500 比例进行稀释，每 10 厘米喷湿 1 次，在封窖表面进行双倍喷湿。

发酵抑制物：丙酸具有极强抑制真菌活动的能力，它能显著减少引起青贮有氧变质的酵母和霉菌数量。丙酸的添加量随玉米青贮的含水量、贮藏期以及是否与其他防霉剂混合使用而变化，添加量过大也会抑制青贮发酵。丙酸具有腐蚀性，在实际生产中常使用其酸性盐，如丙酸氨、丙酸钠、丙酸钙，其用量为青贮饲料质量的 0.5%～1.0%。

养分添加剂：养分添加剂主要是氨和尿素等。添加氨和尿素可以使青贮的保存期延长，增加廉价的蛋白质，减少青贮中蛋白质的降解，减少青贮过程中发霉和发热的发生。添加氨和尿素必须在青贮过程中喷洒均匀，添加量应根据玉米青贮干物质含量的不同而变化，含水量越少添加量越高，适宜添加量是 2.3～2.7 千克/吨 35%干物质的青贮，2.0～2.3 千克/吨 30%干物质的青贮。注意干物质超过 45%的青贮不要添加氨和尿素，较干的原料会限制发酵，使正常的发酵中断。

（5）装窖。

青贮窖的深度：青贮窖的深度要考虑地下水位限制、取料方便、易于排水管理等因素，地上青贮窖适合规模养牛场。青贮窖地上部分要保证 3 米左右。

青贮窖的宽度：青贮窖的宽度应取决于取料速度或养殖规模，全部夏季饲料通常取用窖宽表面 30～45 厘米厚的青贮料，全部冬季饲料通常取用窖宽表面 15～20 厘米厚的青贮料。青贮窖宽度小，装填、密封快速，可以促进更快、更好发酵；取料面小易于管理，干物质损失少，二次发酵的机会就少，能保证奶牛每天吃到新鲜的青贮饲料。

玉米青贮的密度：制作青贮必须压实、封严，达到一定的密度。采用渐进式楔形方式青贮，每装填 15～20 厘米用重型机械进行压实；在青贮原料装满后，还需继续装至原料高出窖的边沿 50 厘米左右，然后用塑料薄膜封盖；再在上用泥土压实，泥土厚度 30～40 厘米，使窖顶隆起。这样会使青贮原料中空气减少，提高青贮质量。质量好的全株玉米青贮密度应达到 600～750 千克/米^3。

装窖时间：玉米青贮一旦开始，就要集中人力、物力，使刈割、运输、切碎、装窖、压实、密封连续进行。快速装窖和封顶，可以缩短青贮过程中有氧发酵的时间；并且装窖均匀、压实，可以提高青贮饲料的质量（图 2-23、图 2-24）。

图 2-23　青贮装窖、压实

图 2-24　青贮窖密封

青贮窖的维护：随着青贮的成熟及土层压力，窖内青贮饲料会慢慢下沉，土层上会出现裂缝，出现露气，如遇雨天，雨水会从缝隙渗入，使青贮饲料败坏。有时因装窖时踩踏不实，时间稍长，青贮窖出现窖面低于地面的情况，雨天会积水。因此，要随时观察青贮窖，发现裂缝或下沉，要及时覆土，以保证青贮成功。

开窖时间：青贮原料必须经过一定时间的发酵才能充分完成青贮过程。青贮微生物的发酵过程需要一定的时间和发酵条件，要做好玉米带穗青贮，必须尽快满足乳酸菌的发酵，控制非乳酸发酵时间和条件。青贮饲料封窖后，一般经过 40～50 天就能完成发酵，之后可开窖取用。

3. 青贮饲料品质的检测

(1) 颜色。优良品质的青贮饲料颜色呈青绿或黄绿，有光泽，近于原色；中等品质的青贮饲料颜色呈黄褐或暗褐色；劣等品质的青贮饲料呈黑色、褐色或墨绿色。

(2) 气味。优良品质的青贮饲料具有芳香酸味；中等品质的青贮饲料香味淡或有刺鼻的酸味；劣等品质的青贮饲料为霉味、刺鼻腐臭味。

(3) 质地与结构。优良品质的青贮饲料柔软，易分离，湿润，紧密，茎叶花保持原状；中等品质的青贮饲料柔软，水分多，茎叶花部分保持原状；劣等品质的青贮饲料呈黏块、污泥状，无结构。

此外，青贮玉米制作完成后，还要进行黄曲霉毒素（20 微克/千克）、呕吐毒素（6 微克/千克）、T-2 毒素（100 微克/千克）、玉米烯酮（300 微克/千克）检测，检测合格的产品才可以用于生产。

4. 青贮饲料制作成功的关键

(1) 原料要有一定的含水量。一般制作青贮的原料水分含量应保持 65%～70%，低于或高于这个含水量，均不易青贮。

(2) 原料要有一定的糖分含量。一般要求原料含糖量不得低于 1.0%～1.5%，下部叶片干枯 3～4 片，留茬 15～20 厘米（视土地平整程度适当降低）。

(3) 青贮时间要短。缩短青贮时间最有效的办法是快，一般青贮过程应在 3 天内完成。这样就要求快收、快运、快切、快装、快踏、快封。

(4) 压实。粉碎长度 1～2 厘米（干物质含量越高粉碎越细），在装窖时一定要将青贮饲料压实，尽量排出饲料内空气，尽可能地创造厌氧环境。生产中经常忽视这点，应特别注意，密度控制在 600～750 千克/米^3（不能低于 600 千克/米^3）。

(5) 密封。青贮容器不能漏水、漏气。

良好的青贮状态如图 2-25 所示。

图 2-25 青贮状态

(二) 松花江流域牛场清粪技术

1. 简介 黑龙江省规模化养殖场目前存在的主要清粪工艺有 3 种：水冲粪、水泡粪

（自流式）和干清粪。

（1）水冲粪。水冲粪工艺最早是由欧美等发达国家发展起来的，由于劳动力缺乏，为了减轻劳动强度，从 20 世纪 70 年代起普遍采用这种方式，工艺流程是：粪尿污水混合进入缝隙地板下的粪沟，每天数次从沟端的水喷头放水冲洗，粪水顺粪沟流入粪便主干沟，进入地下贮粪池或用泵抽吸到地面贮粪池。

（2）水泡粪。水泡粪工艺是在水冲粪工艺的基础上改造而来的，工艺流程是：在畜舍内的排粪沟中注入一定量的水，粪尿、冲洗和饲养管理用水一并排放到缝隙地板下的粪沟中，储存一定时间（一般为 1～2 个月），待粪沟装满后，打开出口的闸门，将沟中粪水排出，粪水顺粪沟流入粪便主干沟，进入地下贮粪池或用泵抽吸到地面贮粪池。

（3）干清粪。干清粪工艺分为人工清粪和机械清粪两种，机械清粪包括铲式清粪和刮板清粪，工艺流程是：粪便一经产生便分流，干粪由机械或人工收集、清扫、运走，尿及冲洗水则从下水道流出，分别进行处理。

2. **清粪技术比较** 对松花江流域齐齐哈尔科菲特奶牛场、孙吴县新宇牧业、孙吴县天成肉牛养殖合作社、齐齐哈尔梅里斯区玉鹏奶牛饲养专业合作社、齐齐哈尔梅里斯区远航奶牛养殖场、哈尔滨松花江奶牛场、肇东县东昌奶牛场进行了详细调研，其中齐齐哈尔科菲特奶牛场、肇东县东昌奶牛场为采用干清粪技术，孙吴县新宇牧业、孙吴县天成肉牛养殖合作社采用菌床养殖，齐齐哈尔梅里斯区玉鹏奶牛饲养专业合作社采用水泡粪工艺，齐齐哈尔梅里斯区远航奶牛养殖场采用水冲粪工艺。以下通过费用指标及粪污清理效果指标，对 3 种清理方式进行了评价。

（1）效果评价。本评价用货币指标度量费用，用物理指标和定性分析度量效果。

费用指标：工程投资、运行费用等。

效果指标：目前应用状况、工作方式、耗水量、粪污总量、污染物浓度、粪污处理方式、后处理难易程度、肥料价值、粪便在畜舍中停留时间、人畜的健康影响、环境影响、技术含量及成熟性等。

效果指标全部采用静态指标，并将优缺点压缩为简单的判断语，通过费用统计和各方案的优缺点分析，建立各方案与指标对照的矩阵（表 2-10、表 2-11）。

表 2-10 清粪费用指标

清粪工艺	运行成本	每天清粪次数（冬季/夏季）	清粪量
水冲粪	75 元/天	4 次/2 次	7 100 千克/天
干清粪	35 元/天	2 次/2 次	4 000 千克/天
水泡粪	6 000 元/次	0（冬季停止运转）/每月 1 次	150 000 千克/月

注：调研对象为 100 头泌乳牛舍。

表 2-11 清粪效果评价

项目	水冲粪	水泡粪	干清粪
工作方式	粪沟	排粪池	机械或人工
耗水量	大	较大	小

（续）

项目	水冲粪	水泡粪	干清粪
粪污总量	大	较大	小
污染物浓度	较大	小	大
粪污处理方式	合并处理	合并处理	分开处理
后处理难易程度	大	较大	小
肥料价值	较小	小	大
粪便在畜舍中停留时间	较长	长	短
人畜的健康影响	较大	大	小
环境影响	较大	大	小
技术含量及成熟性		无明显差别	

（2）结果与分析。3 种清粪工艺的结果如下：

水冲粪工艺：水冲粪工艺耗水量是 3 种清粪方式中最大的，不便于后续的厌氧和好氧处理，要求各处理单元的容积特别大，工程投资和运行费用均很高，固液分离出来的固体肥料价值却很低，我国南方地区目前较多采用这种方式。该工艺的优点仅为减轻劳动强度，劳动力要求低。松花江流域冬季结冰严重，不适合此技术的推广。

水泡粪工艺：水泡粪工艺耗水量在 3 种工艺中比水冲粪工艺低，而高于干清粪工艺。该工艺优点为较水冲粪工艺节省了部分水，然而由于粪便长时间在畜舍中停留，容易发生厌氧发酵，产生大量的有害气体如硫化氢、甲烷等，危及动物和饲养人员的健康。松花江流域由于冬季结冰严重，此技术只能在夏季运行，而且此技术配套的厌氧发酵技术由于气候原因在松花江流域应用成本很高，故也不推荐这种工艺。

干清粪工艺：从费用指标上可知，干清粪工艺投资比较高，但是在 3 种工艺中耗水量最少，粪污总量最小，污染物浓度最低。干清粪工艺由于采用粪污分开处理，后处理难易程度降低，而且该工艺可保持畜舍内清洁，无臭味，对人畜危害最小。采用干清粪，粪尿直接分离，未经大量的水稀释，养分损失小，最大限度地保存了它的肥料价值。同时，该工艺适合松花江流域冬季易结冰的气候特点，也适合黑龙江省作物一般施用固态有机肥的特点，这是目前比较理想的一种清粪工艺。

3. 干清粪工艺优势 这 3 种工艺在不同时期不同地区有各自的适用性，但是：①松花江流域地处高纬度地区，冬季寒冷，结冰情况严重，导致水清粪工艺、水泡粪工艺不能有效应用；②松花江流域作物施肥种类主要为固态有机肥料，应用水泡粪工艺和水冲粪工艺产生的粪污进行固液分离较困难，后续配套厌氧发酵池、沼气池等技术在松花江流域应用成本高；③干清粪工艺与水冲粪工艺、水泡粪工艺相比较，具有运行费用低、清粪量少、肥料价值高、后处理较容易、对人畜影响小等优点。该工艺可以及时、有效地清除畜舍内的粪便、尿液，保持畜舍环境卫生，减少粪污清理过程中的用水、用电，保持固体粪便的营养，提高有机肥肥效，降低后续粪尿处理的成本。因此，松花江流域奶牛场采用干清粪工艺是最佳的选择。

（三）生物菌床养牛技术

1. 简介 生物菌床技术是黑龙江省农业科学院畜牧研究所在引进日本“自然农法”的 EM 菌研究成果的基础上，试验、完成的一种养殖方式。生物菌床养殖具有环保、改善舍内环境、减少疾病发生、提高饲料利用率、提高生长速度、节省养殖成本及减小劳动强度等优点。

生物菌床养牛的原理是：在舍内铺设一定厚度的谷壳、锯末和发酵菌种等混合垫料，把牛饲养在垫料上面，牛排出的粪尿在垫料内经微生物发酵被迅速降解（图 2-26）。在发酵过程中，产生的热能能提高舍内温度，同时有害或有异味的物质通过发酵变成无害或无异味的物质，使舍内无异味、粪尿零排放。

图 2-26 生物菌床养牛

垫料中的有益菌会通过牛采食进入肠道，有益菌群相互作用而产生的代谢物质如淀粉酶、蛋白酶、纤维酶等有利于提高动物对饲料的利用。同时，有益微生物发酵还能耗去肠道内的氧气，给乳酸菌等有益微生物的繁殖创造了良好的生长环境，促进肠道的乳酸菌等大量繁殖，从而改善肠道的微生态平衡，增强牛的抗病能力，提高对饲料的吸收率，降低粪尿的臭味。

有害菌适宜的生存环境多为中性或偏碱性，而在垫料深部厌氧菌（如酵母菌等）通过厌氧发酵，会产生很多酸性物质，抑制了有害菌的生长，减少了疾病的发生。

此外，生物菌床养牛产生的粪尿直接排到垫料中，经微生物发酵、分解变为有机肥料，回施到农田，可被作物直接利用，而不用再做堆肥处理。

2. 生物菌床养牛的优点

（1）减少环境污染。粪尿在生物菌床中直接快速分解，不需要其他处理就能达到粪尿的无污染处理。

（2）改善舍内环境。粪尿中有大量的热能，在微生物分解的作用下释放出来，可提高舍内温度。垫料能够提高体感温度 8～10℃。生物菌床养牛能解决冬季舍内温度过低、通风不良等问题，当冬季舍内温度高于 5℃时，不会影响牛的生长。

微生物能利用粪尿中有异味的物质，如氨气、粪臭素等。这些物质被微生物利用后，就不会释放到空气中，使舍内没有异味，生活环境得到极大改善，利于生产潜力的发挥。

生物菌床养牛不用水冲洗粪尿，使舍内的湿度较低。同时，冬季舍内温度相对较高，可以加大通风量，所以在冬季能降低舍内湿度，使舍内保持较干燥的环境。

(3) 减少疾病的发生。在生物菌床中，有益微生物占主要地位，这样就抑制了有害微生物的繁殖，减少传染性疾病的发生。

氨气等有害气体能刺激呼吸道，使牛的呼吸道疾病更容易发生。微生物能利用粪尿中分解的氨气合成蛋白质，减少氨气的释放，从而减少春季、秋季及冬季呼吸道疾病的发生。

垫料较柔软，减少了牛的蹄部损伤疾病的发生。

(4) 提高饲料利用率及生长速度。生物菌床内的有益微生物可以在牛的消化道内占位，在抑制有害菌繁殖的同时，可以提高饲料的利用率，减少饲养成本。

生物菌床养牛极大改善了生活环境，使牛能在适宜的温度及湿度环境中生活，更利于生产潜力的发挥。

牛肠道内的微生物能分解纤维合成维生素，提高对维生素的利用。

(5) 节省成本。在舍内达到同样的环境条件下，建筑成本相对较低。

不用水冲洗粪尿，可以节约 90%的用水量。

利用粪尿分解产热，节省部分冬季的取暖费用。

(6) 降低饲养人员的劳动强度。不用定时清除粪便，减少饲养人员的工作次数，使饲养人员的工作时间灵活安排。

3. 生物菌床的制作方法

(1) 垫料的制作。垫料配比：每平方米需发酵菌种（稀释后）0.5 千克、发酵活性剂 0.6 千克、水（深井水或放置 24 小时后的自来水）70～80 千克、锯末（可加入 50%稻壳）100 千克、麦麸或米糠（也可以不加，加入效果更好）1 千克。把发酵菌种和发酵活性剂溶于水中，把水拌入锯末中（图 2-27）。把以上原料搅拌均匀后，即可填入垫料坑中。

图 2-27 菌床喷菌

（2）生物菌床的制作。 制作生物菌床一般包括：①制作垫料坑。舍内挖垫料坑，深0.7～0.9米，宽度不小于3.5米；也可以直接在地面上建造（图2-28）。②制作秸秆层。用玉米秸秆铺垫垫料坑，铺垫高度为距离地面30～40厘米，踏实并用稻壳溜严缝隙，防止下陷过多。如果原料充足，也可以直接用锯末、稻壳混合料，不用秸秆。③制作垫料层。把搅拌好的垫料铺垫在秸秆层上，总高度为65～75厘米。④进牛时间。如果条件允许，夏季经过2天后，就可进牛；春秋季节，当室温低于15℃时，垫料上层铺设麻袋，过3天后，垫料深30厘米处温度高于25℃时就可进牛。如果垫料铺好后立即让牛入舍，表面干燥，可先洒水，以牛奔跑不扬尘为宜。平均每头成年牛（500千克重）占地15～20米^2，小牛可根据粪尿量来增加饲养密度（图2-29）。

图2-28　舍内挖垫料坑

图2-29　掌握好生物容积率再进牛

4. 制作生物菌床时的注意事项

（1）第一次填垫料时，每平方米所需锯末为70～80千克，进牛一段时间后，垫料会下沉，下沉时要补充新的垫料。因此，准备锯末要按每平方米100千克做预算。

（2）进牛后的1周内，垫料温度不断上升，这段时间内不要翻动菌床；1周后，距离床面30厘米处的温度达到35℃以上时，全面翻动1次生物菌床，深度为30～40厘米，如图2-30所示。

（3）根据季节调节水分，夏季可以稍微多点，冬季可以少点，但水分要控制在40%～

图 2-30 翻动菌床

45%。调节垫料水分含量以用手攥能成团、不出水珠，松开手后垫料散开为佳。

（4）垫料发酵的深度为在菌床下 15～50 厘米（夏季）、20～45 厘米（冬季），所以垫料层厚 45～50 厘米就足够。

（5）垫料层下的秸秆层主要起保温和渗水的作用，厚度 20～40 厘米为好。

（6）由于牛在生物菌床上活动会对生物菌床有压力，秸秆层会被压实，造成床面下降，所以在制作秸秆层时，尽量要压实，不留缝隙。

5. 生物菌床的日常管理

（1）每月用菌种（黑农科益康益生菌）按比例 1∶200 的水喷洒床面，喷洒后全面翻动垫料，深度 30～40 厘米。

（2）当床面过硬时，要翻动硬的地方，使其变得松软。

（3）当牛出栏时，清除上层 10～15 厘米的垫料，制作肥料。另外，补充新的垫料再进牛。

6. 生物菌床管理注意事项

（1）生物菌床日常管理注意事项。①注意不要让过多的水进入生物菌床中，如注意饮水器不能漏水，注意下雨天不要让水倒流入菌床中等。②硬结的垫料要及时松动，否则影响产热和发酵。③粪尿及过湿的垫料要及时填埋到较干燥的垫料中，促进粪尿的及时发酵。④注意垫料不要过于干燥，一方面影响发酵效果，另一方面容易引发牛呼吸道疾病。如果过干时，适量喷洒一些水来调节。⑤垫料下沉时，如果不影响采食和饮水，不用加垫料；如果有影响，需加垫料垫高。

（2）春季的管理注意事项。①天气暖和时，加强通风的同时，要经常翻动垫料，促进生物菌床发酵。②加强生物菌床的护理。

（3）夏季的管理注意事项。①注意垫料水分不能过干，否则影响发酵。②当天气热时，可在床面上洒水，用来降温。③下雨天时，注意防止雨水倒灌。④加大通风来降温。⑤注意防晒。

（4）秋季的管理注意事项。①在入冬前，清理生物菌床上层 10 厘米的垫料，补充新垫料。②秋季雨水多时，注意防止雨水进入菌床。③注意垫料水分，不要过干，也不要过湿。④10 月时，做好舍内保温工作。

（5）冬季的管理注意事项。①注意保温，舍温不要低于 8℃，否则影响发酵效果。②注意合理通风，保持舍内干燥。③护理生物菌床时，可以加大菌液浓度，减少水的用量。④舍内温度低时，可翻动垫料，通过垫料散热来增加舍内温度。⑤当垫料水分过大时，加入干的新垫料来减少水分含量。

（四）利用强制通风进行粪污发酵及生产食用菌关键技术

1. 简介 强制通风粪污发酵技术是利用干清粪工艺收集到的粪污，通过改善堆肥厌氧环境，结合荷兰隧道发酵技术，增设通风管道，改善传统发酵工艺等措施，通过人为控制发酵时间、水分、温度、氧含量等因素达到快速高效处理粪污的目的。该技术节省劳动力、成本低、易于操作，是适用于黑龙江省小型牛场的粪污直接堆肥新技术，也是解决黑龙江省畜禽粪便无害化处理的绿色生产技术。

发酵后的粪污可以作为基质，应用到食用菌生产中，延长产业链，生产高附加值的农产品，提升经济效益。

2. 原料准备 栽培双孢蘑菇的原料为麦草（稻草、玉米秸秆）、牛粪（猪粪、鸡粪）、过磷酸钙、炉灰渣、石膏等。其配方比例为：麦草（稻草、玉米秸秆）45%、牛粪 45%、过磷酸钙 1%、炉灰渣 5%、石膏 1.5%、石灰 2%、尿素 0.5%。

3. 培养料发酵

（1）培养料预湿。碳源预湿对发酵有很大的影响，要在建堆前 3～5 天进行，首先将玉米秸秆截成长 20 厘米的小段（稻草可以是整根不用截），然后用水把秸秆充分浇湿，使秸秆含水量达到 70%。牛粪提前半天预湿即可，含水量达到 40%～65%（图 2-31）。

（2）建堆发酵。一般堆长依据原料多少进行建设，宽 2.2 米、高 1.6～1.8 米。将炉灰渣分成 8 份，第一层放 40 厘米厚稻草或秸秆，放 3～5 厘米厚的牛粪，加 1 份炉灰渣。从第二层起每层稻草放 30 厘米，炉灰渣各 1 份，一直建 7 层，最后第八层少放稻草和牛粪，把剩余的炉灰渣全加进去（图 2-32）。

图 2-31　碳源预湿

图 2-32　建发酵堆

在浇水时，第一层和第二层不要太多，把牛粪弄湿即可，不要让水从底下流出，以免把肥料淋失掉；从第三层起要逐渐加大水量，直至最后水基本上从底部流出来。堆建好后用地膜盖住顶部，保温保湿。堆要建得方方正正，边要齐，以保证合理的发酵温度和良好的通气性。

传统发酵技术（图 2-33）可直接建成条垛或锥形垛，根据温度情况每隔 12～15 天进行翻垛，实现氧气、物料的交换，每次发酵需要 5 次左右的翻堆。每次翻堆后重新升温，启动发酵。发酵厌氧区、高温厌氧区水分含量大、氧气少，主要进行厌氧发酵，存在发酵产品效果差、有益微生物及固氮微生物生存困难、氮素等营养流失严重等问题。

本强制通风法为离地面 30 厘米处平行放 3 根直径 2 寸* 的塑料通风管，管壁每 5 厘米打 6 个孔；据此平面 60 厘米放置 2 根通风管(图 2-34)。调整碳氮比为 35，湿度 60%，pH=8，均匀混合。通风可使温度降低，温度控制在 50～65℃；通风可降低水分含量，将其控制在 55%～65%。待第一次升温稳定后，每隔 8 小时通风 15 分钟，速率为16 米^3/分（图 2-35）。

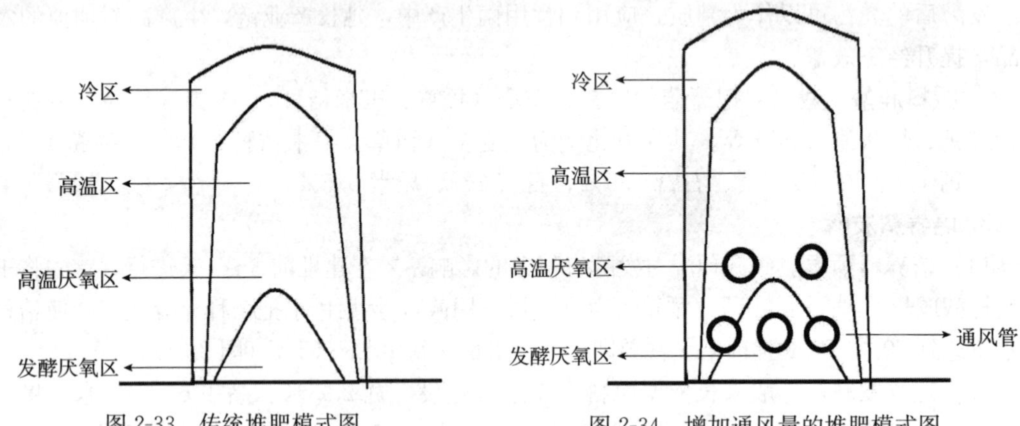

图 2-33 传统堆肥模式图　　图 2-34 增加通风量的堆肥模式图

图 2-35 强制通风发酵

后发酵是整个发酵的关键。前发酵结束后，进行 1 次翻堆，翻堆后将料堆全部用地膜

* 寸为非法定计量单位，1 寸≈3.33 厘米。——编者注

盖住（翻堆时要用直径10厘米的木棒在料堆上打通气孔），使料温在短时间内上升至58～64℃并保持12小时，以杀死料中的杂菌（即巴氏消毒）。然后采用扇动地膜等方法进行降温，若温度能降到48～52℃，保持3～4天后就可拆堆，发酵完成；若温度降不下来，就要再进行1次翻堆，翻堆后用地膜盖住保持3天，然后进行拆堆，发酵完成。

（3）调整pH。发酵完成后，将料堆摊开，散去料中的氨气等有害气体气味，并将料的pH调至7.5～8.2。若料过干，用2%的石灰水调节；若料较湿，就用石灰粉调节。

4. 温室消毒及覆盖

（1）温室地面消毒。温室地面用石灰进行消毒，将25～50千克石灰撒在温室地面，然后用水将石灰弄湿，不要漏撒料堆底部（可在摊堆时边摊边撒）。

（2）温室空间消毒。温室空间可用硫黄、甲醛等药剂熏蒸，每立方米空间药剂用量为硫黄粉10克和36%～40%甲醛液8毫升。另外，还必须用一些效果好的杀螨剂如73%炔螨特乳油、阿维菌素等以杀死环境中的螨虫（图2-36）。

图2-36 消毒后的菇棚

5. 播种及发菌 播种前要将料做成宽60～80厘米的台，铺料厚度为35厘米左右。菌种用量为2瓶液体菌种，每瓶500毫升。播种前器具、菌种瓶及工作人员双手都要用75%酒精消毒，播种时应先将2/3的菌种均匀撒播在台上，用手轻轻搔一下，让菌种进入料内；然后将1/3的菌种撒在台面上，用手或木板轻轻压一下，让菌种和培养料充分接触。

播种后在台表面覆盖报纸并喷湿（图2-37）。播种后的3天为菌种萌发期（图2-38），不揭报纸不通风，保温保湿。从第四天起菌丝开始吃料，随菌丝生长，要逐渐加大通风量，促进菌丝尽快在培养料中定植。播种后7～10天菌丝已基本长满料面，这时可搔菌一次，以增加培养料的通气性，促进菌丝向下吃料。

当菌丝长满料后要加大通风以降低空气湿度，使料有点发干（刺手），促进菌丝向湿度较大的底层生长。一般双孢蘑菇生长发育的适温为22～24℃，在发菌期间，为控制害虫及杂菌的繁殖速度，以低温发菌比较安全，温度可控制在14℃左右。

6. 覆土

（1）覆土时间。播种后20天左右，当菌丝长到料层2/3时进行覆土。

（2）覆土方法。覆在料面上的土要求保水性及通气性良好，以泥炭土为最好；10厘米以下土层以沙壤土为好。覆土前土壤必须用甲醛、杀螨剂处理，然后掺入2%～3%的石灰粉，喷水调节 pH 和湿度。采用一次覆土法，覆土厚度为 3.5～5.0 厘米（图2-39），不能太厚也不能太薄。若覆土过薄，则土层蓄水少，菇体水分供应不足，易形成薄皮菇；若覆土太厚，易使培养料通气性不好，菌丝会因缺氧而生长不良。

图 2-37 播种后喷湿

图 2-38 菌种萌发

图 2-39 覆 土

(3) 覆土后管理。覆土后的管理主要是调节土壤的含水量，应采用雾化较好的喷水设备，可分 8 次在 2 天内调完。喷水不可过急，以免水进入料内造成菌丝萎缩消失，或使土壤板结并产生夹心土，即土粒中间为干土、表面为湿土。

覆土后 4～5 天，肉眼观察可见到白色的绒毛状气生菌丝时立即打结菇水，打结菇水时也不能过急，要分 8 次在 2 天内打完，将表面气生菌丝全部打倒伏。在干湿刺激和变温刺激下，约 4 天后有菌丝会扭结形成白色的菇原基。当白色的菇原基长到黄豆大小时喷出菇水，用水量可稍大一些。

7. 出菇管理

(1) 水分。出菇期间要保持土壤水分达到饱和状态，但不可使水分流到培养料中，否则会造成菌丝萎缩。可向温室走道和空气中喷水以增加湿度，使湿度保持在 80%～90%。要注意的是：每次喷水后都要加大通风，否则会使幼菇死亡，做到不打闭门水和来回水、温度过高时不打、阴天不打。

(2) 温度。出菇期间温度控制在 13～22 ℃，出菇快、产量高、菇质好。

此外，光线越暗，出菇越白（图 2-40）。保持室内空气新鲜，使氧气供应充足。

8. 采收　当菌盖直径长至 3.5～4.0 厘米时就应采收，若采收过迟，易造成菌膜破裂而形成开伞菇，降低商品价值。采收时要旋转采摘以免损伤周围小菇，并轻拿轻放，避免碰伤菇体（图 2-41）。

图 2-40　出　菇

图 2-41　采　收

9. 病虫害防治　螨虫防治可用 73%炔螨特乳油，应尽量在出菇期间间歇施用。当已出现橘红色的孢子时，必须将病原清理出菇房。

干清粪、强制通风发酵技术的主要技术参数见表 2-12。

表 2-12　干清粪、强制通风发酵技术主要技术参数

项　目	指　标	参　数
土质		盐碱土
奶牛舍朝向		南北
奶牛舍间距		50 米

（续）

项　目		指 标	参 数
结构	养殖舍内部构造	宽度	25 米
		长度	90 米
		舍内人行道	4 米
		隔栏数量、宽度	264 个、1.2 米
	养殖舍整体构造	走向	东西
		墙体厚度	50 厘米
		墙高	3.5 米
		脊高	5.5 米
	粪道的结构	长度	80 米
		宽度	2 米
		硬度	Pc425
	粪道的位置	位于舍两侧，为双排粪污处理通道	
	固体废弃物处理场地结构	长度	80 米
		宽度	8 米
		参数	为两条龟背形堆肥场地，每条发酵通道宽 4 米，两侧各有排水沟，宽度 50 厘米，每条发酵道可以建 2 个发酵堆
	固体废弃物处理场地位置	位于整个场地的下风口（西南方向）	
常用机械与舍内设备	粪便清理设备	发动机功率	16 千瓦
		牵引力	55 千牛
		铲宽	1 160 毫米
	强制通风设备（管道加压送风设备）	转速	2 900 转/分
		功率	0.75 千瓦
		直径	400 毫米
		全压	343 帕斯卡
	饮水设备	自动设备	碗式自动饮水
		节水参数	10%～15%

（续）

项　　目		指　标	参　数
技术操作	干清粪技术	清粪时间	6 时、16 时（冬季）　10 时、16 时（夏季）
		清粪次数	2 次（冬季）　2 次（夏季）
		清粪量	4 000 千克/天
		清粪成本	35 元/天
	强制通风堆肥技术	原理	在自然温度下，人为控制 pH 和碳氮比，通过调整通气量改善低温厌氧区和高温厌氧区发酵环境
		原料及配比	麦草（稻草、玉米秸秆）45%、牛粪 45%、炉渣 5%、过磷酸钙 1%、石膏 1.5%、石灰 2%、尿素 0.5%
		发酵前碳氮比	40 左右
		建堆体积	宽 2.2 米、高 1.6～1.8 米，堆长一般为 35 米左右
		通风	每隔 48 小时通风 15 分钟，速率为 16 米^3/分
		发酵时间	30 天
		pH	7.8～8.5
		发酵前含水量	60%～68%
		发酵后含水量	35%
	发酵后效果评价	气味	香甜
		颜色	深红色
		蛔虫卵	<2 个/升
		粪大肠菌群数	<10 000 个/毫升
	用途	可直接用作有机肥，也可直接用作食用菌栽培基质	

四、面源污染物减排效果

饲喂全株玉米青贮饲料可使奶牛增加饱腹感、提高消化率、减少对精饲料的采食量。

生物菌床养牛，粪尿直接排到垫料中，经微生物发酵、分解，变为有机肥料，然后直接还田利用，不需要另外处理就能达到粪尿的无污染处理。干清粪发酵技术采用强制通风进行固体废弃物处理，可节省劳动力、降低成本且技术易于操作，是适用于松花江寒冷气温下的小型牛场粪污直接堆肥的新技术。该技术生产的堆肥产物直接施用于农田，可培肥土壤，减少化肥用量，提高作物产量；也可用于菌类的种植，获得更高的经济效益。该技术评估见表 2-13。

表 2-13 松花江流域环境友好型奶牛养殖整装技术评估

技术名称	技术适用条件	面源污染物减排	生产影响	经济效益	环境风险	备注
松花江流域环境友好型奶牛养殖整装技术	适用于养殖业较发达的粮改饲地区牛场	通过废弃物资源化利用，化学需氧量、总氮和总磷可以减排 95%以上	能促进中小型牛场进一步规范管理，提升家庭牧场的奶质，提高产奶量；但对管理水平较好的奶牛场整体产奶量没有明显影响	通过废弃物资源化利用实现增收，玉米种植可以增加收入 80～160 元/亩，牛养殖每头增收 5.6 元/天，食用菌每个大棚年收益为 36 520～101 320元	在动物排出的粪污中，可能存在铜、锌等重金属超标的问题，在制作有机肥、用作食用菌栽培基质中，是否会带来二次污染有待验证	

五、对生产的影响

该技术能促进松花江流域的中小型牛场进一步规范管理，提升家庭牧场的奶质，提高出产奶量；但对管理水平较好的奶牛场整体产奶量没有明显影响。

六、经济效益分析

（1）对于玉米种植户来说，玉米成熟后每亩收获玉米 400 千克，按市场价 1.6 元/千克，每亩毛收入为 640 元左右；种植青贮玉米密植4 000～4 500棵/亩，蜡熟期全株玉米产量 4 000 千克/亩左右，收购价格 0.18～0.20 元/千克，毛收入 720～800 元/亩。玉米青贮可以增收 80～160 元/亩。

（2）对于养牛场来说，利用全株玉米青贮饲料饲喂奶牛，可使奶牛常年吃到优质青绿、多汁饲料，其适口性、消化率以及营养价值均优于去穗秸秆青贮。在管理条件相同的情况下，消化率可提高 12%，泌乳量增加 10%～14%，乳脂率提高 10%～15%，牛奶的产量增加、质量提高，从而减少拒奶率，每千克提高 0.15～0.20 元。以每头奶牛产奶量为 28 千克/天计算，每头牛每天增收 5.6 元，从而实现养殖业增效。

（3）应用粪污发酵基质栽培食用菌，可以大幅增加环境、经济和社会效益（表2-14）。以厂房 320 米^2（约 8 米×40 米）计算，一般最少可安装 24 组架子，栽培面积为 1 080 米^2（出菇面积）。具体成本预算如下：

表 2-14 松花江流域环境友好型奶牛养殖整装技术的环境、经济和社会效益

效益类型	分 类	指 标	备 注
环境效益	粪污利用情况	每年减少粪污排放 400 吨左右	以 100 头泌乳奶为例
	总磷减排情况	600 千克/年	

（续）

效益类型	分　类	指　标	备　注
经济效益	强制通风发酵技术投入成本	30 000 元左右	
	寒区高品质全株玉米青贮应用技术成本	比传统饲喂（精料＋秸秆）节约 8%左右	
	绿色果蔬价格	未加工 980 元/吨；粗加工 4 600 元/吨	
	有机肥收益	500 元/吨左右	
	干清粪技术	与水冲粪相比，每天节约 40 元	以 100 头泌乳牛为例
社会效益	示范带动作用	带动周围农户共同开发绿色果蔬种植，种植面积达 100 亩	
	促进产业升级	在研究所基地进行食用菌栽培技术的引进，已进入中试阶段	

架子投入：竹子、木头、铁架均可以，一般以竹子计算，一组 6 层需要 25 根直径 5 厘米的竹子和 48 根花竹及面积为 50 米^2 的鸡网（粗竹子价格为 8～10 元/根，长为 5 米；花竹为 48 元/捆，长为 4 米，一捆 40 根；鸡网为 10.4 元/千克）一组成本约 300 元，可建造出菇面积为 45 米^2，人工费 350 元，合计每组 650 元，一栋棚总投入为 15 600 元。

原料成本：牛粪、稻草、秸秆价格根据市场情况而定，需要牛粪 15 000 千克、稻草或者秸秆 15 000 千克、石灰 300 千克、石膏 600 千克。按照粪便和秸秆企业自有计算，需要支付 125 元。

主要用水量：1 米^2 结菇水：3.5 千克；出菇水：3.6 千克（4～5 次）。1 米^2 共用水 21.5 千克，1 米^2 费用为 0.07 元（21.5×3/1 000），1 080 米^2 费用为 75 元。

菌种费用：6 480 元（1 080×3×2）。

总产量：每平方米产菇 10 千克，1 080 米^2 共产菇 10 800 千克。

收入：2016 年秋天双孢蘑菇的价格是 6 元/千克，2017 年春天价格是 12 元/千克，10 800千克可收入 64 800～129 600 元。

总收入（不算棚的投入）：毛收入（64 800～129 600 元）减去成本 28 280 元（建棚 15 600 元、菌种 6 480 元、牛粪与秸秆费用 125 元、水费 75 元、出菇管理人工费 6 000 元），收益为 36 520～101 320 元。

七、潜在环境风险

在动物的粪污中，可能存在铜、锌等重金属超标的问题，在制作有机肥、用作食用菌栽培基质中，是否会带来二次污染有待验证。

八、推广政策建议

粪污减排及无害化处理一直不被养殖企业重视，随着环保具有一票否决权，一些企业不得以建造一些处理设施；但应用效果都不理想，主要是这些处理措施在生产中往往脱离主业，不能带来经济效益。本技术不仅可以实现粪污无害处理和资源化利用，减少排放，而且可以打破养殖企业与周边村庄的矛盾，将养殖户与周围种植户有机地结合起来，带动区域经济，推动农业绿色发展。建议通过典型示范带动养殖户积极采用该技术。食用菌栽培示范点需投入资金 7 万元，菌床养殖示范点需投入资金 9 万元，全株青贮玉米示范点需投入资金 2 500 元/头，建议由政府进行补贴开展示范。

技术编写者及依托单位：孙雷　黑龙江省农业科学院畜牧研究所
联系电话：010-82106017
电子邮箱：42339803@163.com

辽河流域生猪养殖环境友好型饲喂技术

一、技术概述

猪粪尿中的含氮、含磷物质是重要的农业面源污染物，其中氮元素主要来自于饲料中没有被消化吸收利用的粗蛋白质和氨基酸等物质的降解，磷元素则主要来自于饲料中未被利用的植酸磷和人工添加的磷酸氢钙。饲料中添加适量寡糖，对动物肠道具有保护作用，能提高饲料中氨基酸的利用率，并减少消化道黏膜脱落，降低回肠末端内源性氨基酸分泌量，从而减少粪尿中总氮的含量；饲料中添加植酸酶可以提高植酸磷的利用率，降低粪尿中磷的含量。因此，在饲料中添加寡糖、植酸酶等有效成分，能够降低粪尿中氮、磷排泄量。

二、技术适用范围与条件

本技术适用于现代养猪模式下各种规模的种猪场和育肥猪场，包括各个饲养阶段的种公猪、妊娠母猪、哺乳母猪、哺乳仔猪、保育仔猪、育肥猪。

三、技术规程与流程

（一）场地环境与猪舍

1. 场地环境

（1）猪场环境应符合 NY/T 388 的要求。

（2）猪场要建在地势高、干燥、排水良好、背风向阳、易于组织生产的地方，场址用地应符合当地土地使用规划。

（3）猪场应距离交通要道、公共场所、居民区、城镇、学校 1 000 米以上，远离医院、畜产品加工厂、垃圾及污水处理场 2 000 米以上，周围应有围墙或其他有效屏障。

（4）猪场坐北向南，生产区布置在管理区的下风向，污水、粪便处理设施和病死猪处理区应在生产区的下风向。

（5）场区净道和污道分开，互不交叉。

（6）猪舍地面应坚实、不滑，无渗漏，有 2%～3%的坡度；地面及围栏 1.5 米以下应耐酸碱，便于清洗和消毒。

（7）猪舍应保温隔热，通风良好，光照适宜。

（8）猪场应有化粪池、沼气池等废弃物处理设施，防止对周围环境造成污染。

（9）猪舍内应有完善的供排水设施，并与养殖规模相适应。

2. 猪舍

（1）建材选择。猪舍墙体采用砖、石等材料，地面采用混凝土、石板等材料，屋顶采用小青瓦或机制瓦等防水材料，围栏使用砖砌体、石板或金属材料。

（2）猪舍类型及设备设施。①猪舍可采用双列式或单列式，猪舍高（不含顶）2.2～2.6 米。②公猪每头猪占舍面积 7～9 米^2，基础母猪 7～9 米^2，育肥猪 0.8～1.2 米^2。③公猪栏高 1.5 米，母猪栏高 1.4 米，育肥猪栏高 0.8～1.2 米。④猪舍门一律向外开，窗下沿距地面 1.0～1.2 米。种猪舍采光系数 1∶10（窗户的有效采光面积与猪舍地面面积之比），育成猪舍 1∶（10～12），育肥猪舍 1∶（20～25）。⑤推荐使用鸭嘴式自动饮水器，饮水器安装在排污区，公猪舍安装高度 0.6～0.7 米，母猪舍 0.55～0.60 米，仔猪舍 0.15～0.20 米，保育仔猪舍 0.25～0.30 米，生长猪舍 0.35～0.40 米，肥育猪舍 0.45～0.50 米。⑥饲槽置于饲喂走道一侧，呈 U 形，上口宽 25 厘米，下口宽 20 厘米，高 15 厘米。进料口置于饲槽上方离地 40 厘米处，位置居中，宽 20 厘米。⑦在猪舍外设排污沟，沟深 20～30 厘米，沟底坡度 2.0%～2.5%，上口宽 0.3～0.6 米。排污沟或管道长度超过 200 米时，要增设沉淀池。未建沼气池的可建储粪池，用砖砌体或混凝土修筑，池深 1 米，每头猪需 0.6 米^3。⑧在猪场大门口设置宽与大门相同、长等于进场大型机动车车轮周长 1.5 倍的水泥结构的消毒池。生产区门口设更衣室、消毒室或淋浴室。猪舍入口设置长 1 米的消毒池，或设置消毒盆供工作人员消毒。

（二）饲养管理

1. 种公猪的饲养管理

（1）按照种公猪的饲养标准配制饲料，保证其营养需要。

（2）定时、定质、定量饲喂，成年猪每天 2.2～2.8 千克，配种任务繁重时每天加喂鸡蛋 1～3 个。

（3）投产种公猪应单舍饲养。每天上、下午各驱赶运动 1 次，每次 40～60 分钟。每天用刷子刷拭猪体 1 次。做好夏季防暑降温和冬季保暖防寒工作。

（4）做好免疫接种和猪舍清洁消毒工作。每天上、下午各打扫猪舍 1 次，夏季 1 周消毒 1 次，冬季 2 周消毒 1 次。

（5）合理使用种公猪。1 头种公猪可负担 20～30 头（本交）或 500～800 头（人工授精）母猪的配种任务，使用期 3～4 年。8～12 月龄公猪 1 天最多使用 1 次，连续 2～3 天要休息 1 天，每周不超过 5 次；成年公猪每天配种最多不超过 2 次，以 1 次为宜，连续 5 天后应休息 1 天。

2. 母猪的饲养管理

（1）后备母猪的饲养管理。①饲料营养要全面，品质要好。舍内要通风透光，空气新鲜。搞好猪舍日常清扫和消毒工作。供给充足清洁的饮水。定期驱虫和防疫注射。②仔细观察，适时配种。母猪的性周期为 18～23 天，平均 21 天。当母猪发情至阴户肿胀消退，颜色由“潮红”变“淡红”，有“静立”反射，阴道流出少量白色黏液且黏液变浓稠时为最佳配种期。首次配种后间隔 8～12 小时再配种 1～2 次。③配种时应选用最优杂交组合。采用杜洛克作终端父本，用长约、约长二杂母猪作母本，生产外三元杂交猪；或用杜洛克作终端父本，长本、约本二杂母猪作母本，生产内三元杂交猪。

（2）妊娠母猪的饲养管理。①妊娠母猪饲料实行限食饲喂。配种后 3 天内每天喂 1.8 千克，4～60 天每天喂 1.8～2.0 千克，61～90 天每天喂 2.0～2.3 千克，91～111 天每天喂 3.5 千克；产前 2 天开始减料，产前 2 天每天喂 2.0 千克，产前 1 天喂 1.5 千克；产仔当天只喂饮水或喂 0.5～1.0 千克。②禁喂发霉、变质、腐败、冰冻、有毒、有刺激的饲料，控制使用菜籽饼及糟渣类饲料，适量饲喂青料。要保持饲料品质和结构的稳定。③细心照料，不能随意驱赶、鞭打、惊吓母猪。④保持猪舍干燥、卫生，光线充足，通风良好。⑤注意夏季防暑降温和冬季保暖防寒。⑥供给充足、清洁的饮水。

（3）分娩母猪的饲养管理。①母猪产前 7～10 天，将临产母猪转入已清洗干净并彻底消毒的产舍中。②母猪产仔当天喂较稀的熟豆浆、麸皮等汤料，内加少量食盐和抗生素。每天喂 2 次，上午 0.5 千克、下午 0.8 千克，产后 2～3 天逐渐加料。第 6～7 天后恢复正常喂量，每天喂 3～4 次。③饲料营养要全面，适口性要好，体积适中，品质优良。④注意母猪乳房卫生，仔细观察是否有乳房病变，发现问题要及早处理。每天可用 0.1%高锰酸钾溶液清洗乳房 1 次。⑤供给充足、清洁的饮水，保持猪舍干燥、卫生。⑥接产。临产母猪必须严密守护。一般采用自然分娩，因胎儿过大或胎位不正而难产的，应进行人工助产。胎儿产出后，及时用消毒毛巾擦净口鼻及全身的黏液，并在距腹部 3～4 厘米处剪断脐带，用 5%的碘酒消毒。产仔结束后做好记录。⑦分娩母猪产仔后 3 天内，注意防止产褥感染。

（4）空怀母猪的饲养管理。与后备母猪相似，但要注意掌握好饲料喂量，恢复、保持良好的种用体况。

3. 仔猪的饲养管理

（1）仔猪出生后 12 小时内应尽早喂初乳。

（2）仔猪出生后 2～3 天，饲养员要协助其固定乳头吃乳。母猪产仔过多或过少时，要及时寄养或并窝。

（3）仔猪出生后 2～3 天，要补充铁和硒。

（4）仔猪出生后 3～5 天，要开始训练饮水。

（5）仔猪出生后 6～7 天，用乳猪开食料或自配料进行诱食。对不主动认食的仔猪，可采取强制诱食。仔猪开食后，要按照少喂勤添的原则投放饲料。

（6）保温防压。仔猪的适宜环境温度见表 2-15。在母猪舍内设限位栏或在仔猪出生后 1～2 天内，将仔猪置入人工保温箱，定时放出哺乳。

表 2-15　仔猪的适宜环境温度

单位：℃

项　目	1～7 日龄	8～30 日龄	31～60 日龄
适宜温度	32～28	28～25	25～23

（7）保持猪舍安静，防止惊吓仔猪。

（8）适时阉割和接种。20～25 日龄仔猪注射水肿疫苗，21～28 日龄阉割，30～35 日龄注射口蹄疫苗和双倍猪瘟疫苗，40～45 日龄注射副伤寒疫苗，60 日龄注射三联苗。

(9) 仔猪出生后 28～35 天，体重 6～7 千克，日采食开食料达到 150 克以上时，采取“迁母留仔法”断乳。

(10) 仔猪断乳 7～10 天后，饲料逐渐过渡到断乳仔猪料，并供给充足、清洁的饮水。

4. 育肥猪的饲养管理

(1) 按杂交组合、体质强弱和体重大小组群。

(2) 搞好预防注射和驱虫。

(3) 根据猪只不同生长阶段，按照饲养标准合理配制饲料。青料生喂，豆类炒熟喂，配合饲料生饲湿喂，保证饲料品质稳定。

(4) 供给充足、清洁的饮水。

(5) 保持猪舍通风干燥。

(6) 扑杀蚊蝇老鼠，防止其他动物进入猪舍。

(7) 猪舍最适温度为 16～21℃。

(8) 猪体重达 90～120 千克时出栏。

(三) 饲料

1. 饲料要求

(1) 饲料原料色泽新鲜，无发酵、霉变、结块及异味、异嗅，有毒有害物质及微生物允许量应符合 GB 13078 的规定。禁止使用潲水或垃圾饲料喂猪。

(2) 饲料添加剂应具有该品种应有的色、嗅、味和组织形态特征，无异味、异嗅。产品是由具有农业农村部颁发的《饲料添加剂生产许可证》的正规企业生产并具有产品批准文号的产品。使用时应遵照标签所规定的用法和用量。

(3) 药物性饲料添加剂按照《药物饲料添加剂使用规范》执行。不允许添加氨苯胂酸、洛克沙胂等胂制剂类药物性饲料添加剂。严格执行休药期制度，没有规定休药期的，在停药后 28 天方可出售。不允许直接添加兽药。严禁添加使用盐酸克伦特罗等违禁药品。

(4) 配合饲料、浓缩饲料和添加剂预混合料按《无公害食品 生猪饲养饲料使用准则》(NY 5032) 执行。

2. 饲料配合

(1) 各类原料的比例为：能量饲料 65%～72%，蛋白质饲料 15%～25%，矿物质饲料和预混料共占 3%，其中维生素和微量元素一般占 1%。

(2) 饲料配合时参考《瘦肉型猪饲养标准》(NRC1998 第 10 版)，具体见表 2-16。

表 2-16 瘦肉型猪饲养标准

品种		消化能（兆焦）	粗蛋白质（%）	钙（%）	有效磷（%）	赖氨酸（%）
母猪	妊娠期	11.7～12.5	12～13	0.6	0.5	0.5～0.6
	哺乳期	12.2～13.4	13～15	0.65	0.5	0.6～0.7
仔猪		13.4～14.2	18～22	0.7	0.6	0.9～1.1

（续）

品　　种		消化能（兆焦）	粗蛋白质（%）	钙（%）	有效磷（%）	赖氨酸（%）
育肥猪	20～60 千克	12.5～13.4	15～16	0.6	0.5	0.7～0.8
	60～110 千克	12.1～13.0	13～14	0.6	0.5	0.6～0.7

注：地方猪用下限，外种猪及杂交猪用上限。

3. 酶制剂的添加　在任何饲养阶段的猪饲料中分别添加 1 000 单位/千克甘露聚糖酶（酶活力 10 000 单位/克）＋1 000 单位/千克植酸酶（酶活力 10 000 单位/克）。

（四）兽药使用

按《无公害农产品兽药使用准则》（NY/T 5030）执行。

（五）卫生防疫

1. 猪场选址　符合前文场地环境中（1）、（2）的要求。

2. 建筑布局　符合前文场地环境中（3）、（4）、（5）的要求。

3. 卫生防护和消毒设施　符合前文猪舍类型及设备设施中（8）的要求。

4. 卫生制度

（1）工作人员应定期体检。生产人员进入生产区时应消毒、更换衣鞋，工作服应保持清洁。猪场兽医不允许对外诊疗动物疾病，猪场配种人员不准对外开展猪的配种工作。非生产人员一般不允许进入生产区。

（2）定期对猪舍及周围环境进行消毒。定期更换消毒池的消毒液。

（3）猪只调出后，彻底清洗猪舍，并进行喷雾消毒或熏蒸消毒。

（4）定期对保温箱、补料槽、饲料车、料箱等进行消毒。

（5）猪舍内不得饲养其他畜禽。

（6）定期预防接种和驱虫。

（7）发生疫病或怀疑发生疫病时，应及时向当地畜牧兽医行政主管部门报告；确诊为发生重大疫情时，应配合当地畜牧兽医管理部门，对猪群实施严格的消毒、隔离、扑杀等措施。

（六）无害化处理

（1）猪场粪便经堆积发酵等方式进行无害化处理后用于还田。还田时，每头猪每年必须有 0.5 亩以上农用田地，避免造成环境污染和资源浪费。

（2）猪场污水经发酵、沉淀后才能作液体肥料使用，养猪场废水不得排入敏感水域和有特殊功能的水域。

（3）有治疗价值的病猪应隔离饲养，由兽医进行诊治。

（4）淘汰可疑病猪应采取不放血和不散播浸出物的方法进行扑杀，传染病猪尸体应进行无害化处理。

（七）清粪方式

清粪方式采用干湿分离方式，主要涉及的排污系统包括漏缝地板下的粪沟和中央污水暗渠。粪尿分离模式中粪道横向呈 V 形结构，横向及纵向都具有一定坡度，在粪道下方埋设导尿管，尿液透过漏缝地板到 V 形坡面之后流入中间导尿管中排出。粪尿混合模式相对简单，粪道底部是一个平面，纵向来看也没有坡度，粪和尿混合在一起通过刮粪机刮出（图 2-42 和图 2-43）。

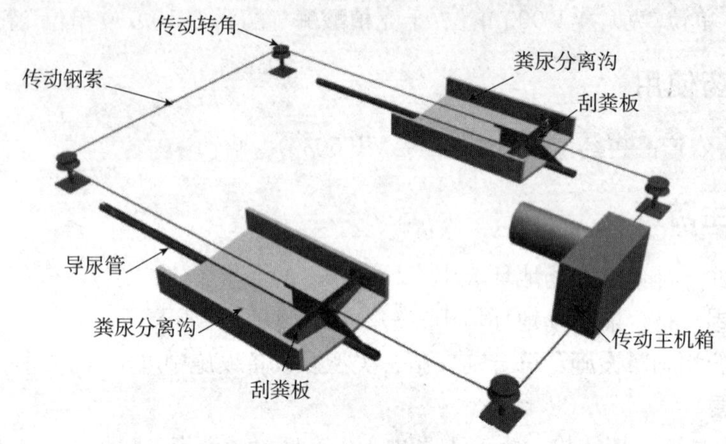

图 2-42 粪尿干湿分离的自动化清粪系统

图 2-43 干湿分离清粪系统中的刮粪板

四、面源污染物减排效果

环境友好型饲喂技术使育肥阶段猪尿氮的排泄量降低 28%左右，育肥阶段猪粪尿污水中总磷排泄量降低 15.4%（图 2-44）。妊娠期母猪尿氮排泄量降低 19%左右，妊娠期母猪粪磷排泄量降低 15%左右（图 2-45）。该技术评估见表 2-17。

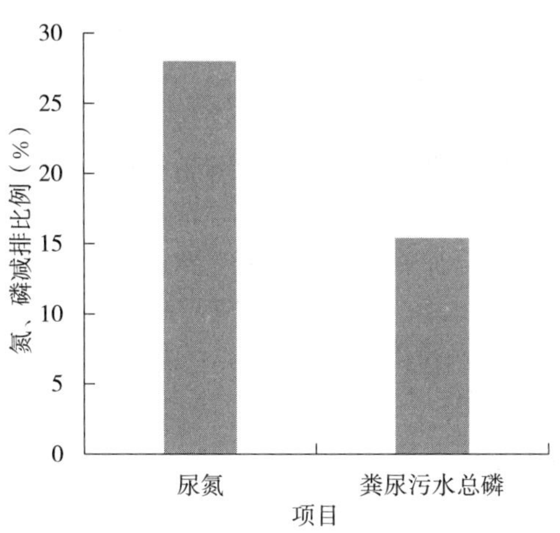

图 2-44　生猪环境友好型饲喂技术对育肥猪粪尿氮、磷的减排效果

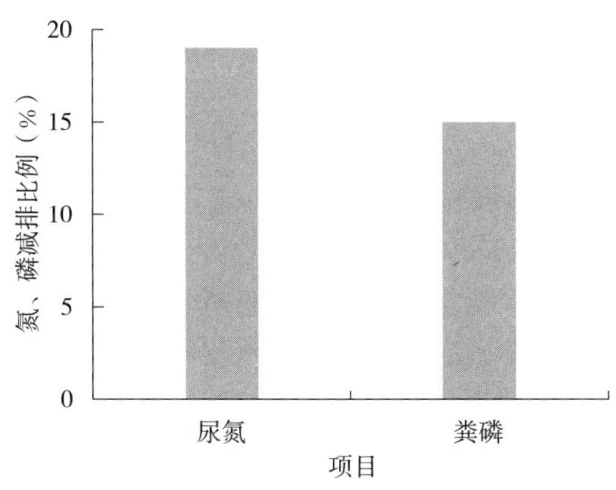

图 2-45　生猪环境友好型饲喂技术对妊娠母猪粪尿氮、磷的减排效果

表 2-17　生猪环境友好型饲喂技术评估

技术名称	技术适用条件	育肥猪尿氮减排	育肥猪粪尿总磷减排	经济效益	环境风险	备注
生猪环境友好型饲喂技术	适用于现代养猪模式下各种规模的种猪场和育肥猪场，包括各个饲养阶段的种公猪、妊娠母猪、哺乳母猪、哺乳仔猪、保育仔猪、育肥猪	育肥阶段猪尿氮的排泄量降低28%左右	育肥阶段猪粪尿污水中总磷排泄量降低15.4%	1吨猪饲料额外增加5.5元成本，但减少了后续粪污处理的成本	无	氨气产生量未知；粪尿沉淀物中含磷量未做测定

五、对生产的影响

本技术是在不改变猪各阶段营养标准和饲料配方的基础上，通过饲料中添加有效成分，实现降低粪尿中总氮和总磷排泄量的目的，因而对处于各个阶段的生猪生产指标均无显著影响。

六、经济效益分析

生猪环境友好型饲喂技术主要是从饲料添加剂角度完成控制粪污排放，所以其主要的成本来自购买甘露聚糖酶和植酸酶等添加剂。此外，本技术并未对饲料配方的营养成分和比例进行任何调整，与生猪生产有关的指标并不受到影响。

依据1千克饲料中添加1 000单位的甘露聚糖酶（酶活力10 000单位/克）和1 000单位的植酸酶（酶活力10 000单位/克）计算，1吨猪饲料额外增加成本5.5元。

七、潜在环境风险

本技术未调整饲料配方的营养成分和比例，虽然测定的粪污液体部分总氮、总磷的含量明显降低，但由于饲料配方中可能添加的磷酸氢钙比例较高，导致植酸酶释放的有效磷进入了粪污混合的固体部分，生产上可通过降低饲料配方中磷酸氢钙添加量的方式降低该风险。

八、推广政策建议

生猪环境友好型饲喂技术降低排泄物总氮、总磷效果显著，对各阶段猪的生产性能无不良影响，且操作方便，广大养殖者乐于接受。该技术在饲料配方的基础上，通过额外添加酶制剂的方式实现减排，每吨饲料增加5.5元左右的成本，可对添加酶制剂的饲料企业予以补贴。

技术编写者及依托单位：于金成、侯志研　辽宁省农业科学院
联系电话：13898156386
电子邮箱：yujincheng_pi@126.com

第三篇

农村生活污染防控技术

A^2/O 技术

一、技术概述

A^2/O 工艺也称 A-A-O 工艺，是厌氧-缺氧-好氧（anaerobic-anoxic-oxic）英文第一个字母的简称，指通过厌氧区、缺氧区和好氧区的各种组合以及不同的污泥回流方式来去除污水中有机污染物和氮、磷等的活性污泥污水处理方法。

A^2/O 工艺生物脱氮除磷系统的活性污泥中，菌群主要由硝化细菌和反硝化细菌、聚磷菌组成。在好氧段，硝化细菌将污水中的氨氮（NH_3-N）及有机氮氨化成的氨氮，通过生物硝化作用，转化成硝酸盐；聚磷菌超量吸收磷，并通过剩余污泥的排放，将磷除去。在缺氧段，反硝化细菌将内回流带入的硝酸盐通过生物反硝化作用，转化成氮气逸入大气中，从而达到脱氮的目的。在厌氧段，聚磷菌释放磷，并吸收低级脂肪酸等易降解的有机物。主要变形有改良厌氧-缺氧-好氧活性污泥法、厌氧-缺氧-缺氧-好氧活性污泥法、缺氧-厌氧-缺氧-好氧活性污泥法等。

二、技术适用范围与条件

A^2/O 工艺处理效率一般能达到：BOD_5（五日生化需氧量）和 SS（悬浮固体）为 90%～95%，总氮为 70%以上，磷为 90%左右，一般适用于要求脱氮除磷的污水处理厂。A^2/O 工艺的基建费和运行费均高于普通活性污泥法，且运行管理要求高，所以以目前我国国情来说，A^2/O 工艺适用于出水水质要求较高的农村，如风景区旅游村、湖泊河流沿岸农村等。当处理后的污水排入封闭性水体或缓流水体引起富营养化，从而影响给水水源时，优先采用该工艺。该工艺基本不受地形、区域的影响，建设规模应综合考虑服务区域范围内的污水产生量、分布情况、发展规划以及变化趋势等因素，并以近期为主、远期可扩建规模为辅的原则确定。

三、技术规程与流程

（一）进水水质参数

A^2/O 工艺生物反应池的进水应符合下列条件：

（1）水温宜为 12～35℃、pH 宜为 6～9、BOD_5/COD_{Cr}［化学需氧量（重铬酸钾）］

的值≥0.3。

（2）有去除氨氮要求时，进水总碱度（以 $CaCO_3$ 计）/NH_3-N 的值宜≥7.14，不满足时应补充碱度。

（3）有脱氮要求时，进水的 BOD_5/TN（总氮）的值宜≥4.0，总碱度（以 $CaCO_3$ 计）/NH_3-N 的值宜≥3.6，不满足时应补充碳源或碱度。

（4）有除磷要求时，进水的 BOD_5/TP（总磷）的值宜≥17。

（5）要求同时脱氮除磷时，宜同时满足（3）和（4）的要求。

（二）厌氧-好氧工艺设计

1. 厌氧-好氧工艺流程 当以除磷为主时，应采用厌氧-好氧工艺，基本工艺流程如图 3-1 所示。

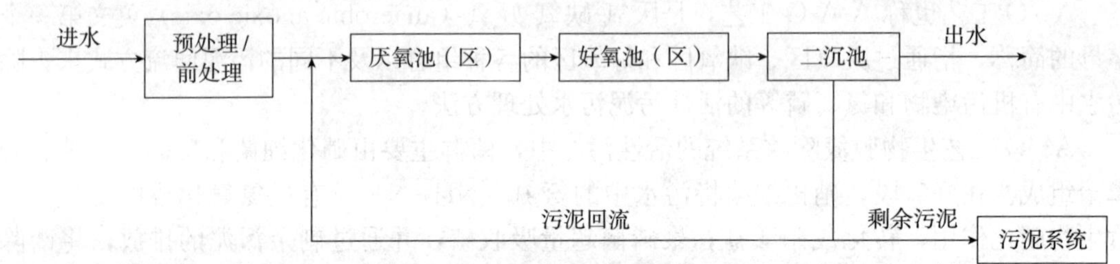

图 3-1 厌氧-好氧工艺流程

2. 厌氧-好氧工艺设计参数 厌氧-好氧工艺的主要设计参数宜根据试验材料确定，无试验材料时，可采用厌氧-好氧工艺处理生活污水时的主要设计参数，设计参数见表 3-1。

表 3-1 厌氧-好氧工艺主要设计参数

项目名称		符号	单位	参数值
反应池 BOD_5 污泥负荷	BOD_5/MLVSS	L_s	千克/（千克·天）	0.30～0.60
	BOD_5/MLSS		千克/（千克·天）	0.20～0.40
反应池混合液悬浮固体（MLSS）平均质量浓度		X	克/升	2.0～4.0
反应池混合液挥发性悬浮固体（MLVSS）平均质量浓度		X_v	克/升	1.4～2.8
MLVSS 在 MLSS 中所占比例	设初沉池	y	克/克	0.65～0.75
	不设初沉池		克/克	0.50～0.65
设计污泥龄		θ_c	天	3～7
污泥产率系数［VSS（挥发性悬浮固体）/BOD_5］	设初沉池	Y	千克/千克	0.3～0.6
	不设初沉池		千克/千克	0.5～0.8
厌氧水力停留时间		t_p	小时	1～2
好氧水力停留时间		t_0	小时	3～6
总水力停留时间		HRT	小时	4～8
污泥回流比		R	%	40～100
需氧量（O_2/BOD_5）		O_2	千克/千克	0.7～1.1

（续）

项目名称	符号	单位	参数值
BOD_5总处理率	η_1	%	80～95
TP 总处理率	η_2	%	75～90

（三）缺氧-好氧工艺设计

1. 缺氧-好氧工艺流程 当以除氮为主时，应采用缺氧-好氧工艺，基本工艺流程如图3-2 所示。

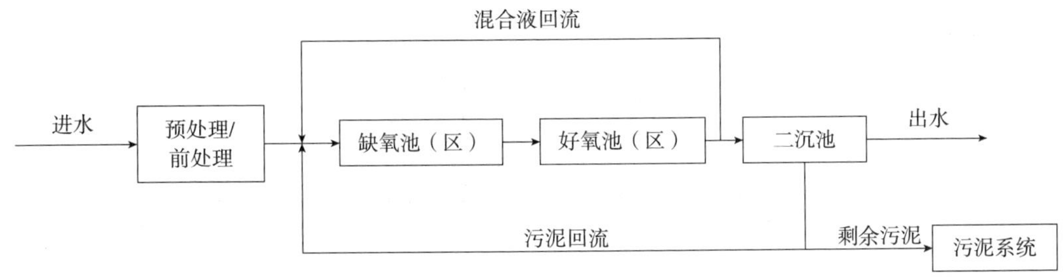

图 3-2 缺氧-好氧工艺流程

2. 缺氧-好氧工艺设计参数 缺氧-好氧工艺的主要设计参数宜根据试验材料确定，无试验材料时，可采用缺氧-好氧工艺处理城镇污水时的主要设计参数，设计参数见表3-2。

表 3-2 缺氧-好氧工艺主要设计参数

项目名称		符号	单位	参数值
反应池 BOD_5 污泥负荷	BOD_5/MLVSS	L_s	千克/（千克·天）	0.07～0.21
	BOD_5/MLSS		千克/（千克·天）	0.05～0.15
反应池 MLSS 平均质量浓度		X	千克/升	2.0～4.5
反应池 MLVSS 平均质量浓度		X_v	千克/升	1.4～3.2
MLVSS 在 MLSS 中所占比例	设初沉池	y	克/克	0.65～0.75
	不设初沉池		克/克	0.50～0.65
设计污泥龄		θ_c	天	10～25
污泥产率系数（VSS/BOD_5）	设初沉池	Y	千克/千克	0.3～0.6
	不设初沉池		千克/千克	0.5～0.8
缺氧水力停留时间		t_n	小时	2～4
好氧水力停留时间		t_0	小时	8～12
总水力停留时间		HRT	小时	10～16
污泥回流比		R	%	40～100
需氧量（O_2/BOD_5）		O_2	千克/千克	1.1～2.0

（续）

项目名称	符号	单位	参数值
BOD_5总处理率	η_1	%	90～95
NH_3-N 总处理率	η_2	%	85～95
TN 总处理率	η_3	%	60～85

(四) 厌氧-缺氧-好氧工艺设计

1. 厌氧-缺氧-好氧工艺流程 需要同时脱氮除磷时，应采用厌氧-缺氧-好氧工艺，基本工艺流程如图 3-3 所示。

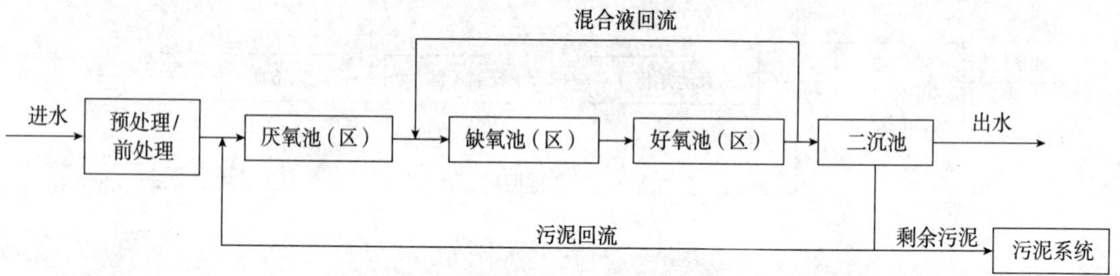

图 3-3 厌氧-缺氧-好氧工艺流程

2. 厌氧-缺氧-好氧工艺设计参数 厌氧-缺氧-好氧工艺的主要设计参数宜根据试验材料确定，无试验材料时，可采用厌氧-缺氧-好氧工艺处理生活污水时的主要设计参数，设计参数见表 3-3。

表 3-3 厌氧-缺氧-好氧工艺主要设计参数

项目名称		符号	单位	参数值
反应池 BOD_5污泥负荷	BOD_5/MLVSS	L_s	千克/（千克·天）	0.07～0.21
	BOD_5/MLSS		千克/（千克·天）	0.05～0.15
反应池 MLSS 平均质量浓度		X	千克/升	2.0～4.5
反应池 MLVSS 平均质量浓度		X_v	千克/升	1.4～3.2
MLVSS 在 MLSS 中所占比例	设初沉池	y	克/克	0.65～0.70
	不设初沉池		克/克	0.50～0.65
设计污泥龄		θ_c	天	10～25
污泥产率系数（VSS/BOD_5）	设初沉池	Y	千克/千克	0.3～0.6
	不设初沉池		千克/千克	0.5～0.8
厌氧水力停留时间		t_p	小时	1～2
缺氧水力停留时间		t_n	小时	2～4
好氧水力停留时间		t_0	小时	8～12
总水力停留时间		HRT	小时	11～18

（续）

项目名称	符号	单位	参数值
污泥回流比	R	%	40～100
需氧量（O_2/BOD_5）	O_2	千克/千克	1.1～1.8
BOD_5总处理率	η_1	%	85～95
NH_3-N 总处理率	η_2	%	80～90
TN 总处理率	η_3	%	55～80
TP 总处理率	η_4	%	60～80

四、面源污染物减排效果

A^2/O 工艺处理废水主要是去除废水中 COD_{Cr}、BOD_5、SS、NH_3-N、TN 和 TP 等污染物，采用 A^2/O 工艺对废水进行处理，针对不同的污水类别及主体工艺，污染物的减排效果如表 3-4 所示。

表 3-4　A^2/O 工艺污染物去除率

单位：%

主体工艺	COD_{Cr}	BOD_5	SS	NH_3-N	TN	TP
预/前处理＋A^2/O 反应池＋二沉池	70～90	80～95	80～95	60～85	60～85	60～90

五、对生活的影响

目前，活性污泥污水处理方法是生活污水、城市污水以及有机工业废水处理中最常用的工艺，随着在实际生产上的广泛应用和技术上的不断革新改进，出现了多种能够适应各种条件的工艺流程。

A^2/O 工艺将生物脱氮技术和生物除磷技术融入传统的活性污泥工艺中。A^2/O 工艺中厌氧、缺氧、好氧 3 种不同的环境条件和不同种类微生物菌群的有机配合，能同时具有去除有机物、脱氮除磷的功能。在同时脱氮除磷、去除有机物的工艺中，A^2/O 工艺流程最简单，相对其他脱氮除磷工艺，总的水力停留时间也较短。在厌氧-缺氧-好氧交替运行下，丝状菌不会大量繁殖，污泥沉降比一般小于 100，不会发生污泥膨胀。A^2/O 工艺与传统回流污泥法二级处理后再进行三级物化处理相比，不仅投资和运行成本低，而且无大量难以处理的化学污泥，具有良好的环境效益和经济效益。

面对我国水资源日益匮乏的现状，采用污水处理工艺进行污水治理，实现尾水利用已经变得刻不容缓。目前，生活污水中含有大量的 BOD_5、氮磷等污染物，采用 A^2/O 工艺能够有效降低污水中的这些污染物，解决我国的水污染与水资源短缺问题。

六、经济效益分析

以江苏无锡马山生活污水处理厂为例，该生活污水处理厂设计水量为 20 米^3/天，经取污水水样测定，其进水水质指标如表 3-5 所示。

表 3-5 进、出水水质指标

单位：毫克/升

项目	COD_{Cr}	BOD_5	SS	NH_3-N	TP
进水浓度	350	250	200	35	5
出水浓度	50	10	10	5	0.5

采用 A^2/O 工艺运行之后，出水水质能够达到《城市污水再生利用 城市杂用水水质》（GB/T 18920—2002）及《城镇污水处理厂污染物排放标准》（GB 18918—2002）一级 A 标准的要求。系统正常运行后，其出水水质指标如表 3-5 所示。

A^2/O 工艺在设备选择时，考虑到设备维护更换问题，系统将曝气、提升、消毒等在高度集成的同时，均选择寿命长、维护量小、稳定可靠的产品。后期除设备所需少量电费外，无任何其他费用，1 吨水处理成本降至 0.3 元。

七、潜在环境风险

以某污水处理厂为例，其设计规模为 10 万米^3/天，运行年限为 50 年。污水处理厂生命周期评价的研究范围包括污水处理厂施工建设、运行维护和交通运输 3 个阶段。

污水处理厂造成的环境影响主要来自其运行维护阶段的电力消耗（非生物资源耗竭 91.0%，全球变暖 94.9%，光化学氧化 88.8%，大气酸化 78.9%）。这主要是因为污水处理厂在生命周期内消耗了大量的火电，且煤的消耗和二氧化硫的排放都很大。污泥的处理处置是陆地生态毒性的主要来源（占 47.9%），其次是直接电力消耗（38.2%）和建筑材料制造（13.8%）。综上所述，污水处理厂在运营维护阶段造成的环境影响最大。

该技术评估见表 3-6。

表 3-6 A^2/O 工艺评估

技术名称	技术适用条件	面源污染物减排	生产影响	经济效益	环境风险	备注
A^2/O 工艺	适用于出水水质要求较高的农村	减排效果明显	较小	不明显	较小	主要风险是温室气体排放

八、推广政策建议

（1）建设期补贴。建议补贴 60%左右建设费用，可以采用免费使用土地的形式进行补贴。

（2）运行期补贴。根据进水水量及出水水质补贴部分运行费用，补贴比例建议为50%左右，建议采用将商用电价改为民用电价、征收污水处理费等方式进行补贴。

技术编写者及依托单位：夏训峰、王丽君、朱建超、高生旺 中国环境科学研究院
联系电话：010-84915289
电子邮箱：xiaxunfengg@sina.com、wanglijun.qq@163.com

生态园林式污水处理工艺

一、技术概述

传统污水处理工艺存在的问题：①污水处理设施外形普遍不美观，气味大，一般是位于生活范围以外的水泥建筑群；②处理出水氮、磷浓度普遍不达标，随着人们生活习惯的改变，传统工艺难以去除水中难降解有机物，使出水水质很难达到一级 A 标准；③集中型处理设施同样使得污水的再利用成为一个资金密集型产业，需要兴建大量辅助设施（管道网络）从实际产生地、居民区以及商业区域将污水引至处理厂；④运营成本较高，污泥产生量大，处理成本较高。而生态园林式污水处理工艺正是为了解决以上问题而生。

生态园林式污水处理工艺是将好氧生态设计与厌氧污水处理相结合，以反应池为基础，将模块化的系统植入污水处理领域的最新污水处理工艺，是生态设计与多年污水处理经验的完美结合。效果如图 3-4 所示。

图 3-4　生态园林式污水处理效果图

二、技术适用范围与条件

生态园林式污水处理工艺的适用范围：①农村生活污水的净化及回用；②生态环境科普教育研究基地。其中，农村生活污水处理使用较为广泛。

农村生活污水处理：以更少的占地空间和更低的能耗，带来更高效的污水处理效果。独特美观无异味的温室设计，适合在任何场地建设，人们还可在此接受环境教育、娱乐和享受自然的宁静。

本系统以厌氧栓接罐为反应基础（图 3-5），不定容，可根据实际水量设计不同大小的一个或几个反应罐体。

图 3-5　厌氧栓接罐现场图

三、技术规程与流程

（一）进、出水水质参数

生态园林式污水处理系统对进水浓度的要求不严格，它可以处理各种浓度的污水。如果要处理高浓度的污水，又要求出水浓度较低，在设计上采取一些措施就可以完成。本处理系统也与其他土地处理系统一样，对悬浮固体尤其是能产生堵塞的各种物质要求必须去除。一般生活污水的进水及出水水质见表 3-7。

表 3-7　预估进水水质及出水水质标准

项目	pH	SS（毫克/升）	BOD_5（毫克/升）	COD_{Cr}（毫克/升）	NH_3-N（毫克/升）	TN（毫克/升）	TP（毫克/升）
进水浓度	6～9	300	230	420	30	40	4
出水浓度	6～9	9	9	45	8	1.5（2.5）	0.4

注：NH_3-N 出水浓度括号外数值为水温＞12℃时的指标，括号内数值为≤12℃时的指标。

（二）基质选择

一般选择建设用地时需遵循以下原则：必须是较稳固的平原，不易下沉；尽量避免文物保护地。

（三）工艺流程及说明

生态园林式污水处理工艺流程见图 3-6。

通过机械格栅拦污后的污水进入初沉池，去除污水中颗粒性杂质。初沉池出水进入调节池，调节污水的水量和水质。为防止悬浮固体在调节池内沉淀，在调节池底部布有穿孔曝气管，采用间隙曝气。

调节池出水经提升泵进入节能脉冲厌氧反应器，去除污水中难降解有机物和大部分可

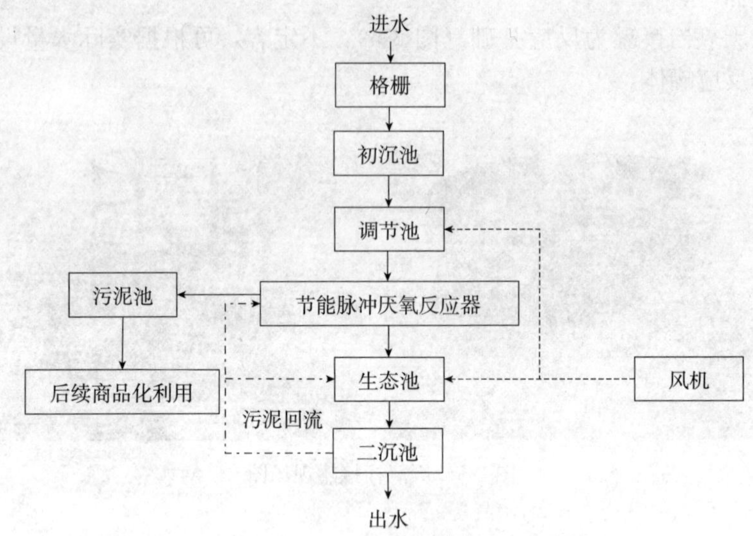

图 3-6 生态园林式污水处理工艺流程

生物降解污染物，减小后续生态好氧系统负荷的压力；将废水中有机氮转化为氨氮类物质，提高后续生物处理工艺的效率。厌氧出水进入生态园林污水处理系统，进行脱氮除磷及有机物的进一步去除，保证出水水质达标的同时，又美化了污水处理厂的环境。植物在此过程中除了去除氮磷，生长好的植物也可以作为生态湿地、园林建设等的绿化植物来源，降低处理能耗的同时也增加了额外的收入。生态池的出水进入二沉池，进行固液分离，为保证出水悬浮固体达标，二沉池出水排放。

沉淀池沉淀下来的污泥，一部分由污泥泵回流至生态池，进行污泥循环；一部分回流至节能脉冲厌氧反应器中。由厌氧工艺产生的污泥储存至污泥池，污泥作为厌氧菌种或定期采用粪车外运作农家肥处理。生态好氧系统可设置在阳光房内，该阳光房采用半遮/温室结构。

(四) 技术优点

生态园林式污水处理工艺与其他处理技术相比较，具有非常明显的优势，主要技术特点包括：

1. 具有极优的脱氮效果 氨氮去除效率大于 99%，总氮去除效率大于 90%，远优于国内其他城镇生活污水处理技术。生活污水经处理后的出水氨氮指标可达到地表水Ⅱ类水质要求，是解决江河湖泊氨氮、总氮污染问题的最佳选择（图 3-7）。

2. 出水水质可全面达标 出水水质全面达到《城镇污水处理厂污染物排放标准》一级 A 标准（最高标准），以及《城市污水再生利用 城市杂用水水质标准》的要求，出水可直接作为生态景观补充水、绿化水、冲厕用水等。

3. 生态环境适宜，运行高效稳定 如图 3-8 所示，系统内有 2 000～3 000 种植物、动物和微生物，并将庞大的植物根系悬浮在反应器内，为动物和微生物提供了一个健康的生长栖息环境。所形成的生态系统不仅稳定，且非常有活力，在生物有机体自我合成和吸收太阳能的作用下，使污染物得到最大限度的降解。

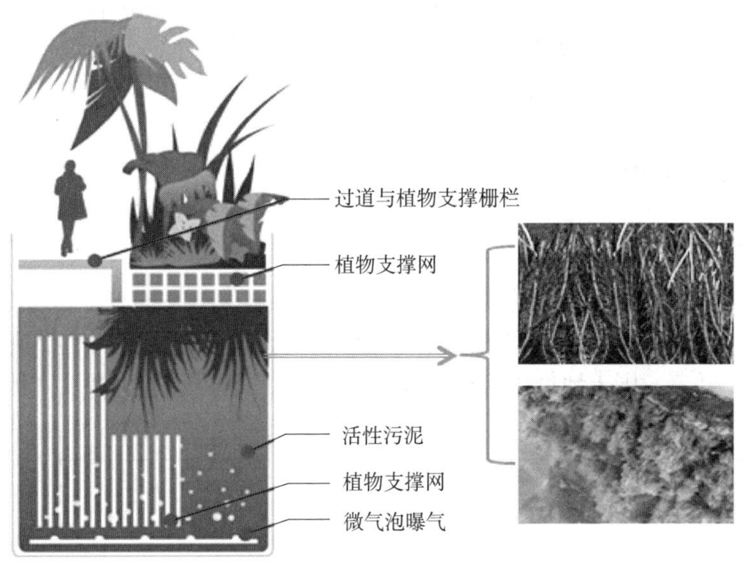

图 3-7 生态园林式污水处理工艺系统示意图

图 3-8 生态园林式污水处理工艺系统中的植物

4. **内设除臭系统，周边环境良好** 本工艺巧妙利用种植的挺水植物构建内置除臭系统，使处理系统释放的恶臭气体被有效净化，解决了一般污水处理厂外泄恶臭气体影响周边大气环境问题，避免了扰民与投诉发生。

5. **设施造型美观，生态环境优美** 在处理构筑物内栽培了大量挺水植物，且处理设施置于轻钢骨架结构玻璃温室内，有别于其他污水处理技术的设计，处理系统就像一个充满生机的苗圃场，改变大众对污水处理设施的传统印象。

6. **自动化程度高，可远程监控** 整个污水处理流程均采用可编程逻辑控制器控制。此外，控制系统通过联网，可实现远程监控和技术指导。

7. **运行费用低** 1 吨水处理电费约 0.33 元，综合运行费用与同类其他废水处理工艺相比而言较低。

四、对生活的影响

目前，我国农村污水的处理率仅为 11%左右，农村污水及农业面源污染致使当前我国农村水域受到严重污染。采用生态园林式污水处理的办法改变水质，使之无害化、资源化，特别是再生回用，就能实现水的良性循环，既减少了对水资源的需求，又减少对水环境的污染，对人类社会发展是有重大意义。

五、效益分析

（一）占地面积

高度集约的生物系统、创新的建筑设计使得生态园林好氧系统占地仅是传统活性污泥处理法的70%左右（表3-8），从预处理开始通过分相消化直到污泥回收全部流程都囊括于一个小型设施内。随着我国土地价值的日益增高，较小的占地面积将大幅度降低成本。

表3-8 不同污水处理厂占地面积

类 型	污水处理规模			
	500吨/天	1 000吨/天	5 000吨/天	10 000吨/天
常规污水处理厂（亩）	3	5	12	18
生态园林式污水处理厂（亩）	2	3	8	14
节省占地（%）	33	40	33	22

注：此表数据为经验数据，占地面积可根据实际地形进行调整。生态园林式污水处理工艺系统可充分利用现有设备并构建服务区景观，同时也适合各类改造项目。

（二）园林景观

1. 景观与污水、公厕等结合效果 结合效果图见图3-9。环境美观，无不良气味，与城市景观和谐共存。

图3-9 景观效果图

2. 抗冲击负荷能力 不论入水参数的波动多大，出水参数始终保持稳定水平。系统耐用度高，抗冲击负荷能力强。

（三）投资建设

生态园林式污水处理厂的建设投资成本与建设规模有关，具体见表3-9。

表 3-9 建设投资

类型	建设规模			
	500 吨/天	1 000 吨/天	5 000 吨/天	10 000 吨/天
常规污水处理厂（元/吨）	4 000	3 200	2 500	2 200
生态园林式污水处理厂（元/吨）	3 500	2 800	2 000	1 600
节省投资（%）	12.5	12.5	20	27

（四）运行成本

不同规模的生态园林式污水处理厂的运行费用见表 3-10。

表 3-10 运行费用

单位：元/吨

类型	建设规模			
	500 吨/天	1 000 吨/天	5 000 吨/天	10 000 吨/天
常规污水处理厂	1.0～1.2	0.8～1.1	0.7～1.0	0.6～0.8
生态园林式污水处理厂	0.6～0.7	0.5～0.6	0.4～0.5	0.3～0.4

注：生态园林式污水处理工艺力求做到“零运营成本”。

运行成本具体分析如下：

(1) 将花卉和景观与污水处理相结合，创造污水处理新理念的同时兼具可观的经济收入（每亩 5 万元左右）。

(2) 污泥量少（图 3-10），相比传统工艺可降低污泥产量 30%～40%；厌氧反应器去除污水中有机物质，减轻后续工艺负荷，生产颗粒污泥商品或基肥。省去污泥处置费用的同时创造经济效益。此外，系统内植物根系和专用生物纤维介质作为固膜载体，可产生 3 000～4 000 种菌，而常见的活性污泥污水处理厂只有 600～800 种。

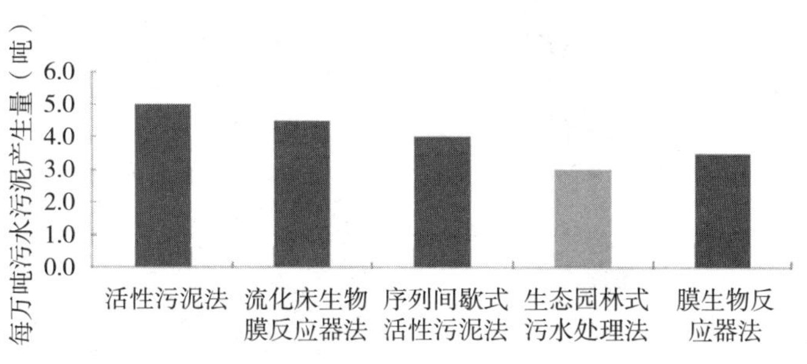

图 3-10 不同处理工艺的污泥产生量

(3) 多采用高度自动化，运营所需的工作人员也较少，人工成本低。

(4) 厂区设置太阳能供电系统（图 3-11），自给供电设备，省去部分燃料及动力费，大大降低运行成本。

（五）建设周期

(1) 设备部分。栓接罐体工程预制，现场拼装（图 3-12）。钢板预制、防腐等工作都

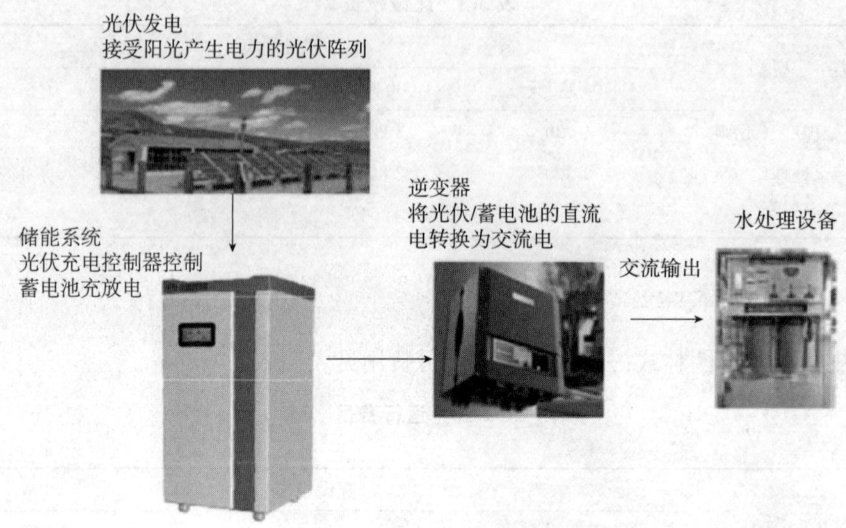

图 3-11 太阳能供电系统

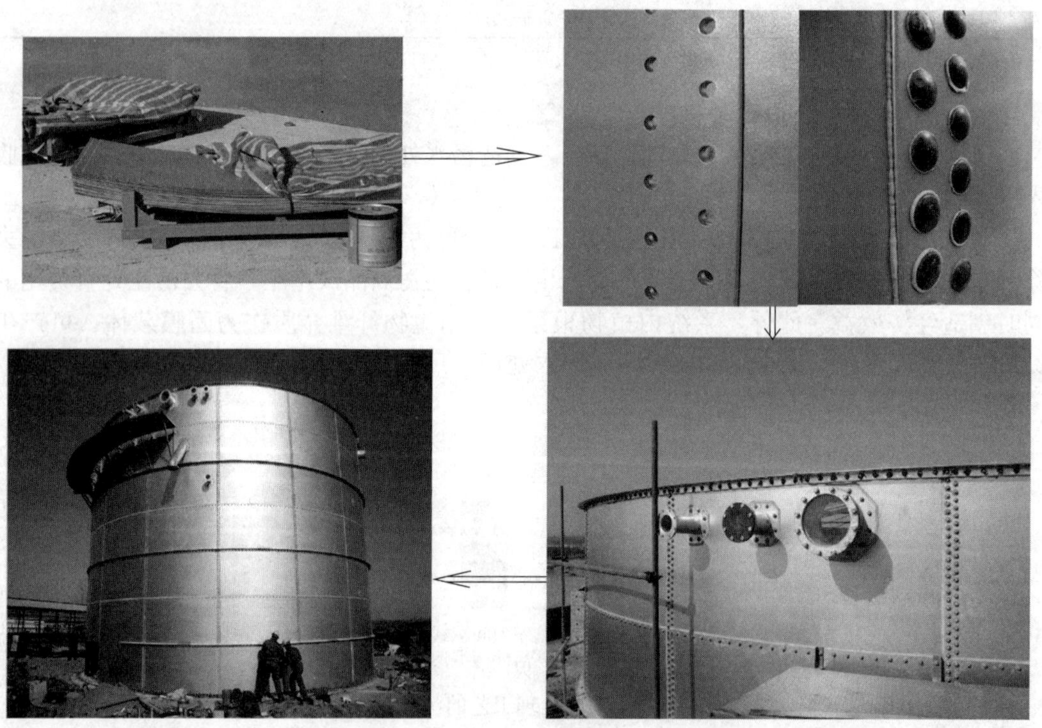

图 3-12 厌氧栓接罐现场拼接示意图

在工厂完成，现场只需要进行简单的拼装，质量更稳定可靠；现场施工周期短，技术难度低，对专业技术工人的要求降低，从而使反应器质量更高，成本更低；反应器生产容易实现设备化、标准化和产业化。

（2）公共工程及土建部分。因核心装置设备化，土建相对工程量减少，降低了施工难度和施工周期。

标准化和模块化使得该工艺可以根据水质水量做调整，更兼具扩容、拆迁优势。

六、推广政策建议

（1）建设期补贴。可以采用免费使用土地的形式进行补贴，补贴比例60%左右。

（2）运行期补贴。出售花卉、苗木等带来的收益，基本可以满足污水运行费用，可根据实际情况进行补贴。

技术编写者及依托单位：夏训峰、王丽君、朱建超、高生旺　中国环境科学研究院
联系电话：010-84915289
电子邮箱：xiaxunfengg@sina.com、wanglijun.qq@163.com

A/O 工艺

一、技术概述

A/O 是厌氧/好氧（anoxic/oxic）英文单词的首字母缩写。A/O 工艺是由缺氧和好氧两部分组成的污水生物处理系统。它的优越性是除了使有机污染物得到降解外，还具有一定的脱氮除磷功能。

A 段池又称为缺氧池，或水解池。生物水解就是指复杂的有机物分子在缺氧条件下，由于水解酶的参与被分解成简单化合物的反应。生物水解反应实际上包括了水解和酸化两个过程，酸化可使有机物降解为有机酸。

污水在缺氧段后再进入好氧段，有机物被好氧微生物氧化分解，有机氮通过氨化作用和硝化作用转化为硝态氮，硝态氮通过污泥回流进入缺氧段；污水经缺氧段时，活性污泥中的反硝细菌利用硝态氮和污水中的 COD_{cr} 进行反硝化用，使硝态氮转化为分子态氮而得到有效的去除，达到同时去除有机物和脱氮的效果。

二、技术适用范围与条件

该技术主要适用于没有可利用的土地或者可利用的土地极少且对出水水质要求较高、实现了污水集中收集的地区。另外，由于该技术需要定期维护且运行中有能耗，故需要当地居民有一定经济承受能力。

该技术适用于进水浓度较高、处理要求高的项目。地埋式 A/O 系统适用于处理规模 20～200 吨/天的污水处理项目，地上式 A/O 系统适用于处理规模大于 200 吨/天的污水处理项目。

三、技术规程与流程

技术流程如图 3-13 所示。

（一）进水水质参数

A/O 工艺进水水质要求如表 3-11 所示。

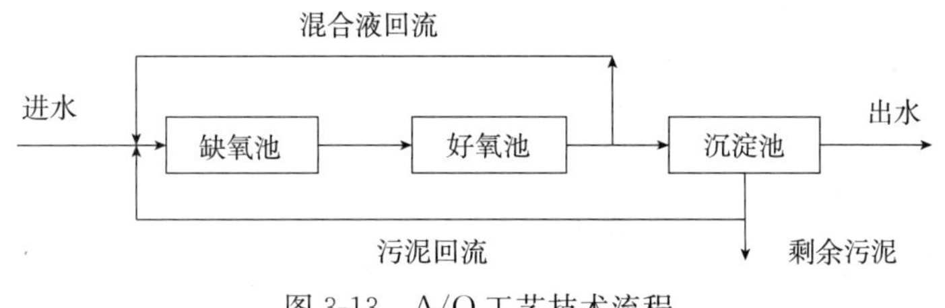

图 3-13　A/O 工艺技术流程

表 3-11　A/O 工艺进水水质要求

项目	C/N	SS（毫克/升）	NH_3-N（毫克/升）	TP（毫克/升）
A/O 工艺	≥8	≤200	≤30	≤3

（二）设计参数

A/O 工艺的主要设计参数宜根据试验材料确定，无试验材料时，可采用经验数据或者按以下数据取值。

水力停留时间：硝化 5～6 小时；反硝化不大于 2 小时，A 段∶O 段＝1∶3。

污泥回流比：50%～100%。

混合液回流比：300%～400%。

反硝化段 C/N：BOD_5/TN>4，去除 1 克硝态氮理论 BOD_5 消耗量为 1.72 克。

硝化段 TKN（凯氏氮）/MLSS 负荷率（单位活性污泥浓度单位时间内所能硝化的凯氏氮）：<0.05 千克/（千克·天）。

硝化段污泥负荷率：BOD_5/MLSS<0.18 千克/（千克·天）。

混合液 MLSS 浓度：3 000～4 000 毫克/升。

溶解氧（DO）：A 段为 0.2～0.5 毫克/升；O 段为 2～4 毫克/升。

pH：A 段 pH 为 6.5～7.5；O 段 pH 为 7.0～8.0。

水温：硝化段为 20～30℃；反硝化段为 20～30℃。

（三）混合液回流比

混合液回流比见表 3-12，回流比的大小直接影响反硝化脱氮效果。回流比增大，脱氮率提高，但增加电能消耗，从而增加运行费用。

表 3-12　A/O 工艺脱氮率与混合液回流比关系

单位：%

回流比	50	100	200	300	400	500	600
脱氮率	33.3	50.0	66.7	75.0	80.0	83.3	85.0

四、面源污染物减排效果

BOD_5 的去除率较高，可达 90%～95%，脱氮率为 70%～80%，除磷率为 20%～30%。

五、对生活的影响

该工艺对生活的影响主要体现在噪声和臭气两个方面：首先是好氧池曝气设备运行时可能产生较大噪声，对居民生活造成不利影响，因此在设计曝气设备房时应做好隔音处理；然后是缺氧池在有机物分解过程中可能会产生臭味气体，以及沉淀池污泥也有可能产生臭味气体。

六、效益分析

该工艺系统设计水量为 50 米^3/天，进水指标见表 3-13。

表 3-13 A/O 工艺系统进水指标参数

项目	COD_{Cr}（毫克/升）	TP（毫克/升）	TN（毫克/升）	SS（毫克/升）	NH_3-N（毫克/升）	pH
数值	100～200	3～8	30～40	100～200	20～30	6.5～7.5

处理后的污水水质达到《城镇污水处理厂污染物排放标准》的一级 B 类标准，主要指标如下：COD_{Cr}为 60 毫克/升，NH_3-N 为 8 毫克/升，TN 为 20 毫克/升，TP 为 1 毫克/升，SS 为 20 毫克/升，pH 为 6～9。

A/O 工艺工程总投资为 9.34 万元，其中设备及安装费用 4.04 万元，土建费用 4.80 万元，其他费用 0.50 万元。运行过程中耗电 15.6 千瓦・时/天。

七、潜在环境风险

以哈尔滨市某二级污水处理厂为例，该污水处理厂设计处理规模为 32.5 万吨/天，实际处理规模为 25 万吨/天，采用 A/O 工艺处理生活污水。本次生命周期影响评价以进入污水处理厂之前的污水收集为开始，以处理后达标水的排放和污泥处置为结束。采用该污水处理厂的年实际处理量作为功能单位，即每处理 9 125 万吨污水平均造成的环境影响（因污水处理旨在防止水污染，因此不考虑水质影响和水体富营养化影响）。

本次研究中的生命周期综合影响为 6 912.022 吨/年。在各类环境影响中，污水处理厂生命周期对非生物资源耗竭的贡献最大（6 577.647 吨/年），其次为全球变暖影响（192.860 吨/年）、人类健康影响（140.363 吨/年）。

本技术评估见表 3-14。

表 3-14 A/O 工艺技术评估

技术名称	技术适用条件	面源污染物减排	生产影响	经济效益	环境风险	备注
A/O 工艺	可利用的土地极少且对出水水质要求较高的经济发达地区	减排效果较好	非常小	不明显	小	主要风险为能源消耗

八、推广政策建议

(1) 建设期补贴。建议补贴60%左右建设费用，可以采用免费使用土地的形式进行补贴。

(2) 运行期补贴。根据进水水量及出水水质补贴部分运行费用，补贴比例建议为50%左右，建议采用将商用电价改为民用电价、征收污水处理费等方式进行补贴。

九、案例

(一) 江苏省扬州市江都区武坚镇黄思社区生活污水处理工程

1. **项目建设基本信息** 建设地点：江苏省扬州市江都区武坚镇黄思社区。生活污水处理量：300 吨/天。

2. **技术名称** A/O+人工湿地污水处理工艺。

3. **工艺设施** 调节池、缺氧池、好氧池、沉淀池、人工湿地、水泵、风机等。

4. **工艺流程** 工艺流程见图 3-14。

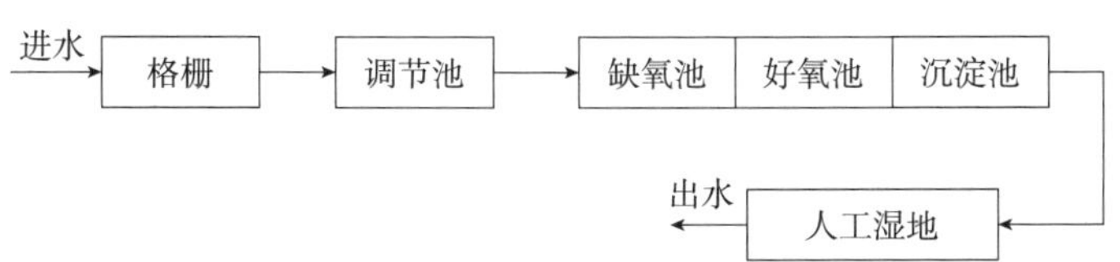

图 3-14 A/O+人工湿地污水处理工艺流程

5. **建设和运行成本** 建设成本：5 000～7 000 元/吨。运行成本：0.4 元/吨。

6. **主要污染物去除效果** 当进水 COD_{cr} 为 125～325 毫克/升，出水 COD_{cr} 为 36～60 毫克/升时，去除率为 64%～80%；当进水 NH_3-N 为 15～30 毫克/升，出水 NH_3-N 为 5.6～8 毫克/升时，去除率为 57%～74%。出水水质可达到国家《城镇污水处理厂污染物排放》中的一级 B 标准，脱氮效果显著。

7. **运行管理经验** 采取自动运行、定期巡视即可，运行管理中注意对鼓风机、提升泵等设备定期检查。同时，注意清理格栅栅渣，并及时排出二沉池剩余污泥，防止悬浮固体进入后续的人工湿地。人工湿地植物冬季枯萎后，也应进行清理，防止形成二次污染。

8. **技术提供单位和设备供应单位信息** 江都区龙华环境净化设备工程有限公司。

9. **典型案例** 典型案例照片见图 3-15。

(二) 山东省菏泽市东明县东明集镇污水处理站

1. **项目建设基本信息** 建设地点：菏泽市东明县东明集镇。建设时间：2011 年 5 月至 2012 年 2 月。生活污水处理量：500 吨/天。服务人口：5 000 人。

2. **技术名称** A/O 工艺。

3. **工艺设施** 调节池、缺氧池、好氧池、沉淀池等。

图 3-15 A/O+人工湿地污水处理工艺典型案例

4. 工艺流程 工艺流程见图 3-16。

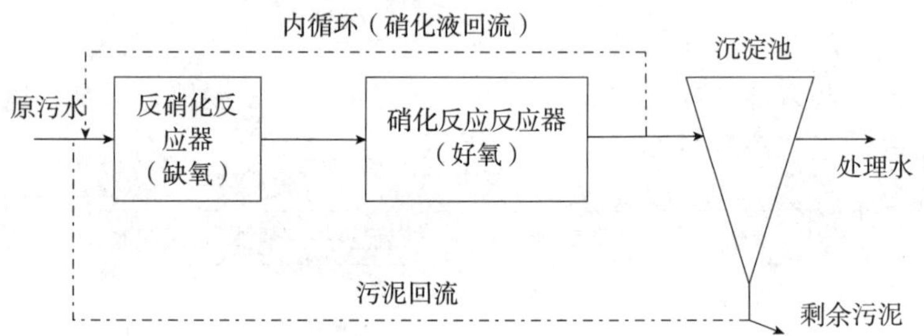

图 3-16 A/O 工艺流程

5. 建设和运行成本 建设资金：241.58 万元。运行费用：主要设施运行过程中耗电费用为 0.22～0.46 元/（米^3·天），药剂费用为 0.23～0.30 元/（米^3·天），设备折旧费用为 0.31～0.44 元/（米^3·天），不计人工费，则主要运行费用为 0.76～1.20 元/（米^3·天）。

6. 主要污染物去除效果 出水水质达到《城镇污水处理厂污染物排放》中的一级 A 标准，COD_{Cr}≤50 毫克/升，NH_3-N≤5 毫克/升。

7. 运行管理经验 乡镇为污水处理设施产权单位，依托县污水处理厂对农村生活污水处理设施的运转、维护、维修进行管理。

8. 典型案例 典型案例照片见图 3-17。

全貌

污水进水

调节池

水解池井盖

图 3-17 A/O 工艺典型案例

技术编写者及依托单位：夏训峰、王丽君、朱建超、高生旺 中国环境科学研究院
联系电话：010-84915289
电子邮箱：xiaxunfengg@sina. com、wanglijun. qq@163. com

地下土壤渗滤系统

一、技术概述

土壤渗滤是利用土壤渗滤性能和土壤表面植物处理污水的土地处理工艺类型。污水经过沉淀、厌氧等预处理后，有控制地通过布水器分流入各土壤渗滤管中，管中流出的污水向土壤厌氧滤层均匀渗滤，再通过表面张力作用上升，越过厌氧滤层出口堰后，通过虹吸现象连续向上层（好氧滤层）渗透。污水在渗滤过程中一部分被土壤介质截获，一部分被植物吸收，一部分被蒸发，通过土壤-微生物-植物系统的生物氧化、硝化、反硝化、转化、降解、过滤、沉淀、氧化还原等一系列综合作用使污水达到处理利用要求。

地下土壤渗滤系统是将污水有控制地投配到具有一定构造、距地面一定深度和具有良好扩散性能的土层中，污水在土壤毛管浸润和渗滤作用下向周围运动，在土壤-微生物-植物系统的综合净化功能作用下，达到处理利用要求的一种土地处理系统。地下土壤渗滤系统具有处理出水水质好、投资少、管理简单、装置位于地下不破坏景观、无臭味等优点，从而成为国内外日益受重视的污水处理方法。

地下土壤渗滤系统种类很多，归结起来可分为 3 类：土壤渗滤沟、土壤毛管渗滤系统、土壤天然净化与人工净化相结合的复合工艺，通常是将浸没生物滤池与土壤毛管浸润渗滤相结合。

二、技术适用范围与条件

地下土壤渗滤系统适合在农村推广，尤其是上海、江苏、浙江等城市化程度高、发展快的地区。这些地区人口密度大，除本地居民外，还有大量的外来居住人口流入。主要用于分散的居民点、休假村、疗养院等小规模污水处理，并与绿化相结合。地下土壤渗滤系统最突出的优点是所有处理装置均位于地下，不影响地表景观，对周围环境的不良影响很小。

应将布水管埋在冬季土壤温度不低于 10℃的位置。据相关资料记载，目前建设的工程水管最大埋深 1.5 米可正常运行，污水净化效果良好。

一般对场地土壤的要求如下：①土壤类型最好是壤土、沙壤土等；②土层厚度应在 0.6 米以上；③地面坡度＜15%；④土壤渗透率为 0.15～5.00 厘米/时；⑤地下水埋深＞1 米。

三、技术规程

（一）进出水水质参数

地下土壤渗滤系统是一种自然生态净化与人工工艺相结合的小规模污水处理技术，最适宜处理的污水是生活污水，包括家庭生活的粪尿污水和杂排水，如洗浴水、厨房排水、冲洗地板和洗衣废水等。

地下土壤渗滤系统对生活污水浓度的要求不严格，它可以处理各种浓度的生活污水。如果要处理高浓度的污水，又要求出水浓度较低，在设计上采取一些措施就可以完成。本处理系统与其他土地处理系统一样，对悬浮固体尤其是能产生堵塞的各种物质要求必须去除，对难降解的物质要求也较严，一般生活污水中难降解物质不会大量存在。从各国的实用工程水质资料来看，地下土壤渗滤系统的进水水质控制的最佳状态是：BOD_5＜200 毫克/升，TOC（总有机碳）/BOD_5＜0.8。

（二）设计参数

工艺设计参数见表 3-15。

表 3-15　地下土壤渗滤系统的设计参数

项　　目	参　　数
污水投配方式	地下布水
水力负荷率（厘米/天）	0.2～4.0
最低处理要求	一级处理（化粪池）
土壤渗透率（厘米/时）	0.15～5.00（中）
是否种植植物	草皮、花木

（三）占地面积

本项工程的占地面积可以根据日本相关资料进行计算，按每人需建 2 米长的地下土壤渗滤沟就可以处理排出的污水计，若超过 5 人则按下列公式计算：$L=10+2(n-5)$，$n\geqslant5$。其中，L 指沟长，米；n 指人口数。

我国居民目前的生活水平和人均排污量都低于日本，但各地差别也较大，因此不同地区和城市可根据这一计算公式适当增减利用面积。

（四）基质选择

选择填充基质时一般需遵循以下原则：基质必须具有较好的团粒结构且稳定性好，以避免系统堵塞；选用原始土壤，以保证系统内有大量的有机质和微生物，缩短培养驯化时间；基质必须未被重金属、有毒有机物污染。基质填充时，要使系统形成上部透水、通气，下部缺、厌氧的环境。

目前，在地下土壤渗滤系统中采用复合填料居多，主要以原位土壤、沙子、砾石为基本原料，并添加合适的辅料，如煤渣、沸石、矿渣、粉煤灰、钢渣、蛭石、石灰石、高炉渣、活性污泥、草炭土、稻壳和活性多孔介质等。基本原料与辅料之间通过不同的组合方式和优化配比来提高系统的污染物去除效果。

四、面源污染物减排效果

地下土壤渗滤系统面源污染减排效果见表 3-16。

表 3-16 地下土壤渗滤系统的出水水质

指 标	平均值	最高值
BOD_5（毫克/升）	2	5
SS（毫克/升）	1	5
TN（毫克/升）	3	8
NH_3-N（毫克/升）	0.5	2
TP（毫克/升）	0.1	0.3
大肠菌群（个/升）	0	1×10^2

五、效益分析

整个系统采用地埋式，地表可用作绿地、旱地、停车场、休闲运动场地等，工程占地一般为 2.0～2.5 米^2/吨。投资成本根据系统、规模和场地条件而定，一般为 1 500～8 000 元/吨。根据自然地形条件采用动力或无动力均可，运行费用一般为 0.2～0.3 元/吨。

金山区廊淦岛农村生活污水处理工程是土壤渗滤技术在上海市的第一次应用。本工程对该村 119 户居民的生活污水采用地埋式土壤渗滤系统进行处理，根据居住点、河道及道路分布情况，共分为 3 处装置。设计处理水量 63 米^3/天，主体工程占地面积 1 167 米^2，管网总长为 3 070 米。工程总投资 113 万元，年运行成本约 3 500 元。

处理系统自 2008 年 1 月投入运行以来，运行稳定，成效明显。市水环境监测中心金山分中心每旬 1 次水质监测结果显示：该工程对 COD_{Cr}、BOD_5、NH_3-N、TN 的处理，COD_{Cr}、都取得了良好的效果，处理后水质达《城镇污水处理厂污染物排放》一级 B 标准。具体指标见表 3-17。

表 3-17 地下土壤渗滤系统进、出水水质指标

单位：毫克/升

项目	COD_{Cr}	BOD_5	SS	TN	NH_3-N	TP
进水浓度	350	150	150	40	30	8
出水浓度	≤60	≤20	≤20	≤20	≤8（15）	1

六、潜在环境风险

一般来说，土地处理工艺对周围环境不会造成不良影响。土壤渗滤的整个布水系统处于地下，不会产生恶臭、蚊蝇等污染；细菌和病毒等在渗透表层的30厘米以内就基本被土壤吸附而去除。但随着近年来全球气候变暖的加剧，污水土地处理过程的温室气体排放问题也越来越被人们关注。

污水土地处理过程排放的温室气体主要是CH_4和N_2O。CH_4的温室效应是CO_2的20～30倍；N_2O在大气中的残留时间长达130年，其温室效应是CO_2的200～300倍。N_2O不仅是温室气体，其分解过程也是NO气体的主要来源，而NO是破坏臭氧层的链式化学反应中的关键物质。

土地处理系统中CH_4主要是由渗滤系统长期运行造成内部环境缺氧导致微生物厌氧呼吸而产生；N_2O的主要来源目前还未有定论，根据国内外文献报导主要有两种假设：一是N_2O由硝化（反硝化）细菌的生命活动过程产生，二是N_2O是硝化作用产生的不稳定中间产物进行化学反应的结果，而大部分的研究报道都支持了第一种假设。

以农村生活污水处理量20米^3/天的地下土壤渗滤污水处理系统为评价对象，处理1米^{3}污水为评价单元，把地下土壤渗滤系统生命周期分为建设阶段和运行阶段。建设阶段包括原材料的开采、生产与运输及能源生产、施工建设等单元，运行阶段包括温室气体排放、电力消耗等单元，进行生命周期环境排放的清单分析与影响评价（表3-18）。

表3-18　环境影响评价

影响类型	标准人当量基准 ［千克/（人·年）］	标准化后的潜在环境影响
全球变暖	8 700	3.899×10^{-4}
大气酸化	36	1.372×10^{-4}
富营养化	62	3.00×10^{-3}
光化学氧化	0.65	4.65×10^{-3}
固体废弃物	251	5.896×10^{-5}
粉尘	18	7.056×10^{-4}

根据标准化后的影响评价结果可知，地下土壤渗滤技术生命周期环境影响从大到小依次是光化学氧化、富营养化、粉尘、全球变暖、大气酸化和固体废弃物。

本技术评估见表3-19。

表3-19　地下土壤渗滤系统处理污水技术评估

技术名称	技术适用条件	面源污染物减排	生产影响	经济效益	环境风险	备注
地下土壤渗滤系统处理污水技术	分散的居民点、休假村、疗养院等小规模污水处理厂	一般	一般	不明显	较小	主要风险是光化学氧化

七、推广政策建议

（1）建设期补贴。建议补贴部分建设费用，补贴比例为60%，可以采用免费使用土地的形式进行补贴。

（2）运行期补贴。售卖地下土壤渗滤系统上获得的作物收益，补贴运行费用，补贴比例建议为50%左右。

八、案例

（一）福建省南平市延平区西芹水厂水源地周边农村污水处理工程

1. 项目建设基本信息 建设地点：福建省南平市延平区坑布村、南洲村、沙舟坑村。建设时间：2011年。

2. 技术名称 高负荷地下渗滤污水处理复合技术。

3. 工艺设施 格栅池、厌氧池、沉淀池、调节池、地下渗滤田、人工湿地、提升泵、鼓风机等。

4. 工艺流程 污水经管网收集后进入污水处理站，首先经过格栅格网去除塑料袋、布条等垃圾杂物后进入厌氧池（图3-18）。厨房排放的一些油类物质被隔于厌氧沉淀池的表面，密度较大的颗粒物沉淀于厌氧沉淀池的底部。厌氧沉淀池的出水进入调节池，污水在调节池内进行水质水量的调节。提升泵定时定量地将污水送入地下渗滤田，污水在渗滤田内通过散水管网平均分配于整个散水层，当污水在地下横向运移和向下渗滤的同时，污水中的污染物被填料拦截、吸附和被依靠附着于填料表面的微生物分解和转化而去除。为增加氧气供应量，应定时定量对地下渗滤田进行有效充氧。地下渗滤单元的出水进入人工湿地进行深度处理，以进一步提高脱氮除磷效果。人工湿地适合种植当地生长的并具有一定抗寒能力的植物，该类植物应适合于沼泽地内生长。

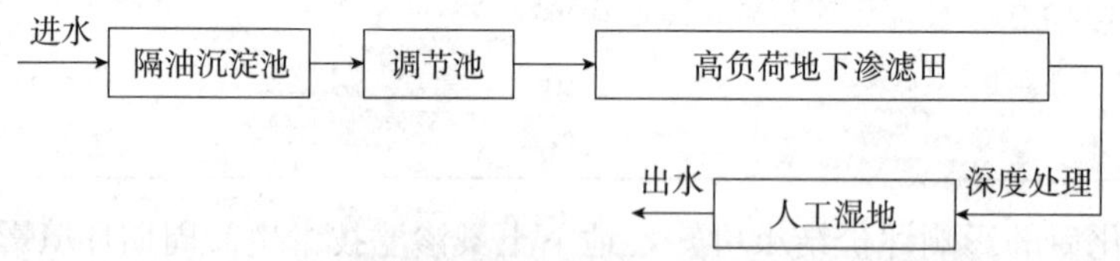

图3-18 高负荷地下渗滤污水处理复合技术工艺流程

5. 建设和运行成本 建设投资：坑布村约49万元、南洲村约38万元、沙舟坑村约41万元，处理污水量与服务人口数见表3-20。运行成本：操作维护简便易行，无复杂设备，几乎不需要日常管理。1吨污水每天处理成本0.06元。

表3-20 污水处理量与服务人口数

序号	名称	人口	污水处理量（吨/天）	占地面积（米^2）
1	坑布村	1 671	200	600

（续）

序号	名称	人口	污水处理量（吨/天）	占地面积（米²）
2	南洲村	1 677	150	450
3	沙舟村	1 850	200	600

6. 运行效果 主要污染物去除效果及出水水质达到《城镇污水处理厂污染物排放》中一级A标准。

7. 运行管理经验 项目工程建成运行后，由于本系统采用电脑自动化管理，不需专人维护管理，只需村委会环保专管员定期查看，乡镇环保站环保员负责日常巡查监管；因污水处理厂运行维护费用非常少，运行维护资金采取乡镇自筹机制，保证处理设施的长期正常稳定运行。

8. 技术提供单位信息 高负荷地下渗滤污水处理复合技术由南平绿星环保工程有限公司联合中国科学院广州地球化学研究所共同开发。该技术已先后应用在建瓯市东峰镇、大田县、建宁县、南平市延平区西芹镇、塔前镇、巨口乡等农村污水处理工程中。

9. 典型案例 典型案例照片见图3-19。

图3-19 高负荷地下渗滤污水处理复合技术典型案例

（二）河北省石家庄市藁城区岗上镇故献村生活污水处理工程

1. 项目建设基本信息 藁城区岗上镇故献村地处南水北调工程石津灌渠的北侧，已配套污水收集管网，现收集区域为165户，排水体制为雨污合流，目前经管网收集后的污水和村中8家餐饮小饭店排放的污水未经处理直接排入村前小河沟。工程设计规模50吨/天，于2013年10月投入运行，工程总投资29.69万元。工程由村民兼职运营，暂无人力成本，运行成本仅为污水提升所需的动力费，污水处理站年经营成本费用为945元，水经营成本为0.0525元/吨。

2. 技术名称 人工快渗污水处理技术。

3. 工艺流程 经管网截污收集后的生活污水通过格栅隔油后进入调节池调节水质水

量，调节池兼具沉淀池功能，污水经泵提升后直接布水至人工快渗池，快渗池出水经生态沟处理后，出水达标排放。工艺流程如图 3-20 所示。

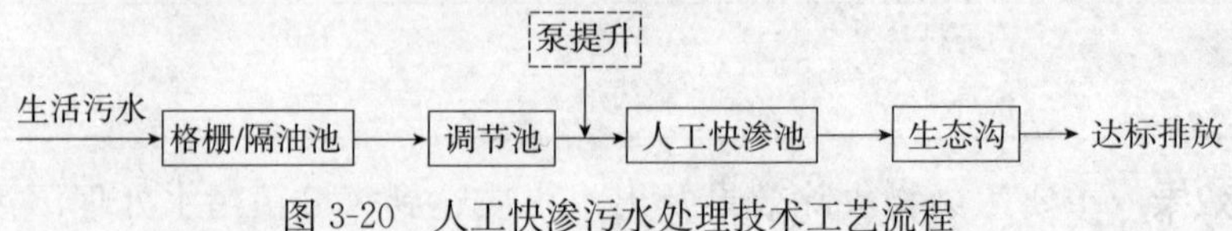

图 3-20 人工快渗污水处理技术工艺流程

4. **建设和运行成本** 工程总投资 29.69 万元。工程由村民兼职运营，暂无人力成本，运行成本仅为污水提升所需的动力费，污水处理站年经营成本费用为 945 元，1 吨水经营成本为 0.0525 元。

5. **处理效果** 本工程出水排入农田沟渠，用于灌溉及周围环境美化，水质达到《城镇污水处理厂污染物排放》一级 A 标准，主要污染物去除效果见表 3-21。

表 3-21 设计进水水质

单位：毫克/升

项目	COD_{Cr}	BOD_5	SS	NH_3-N	TP
进水浓度	≤300	≤160	≤180	≤25	≤2.5
出水浓度	≤50	≤10	≤10	≤5（8）	≤0.5

注：括号外数值为水温>12℃ 时的控制指标，括号内数值为水温≤12℃时的控制指标。

6. **运行管理经验** 人工快渗系统运行维护简单，本项目仅配备 1 名兼职人员进行日常维护。人工快渗系统通过设备仪表进行自动控制，运行管理简单。

应保持设备设施清洁，及时处理跑、冒、滴、漏等问题；水处理构筑物堰口、池壁应保持清洁、完好；定期翻晒表面填料，避免板结，保证渗透速率；定期检查、维修各种设备设施及仪器仪表，并做好记录。

运行人员在正常工作时间内，每天进行 3 次全面巡视并如实填写相关记录。巡视范围包括提升泵、阀门、配电设备等的工作状态。在巡视过程中，需观察水源的污染程度，若水面油污严重或水质出现异常，应立即采取安全措施，同时向上级领导汇报，并随时观察出水口的水质情况，若发现水质较差，需及时调整快渗池运行方式。

7. **技术提供单位信息** 本工程采用的人工快渗污水处理技术由深圳市深港产学研环保工程技术股份有限公司提供。

8. **典型案例** 典型案例照片见图 3-21。

（三）浙江省安吉县报福镇石岭村 MSL 工艺生活污水处理工程

1. **项目建设基本信息** 建设地点：浙江省安吉县报福镇石岭村。建设时间：2010 年。处理规模：50 米^3/天。

2. **技术名称** 多介质土壤渗滤（MSL）污水处理技术。

3. **工艺设施** 格栅池、厌氧池、沉淀池、调节池、地下渗滤田、人工湿地、提升泵、鼓风机等。

图 3-21　人工快渗污水处理技术典型案例

4. 工艺流程　餐饮废水先经隔油池处理，生活污水经化粪池简单处理后进入排水管网，经过预处理去除粗大杂物后自流至厌氧池进行生化处理，经厌氧生化去除部分有机物后，流入 MSL 池进一步降解污水中的有机物，去除氮、磷等污染物，净化后的污水可达标就近排入河道。厌氧池内选用生物填料作为生物膜介质，可保持厌氧系统有较高的处理效果。

5. 建设和运行成本　建设成本：43 万元（不含管网投资）。运行成本：运行费用每吨污水约为 0.04 元。

6. 处理效果　项目出水几乎可达《城镇污水处理厂污染物排放》一级 A 标准。

7. 运行管理经验　工程运转中只需人工简单维护，主要是每年清渣 1～2 次、MSL 池布水系统的维护。

8. 典型案例　典型案例照片见图 3-22。

（四）云南省曲靖市麒麟区沿江乡冯家圩村污水处理工程

1. 项目建设基本信息　建设地点：曲靖市麒麟区沿江乡冯家圩村。建设时间：2012 年。处理规模：80 米^3/天。服务人口：243 户 1 016 人。

2. 技术名称　土壤渗滤处理技术。

3. 工艺设施　格栅池、沉沙池、高位调节池、地下渗滤系统。

图 3-22 多介质土壤渗滤污水处理技术典型案例

4. 工艺流程 村庄生活污水首先通过格栅井，截留落入生活污水中的固体垃圾及废弃物；之后进入沉沙池，沉沙池以重力分离为基础，将进入沉沙池的水流速度控制在一定范围内，使密度大的无机颗粒等悬浮物下沉至池体底部（定期清掏）；之后进入高位调节池（当污水处理系统场地高差在1米以上时可实现自流，无需动力），少部分有机污染物得到降解，大分子有机物质经降解后转化为小分子物质，从而降低后续系统的负荷压力，减少系统堵塞等。此后，污水自流进入生态填料土地处理系统主处理单元处理，通过基质填料的物理吸附、过滤，土壤微生物的生化转化，植物的吸收等共同作用对污水中污染物进行去除和净化，填料一共5层，分为集水层、脱磷层、复氧层、好氧层及种植层（图 3-23）。

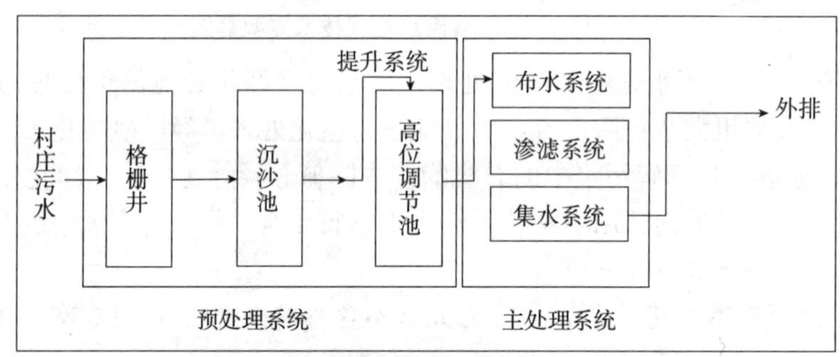

图 3-23 土壤渗滤处理工艺流程

5. 建设和运行成本 建设成本：40万元。运行成本：污水处理运行费用为0.2～0.3元/吨。

6. 处理效果 进、出水水质指标见表 3-22。

表 3-22 设计进、出水水质

项目	COD_{Cr}	BOD_5	SS	TN	TP
进水浓度（毫克/升）	215	147	66	22.44	1.344
出水浓度（毫克/升）	21	12	10	5.44	0.093
去除率（%）	90.2	91.8	84.8	75.7	93.1

7. **运行管理经验** 冬季对植物进行收割，填料堵塞后需更换。

8. **典型案例** 典型案例照片见图 3-24。

图 3-24 土壤渗滤处理技术典型案例

技术编写者及依托单位：夏训峰、王丽君、朱建超、高生旺 中国环境科学研究院
联系电话：010-84915289
电子邮箱：xiaxunfengg@sina.com、wanglijun.qq@163.com

膜生物反应器

一、技术概述

膜生物反应器是将超滤、微滤膜分离技术与污水处理中的生物反应器结合起来的一种新的污水处理技术，综合了膜处理技术和生物处理技术的优点，简称 MBR。膜生物反应器以膜组件取代二沉池的泥水分离单元设备，并与生物反应器组合构成一种新型生物处理装置。常见的 MBR 类型有 MSBR（膜分离生物反应器）、MABR（膜曝气生物反应器）和 EMBR（萃取膜生物反应器）。

污水首先在反应器中进行微生物的异化和同化作用，异化成为 CO_2 和 H_2O，同化物质成为微生物的组成物质。膜单元部分主要用于截留微生物和过滤出水。微生物固体可以有效地被截留在反应器中，实现水力停留时间与污泥停留时间的彻底分离，消除了传统活性污泥工艺的污泥膨胀问题。因为曝气池中活性污泥浓度的增大和污泥中泥龄较长的细菌的出现，提高了生化反应速率，同时通过降低营养和微生物比率(F/M)减少剩余污泥产生量，提高了生化处理效果。

MBR 工艺处理效率一般能达到：COD_{Cr}、BOD_5、SS、NH_3-N 分别为 90%、95%、99%、90%。

二、技术适用范围与条件

MBR 工艺主要适用于新农村建设区、水源保护地、生态敏感区、公共厕所、独立别墅、城市绿化带、旅游景点等工程中的生活污水处理。MBR 工艺基本不受地形、区域的影响。MBR 工艺适用于经济条件好的农村。经 MBR 处理后的水质能达到《城镇污水处理厂污染物排放》一级 A 标准。

建设时应考虑工艺成本及对污水的处理程度。建设规模应综合考虑服务区域范围内的污水产生量、分布情况、发展规划以及变化趋势等因素，并以近期为主、远期可扩建规模为辅的原则确定。

三、技术规程和流程

（一）进水水质参数

膜生物反应池进水水质要求如表 3-23 所示。

表 3-23 膜生物反应池进水水质要求

项 目	限 值
COD_{Cr}（毫克/升）	＜500
BOD_5（毫克/升）	＜300
SS（毫克/升）	＜150
NH_3-N（毫克/升）	＜50
pH	6～9
动植物油（毫克/升）	＜30
矿物油（毫克/升）	＜3

（二）浸没式膜生物反应器工艺设计

1. 去除碳源污染物的膜生物反应器工艺流程 当以去除碳源污染物为主时，其膜生物反应器污水处理基本工艺流程如图 3-25 所示。

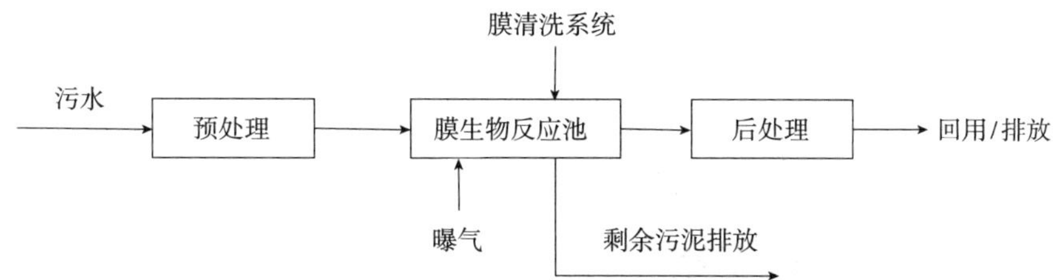

图 3-25 去除碳源污染物的膜生物反应器工艺流程

2. 以脱氮为主的膜生物反应器工艺流程 当以脱氮为主时，其膜生物反应器污水处理基本工艺流程如图 3-26 所示。

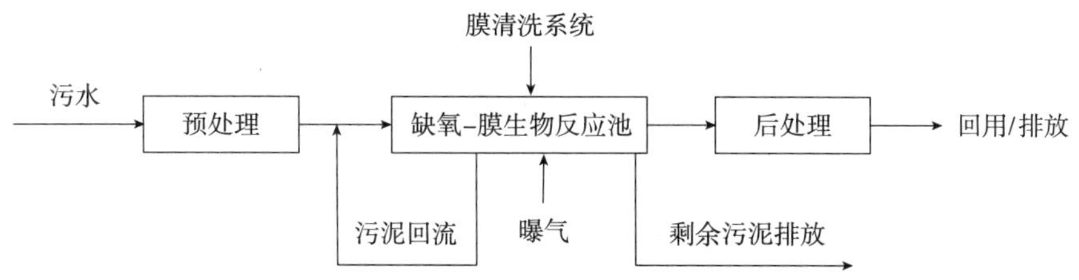

图 3-26 以脱氮为主的膜生物反应器工艺流程

3. 同时脱氮除磷的膜生物反应器工艺流程 需要同时脱氮除磷时，其膜生物反应器污水处理基本工艺流程如图 3-27 所示。

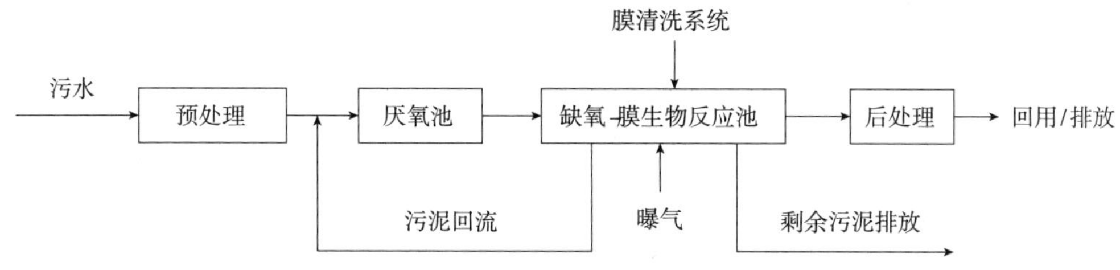

图 3-27 同时脱氮除磷的膜生物反应器工艺流程

4. 浸没式膜生物反应器工艺设计参数 浸没式膜生物反应器工艺的主要设计参数宜根据试验确定，无试验数据时，可参考表 3-24 给出的设计参数。

表 3-24 浸没式膜生物反应器污水处理设计参数

项目	污泥负荷［千克/（千克·天）］	混合液悬浮固体（毫克/升）	过膜压差（千帕）
污泥负荷与污泥浓度设计			
中空纤维膜	0.05～0.15	6 000～12 000	0～60
平板膜	0.05～0.15	6 000～12 000	0～20
同时脱氮除磷浸没式设计			
厌氧池污泥浓度（克/升）		20～25	
溶解氧浓度（毫克/升）		≤0.2	
膜生物反应池污泥浓度（克/升）		6～12	
膜箱内溶解氧浓度（毫克/升）		2.0	
膜箱外溶解氧浓度（毫克/升）		0.5	
污泥回流比（%）		100～500	

（三）外（分）置式膜生物反应器工艺设计

1. 外（分）置式膜生物反应器工艺流程 外（分）置式膜生物反应器污水处理的工艺流程如图 3-28 所示。

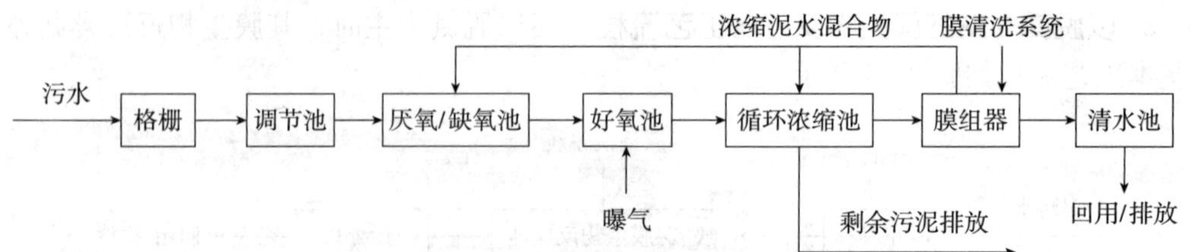

图 3-28 外（分）置式膜生物反应器工艺流程

2. 外（分）置式膜生物反应器工艺设计参数 膜生物反应器工艺的主要设计参数宜根据试验确定，无试验数据时，可参考表 3-25 给出的设计参数。

表 3-25 外（分）置式膜生物法污水处理设计参数

膜系统设计	
超高（米）	0.3～0.5
膜面流速（米/秒）	3～5
膜通量［升/（米²·时）］	40～150
操作压力（兆帕）	0.2～0.4
污泥浓度（克/升）	10～40
膜系统正常运行回收率（%）	10～15

（续）

循环浓缩池设计	
容积	正常运行15分钟所需水量
污泥沉淀区深度（米）	0.5～1.5
大流量循环泵进水口到池顶距离（米）	−2～−1

四、面源污染物减排效果

MBR工艺主要是去除污水中COD_{Cr}、BOD_5、SS、NH_3-N和TP等污染物。采用MBR工艺对废水进行处理，污染物的减排效果详见表3-26。

表3-26 MBR工艺污染物去除率

单位：%

污水类别	COD_{Cr}	BOD_5	SS	NH_3-N	TP
生活污水	>94	>96	>99	>98	>70

五、对生活的影响

在膜生物反应器中，由于用超滤膜组件代替传统活性污泥工艺中的二沉池，可以进行高效的固液分离，克服了传统活性污泥工艺中出水水质不够稳定、污泥容易膨胀等不足。膜生物反应器能高效地进行固液分离，出水水质良好且稳定，可以直接回用；处理装置容积负荷高，占地面积省；能维持高浓度的微生物量，有利于增殖缓慢的微生物如硝化细菌的截留和生长，使系统硝化效率得以提高；一般都在高容积负荷、低污泥负荷下运行，剩余污泥产量低，降低了污泥处理费用；易于实现自动控制，操作管理方便。MBR工艺彻底变革了传统的污水处理工艺，实现了同步解决水污染和水资源短缺的问题，使污水变成新水源成为现实。

六、经济效益分析

湖南省大围山镇农村生活污水处理厂日处理污水量为150米^3/天，进水水质指标如表3-27所示。

表3-27 进水水质指标

单位：毫克/升

项目	COD_{Cr}	BOD_5	NH_3-N	SS	pH
进水浓度	≤350	≤150	≤50	≤250	7～8

采用MBR工艺处理后，出水水质能够达到《城市污水再生利用　城市杂用水水质》

标准中相关要求。该工艺成功运行后，其出水水质指标见表 3-28。

表 3-28 出水水质指标

单位：毫克/升

项目	COD_{Cr}	BOD_5	NH_3-N	SS	pH
出水浓度	≤50	≤10	≤10	≤10	6～9

系统正常运行后，其运行成本如表 3-29 所示。

表 3-29 1 吨水运行成本统计

项　目	消耗情况	单　价	成本（元）
污水泵	0.75 千瓦・时	0.6 元/（千瓦・时）	0.07
自吸泵	1 千瓦・时	0.6 元/（千瓦・时）	0.10
回流泵	0.75 千瓦・时	0.6 元/（千瓦・时）	0.07
鼓风机	5 千瓦・时	0.6 元/（千瓦・时）	0.48
药剂费	0.1 吨/月	110 元/月	0.02
膜组件折旧费	使用寿命以 5 年计	25 000 元/年	0.46
合计	—	—	1.2

MBR 工艺的核心处理单元是膜组件，膜组件的成本较高（膜组件的购置费占总投资的 27%）以及膜存在污染导致使用寿命有限成为难题，因此需要把膜组件的折旧费用纳入系统总运营成本中。系统总运营成本等于日常运营成本和膜组件折旧费之和。大围山镇的污水主要以生活污水为主，对膜组件的损耗较低，膜组件的使用寿命以 5 年计，膜组件折旧的 1 吨水成本为 0.46 元。因此，系统总运营 1 吨水成本为 1.2 元，其中膜组件折旧成本占 38%。

七、潜在环境风险

以 MBR 工艺为评价对象，以处理 1 米^{3}污水为评价单元，进行全生命周期评价。在确定研究范围的基础上，收集基础数据，形成以功能单位为依据的清单表，进而进行分类、特征化和标准化，形成评价结果。评价的影响类型分别为非生物资源耗竭、大气酸化、富营养化、全球变暖、臭氧层耗竭、人类毒性、淡水水生生态毒性、陆地生态毒性、光化学氧化，具体结果见表 3-30。

表 3-30 MBR 工艺标准化结果

影响类型	非生物资源耗竭	大气酸化	富营养化	全球变暖	臭氧层耗竭	人类毒性	淡水水生生态毒性	陆地生态毒性	光化学氧化
影响值	4.29×10^{-11}	5.61×10^{-10}	5.31×10^{-10}	4.51×10^{-10}	6.96×10^{-13}	1.07×10^{-10}	6.57×10^{-10}	7.30×10^{-11}	1.36×10^{-10}

根据标准化后的影响评价结果可知，MBR工艺的生命周期环境影响从大到小依次是淡水水生生态毒性、大气酸化、富营养化、全球变暖、光化学氧化、人类毒性、陆地生态毒性、非生物资源耗竭及臭氧层耗竭等。

本技术评估见表3-31。

表3-31 MBR工艺技术评估

技术名称	技术适用条件	面源污染物减排	生产影响	经济效益	环境风险	备注
MBR工艺	适用于新农村建设区、水源保护地、生态敏感区等工程中的生活污水处理	减排效果较好	一般	不明显	较小	主要风险是淡水水生生态毒性

八、推广政策建议

（1）建设期补贴。建议补贴60%左右建设费用，可以采用免费使用土地的形式进行补贴。

（2）运行期补贴。根据进水水量及出水水质补贴部分运行费用，补贴比例建议为50%左右，建议采用将商用电价改为民用电价、征收污水处理费等方式进行补贴。

九、典型案例

（一）河南郑州市惠济区花园口镇花园口村膜生物法生活污水处理及回用工程

1. 项目建设基本信息 建设地点：郑州市惠济区花园口镇（旧黄河大桥收费站旁）。建设时间：2011年7月1日至2011年8月1日。服务人口数量：5 000～6 000人。生活污水处理量：500米^3/天。

2. 技术名称 膜生物法生活污水处理及回用技术。

3. 工艺设施 基础设施（池体、景观水池、道路、机房、地面硬化、花草树木移栽修复）、拦截闸、格栅渠、沉沙池、调节池、水解池、管道电气、道路及护栏；膜生物污水处理装置BIOM-4S-4套。

4. 工艺流程 首先通过格栅拦截，对污水进行预处理。目的是初步降低无机颗粒物质的含量，提高污水的同一性和可生化性。接着通过沉沙池、调节池截留泥沙、调节污水的水量和水质，防止悬浮固体在调节池内沉淀。然后污水由提升泵进入"膜生物污水处理及回用装置"，它由多隔断箱体、生物床、微生物载体、微生物菌种群、光学催化器材、膜分离组件等组成。通过人工强化技术，将拥有国家专利、自主知识产权的系列"GSH高活性复合环境微生物菌剂"一次性投入处理系统内，在生物载体上快速形成生物膜及菌团，利用微生物特有的新陈代谢作用，吸附、消化、分解污水中的有机污染物，使之转化为稳定的无害化物质，达到净水目的。处理后的水达到国家排放标准，90%的中水回收用于浇灌周边公园花草树木，剩余部分排入索须河内。

5. 建设和运行成本 处理500米^3/天的污水，总投资150万元；选用BIOM-4S膜生物污水处理设备4套，运行管理费用为0.36元/吨，其中：电费0.08元/吨、药剂费0.08元/吨、人工费0.13元/吨、折旧费0.07元/吨（设备折旧年限为10年，残值率为5%）。

6. 主要污染物去除效果 进出、水水质见表3-32。处理后水质符合《城镇污水处理厂污染物排放》一级A标准。

表3-32 主要污染物去除效果

项目	COD_{Cr}（毫克/升）	BOD_5（毫克/升）	SS（毫克/升）	NH_3-N（毫克/升）	pH
处理前	250.9	124.4	160	21.10	6～9
处理后	22.0	7.6	9	4.49	6～9
去除率	91.23%	93.89%	94.38%	80.1%	—

7. 运行管理经验 采用BIOM-4S系列膜生物污水处理及回用装置，该专利产品智能化程度高，运行管理方便，基本实现无人操作；为防止隐患、保证安全以及出水水质稳定、达标，管理时按区域实行分片包区、巡检与固定式相结合，每个站固定1人负责，根据区域大小安排2～5人巡逻检查、落实，保证水质达标。

8. 技术提供单位和设备供应单位信息 技术提供单位和设备（BIOM-4S系列膜生物污水处理及回用装置）供应单位均为河南宏立源环保集团有限公司。

9. 典型案例 典型案例照片见图3-29。

图 3-29 膜生物法生活污水处理及回用技术典型案例

(二) 重庆市渝阳污水处理站

1. 项目建设基本信息 建设地点：重庆市綦江区安稳镇杨地湾社区。建设时间：2011 年 12 月。建设规模：1 500 米^3/天。服务人口：1.2 万人。

2. 技术名称 逆向曝气污水处理技术。

3. 工艺设施 主要设备如下：

预处理段：格栅机、隔油器、调节泵、厌氧填料等。

综合处理段：风机、曝气系统、好氧生物床、厌氧生物床、布水系统、收水系统等。

沉淀和消毒段：回流泵、污泥脱水机、消毒设备、流量计等。

4. 工艺流程 工艺流程见图 3-30。

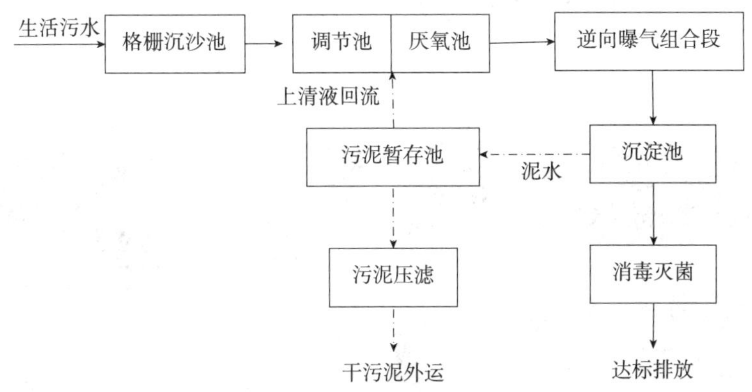

图 3-30 逆向曝气污水处理技术工艺流程

5. 建设和运行成本 工艺主要经济指标见表 3-33。

表 3-33 逆向曝气污水处理技术工艺主要经济指标

建设规模（米³/天）	建设成本（元/米³）	占地面积（米²/米³）	直接运行成本（元/米³）	综合处理费用（元/米³）	备 注
100～300	0.33	0.123	0.42		（定时）巡检
300～750	0.30	0.150	0.50	1	
750～1 500	0.27	0.145	0.48	2	
1 500～3 000	0.25	0.140	0.45	2	
3 000～5 000	0.22	0.135	0.43	3	
5 000～8 000	0.22	0.130	0.42	4	

注：①计算取值均以区段中间值为准。②建设成本为构筑物及工艺设备投资，不含三通一平和土石方工程。③直接运行成本为电费、药剂费。④综合处理费用为厂区电费、人工费、药剂费。

6. 主要污染物去除效果 出水水质符合《城镇污水处理厂污染物排放》一级 B 标准，主要污染物去除率见表 3-34。

表 3-34 渝阳污水处理站污水处理率

项目	COD_{cr}	SS	NH_3-N	TN	TP
进水浓度（毫克/升）	330	160	34.9	51.2	1.627
出水浓度（毫克/升）	34.8	16.2	5.09	16	0.359
去除率（%）	89.5	89.9	85.4	68.8	77.9

7. 运行管理经验 人员配置：2 个运行人员，1 个管理人员。运行操作：自动运行，定期维护，定期更换设备润滑油。监督检查：①运行管理单位通过远程监控系统，对污水处理站运行视频和数据监控。②定期检测处理设施各段溶解氧含量，并目检生物填料挂膜情况。③定期抽查污泥排放情况。

8. 技术提供单位和设备供应单位信息 技术提供单位和设备供应单位均为重庆乐善环保科技有限公司。

9. 典型案例 典型案例照片见图 3-31。

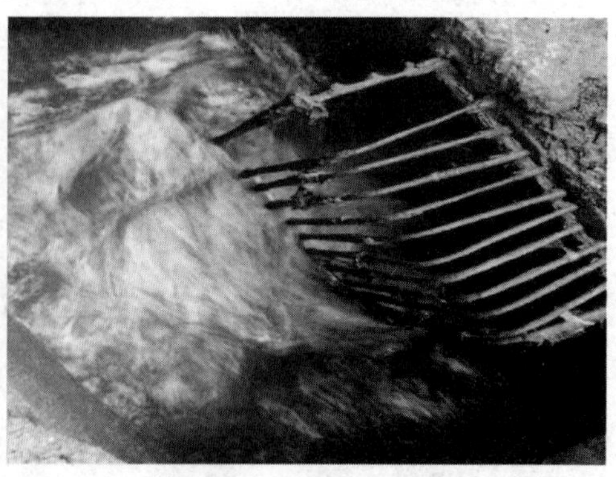

图 3-31　逆向曝气污水处理技术典型案例

技术编写者及依托单位：夏训峰、王丽君、朱建超、高生旺　中国环境科学研究院
联系电话：010-84915289
电子邮箱：xiaxunfengg@sina.com、wanglijun.qq@163.com

人 工 湿 地

一、技术概述

人工湿地是模拟自然湿地的人工生态系统，一种由人工建造和控制的类似沼泽地面，将沙石、土壤、煤渣等一种或几种介质按照一定比例构成，并有选择性地植入植物的污水处理生态系统。在人工湿地系统处理污水过程中，污染物主要利用基质、微生物和植物复合生态系统的物理、化学和生物三重协调作用，通过过滤、吸附、沉淀、离子交换、植物吸收和微生物分解来实现污水的高效净化。

根据系统布水或水流方式的不同和差异，人工湿地系统可分为表面流人工湿地、潜流人工湿地和混合型人工湿地，潜流人工湿地又分为水平潜流人工湿地、垂直潜流人工湿地。鉴于不同系统的优势，不同类型的人工湿地可以相互组合使用。

人工湿地自发展以来，以其独特的优势广受人们关注，并广泛用于处理生活污水、工业废水、矿山及石油开采废水等。但是，人工湿地在实际应用过程中也暴露出了很多问题，如易受气候条件和温度的影响，基质易饱和、易堵塞，易受植物种类影响，占地面积较大，管理不合理，设计不规范，生态服务功能单一等。这些问题在一定程度上影响了人工湿地对污水的处理效果，缩短了人工湿地的使用寿命，阻碍了人工湿地的推广应用。

二、技术适用范围与条件

该技术适用于不受洪水、潮水或内涝的威胁，不影响行洪安全，且多年平均冬季气温在0℃以上的地区；宜选择自然坡度为0～3%的洼地或塘，以及未利用土地。

建设规模应综合考虑服务区域范围内的污水产生量、分布情况、发展规划以及变化趋势等因素，并以近期为主、远期可扩建规模为辅的原则确定。当人工湿地的流量在100米^3/天以上时，人工湿地池不宜少于2组；应用于农村地区的人工湿地规模不宜大于3 000米^3/天。

三、技术规程

（一）进水水质参数

人工湿地进水水质要求如表3-35所示。

表 3-35 人工湿地系统进水水质要求

单位：毫克/升

人工湿地类型	BOD_5	COD_{Cr}	SS	NH_3-N	TP
表面流人工湿地	≤50	≤125	≤100	≤10	≤3
水平潜流人工湿地	≤80	≤200	≤60	≤25	≤5
垂直潜流人工湿地	≤80	≤200	≤80	≤25	≤5

（1）污水的 BOD_5/COD_{Cr}XIAOUY<0.3 时，宜采用水解酸化处理工艺。

（2）污水的 SS 含量大于 100 毫克/升时，宜设沉淀池。

（3）污水中含油量大于 50 毫克/升，宜设出油设备。

（4）污水的 DO 含量小于 1.0 毫克/升时，宜设曝气装置。

（二）设计参数

人工湿地的主要设计参数宜根据试验材料确定，无试验材料时，可采用经验数据或按表 3-36 的数据取值。

表 3-36 人工湿地的主要设计参数

人工湿地类型	BOD_5负荷［千克/（公顷）·天］	水力负荷［米³/（米²·天）］	水力停留时间（天）
表面流人工湿地	15～50	<0.1	4～8
水平潜流人工湿地	80～120	<0.5	1～3
垂直潜流人工湿地	80～120	<1（建议值：北方 0.2～0.5；南方 0.4～0.8）	1～3

（三）几何尺寸

1. 表面流人工湿地几何尺寸设计

（1）表面流人工湿地单元的长宽比宜控制在（3∶1）～（5∶1），当区域受限，长宽比>10∶1 时，需要计算死水曲线。

（2）表面流人工湿地的水深宜为 0.3～0.5 米。

（3）表面流人工湿地的水力坡度宜小于 0.5%。

2. 潜流人工湿地几何尺寸设计

（1）水平潜流人工湿地单元的面积宜小于 800 米²，垂直潜流人工湿地单元的面积宜小于 1 500 米²。

（2）潜流人工湿地单元的长宽比宜控制在 3∶1 以下。

（3）规则的潜流人工湿地单元的长度宜为 20～50 米；对于不规则潜流人工湿地单元，应考虑均匀布水和集水的问题。

（4）潜流人工湿地水深宜为 0.4～1.6 米。

（5）潜流人工湿地的水力坡度宜为 0.5%～1.0%。

（四）基质选择

（1）基质选择应根据基质的机械强度、比表面积、稳定性、孔隙率及表面粗糙度等因素确定。

（2）基质选择应本着就近取材的原则，并且所选基质应达到设计要求的粒径范围。建议湿地填料分为5级，粒径由粗到细分为Φ20～40毫米、Φ10～30毫米、Φ7～20毫米、Φ5～10毫米、Φ1～3毫米，床体顶部铺设厚20厘米粗沙。

（3）对出水的氮、磷浓度有较高要求时，提倡使用功能性基质，如分子筛、陶粒等，提高氮、磷处理效果。

（4）潜流人工湿地基质层的初始孔隙率宜控制在35%～40%。

（5）潜流人工湿地基质层的厚度应大于植物根系所能达到的最深处。

（五）植物选择

（1）人工湿地宜选用耐污能力强、根系发达、去污效果好，具有抗冻及抗病虫害能力、有一定经济价值且容易管理的本土植物。人工湿地出水直接排入河流、湖泊时，应谨慎选择凤眼蓝（凤眼莲）等外来入侵物种。

（2）人工湿地可选择一种或多种植物作为优势种搭配栽种，不仅增加植物的多样性还具有景观效果。

（3）潜流人工湿地可选择芦苇、水烛（蒲草）、荸荠、莲、水芹、水葱、菰（茭白）、香蒲、千屈菜、菖蒲、水麦冬、风车草、灯心草等挺水植物。表流人工湿地可选择菖蒲、灯心草等挺水植物；凤眼蓝、浮萍、睡莲等浮水植物；伊乐藻、茨藻、金鱼藻、黑藻等沉水植物。

（4）人工湿地植物的栽种移植包括种子繁殖、根幼苗移植、收割植物的移植以及盆栽移植等。

（5）人工湿地植物的种植时间宜为春季。

（6）植物种植密度可根据植物种类与工程要求调整，挺水植物的种植密度宜为9～25株/米^2，浮水植物和沉水植物的种植密度宜为3～9株/米^2。

（7）垂直潜流人工湿地的植物宜种植在渗透系数较高的基质上；水平潜流人工湿地的植物宜种植在土壤上。

（8）应优先采用当地的表层种植土，如果当地原始土不适宜人工湿地植物生长时，则需进行置换。

（9）种植土壤的质地宜为松软黏土—壤土，土壤厚度宜为20～40厘米，渗透系数宜为0.025～0.350厘米/时。

四、面源污染物减排效果

人工湿地污染物减排效果如表3-37所示。

表 3-37 人工湿地系统污染物去除率

单位：%

人工湿地类型	BOD_5	COD_{Cr}	SS	NH_3-N	TP
表面流人工湿地	40～70	50～60	50～60	20～50	35～70
水平潜流人工湿地	45～85	55～75	50～80	40～70	70～80
垂直潜流人工湿地	50～90	60～80	50～80	50～75	60～80

本技术评估见表 3-38。

表 3-38 人工湿地环境影响标准化

影响类型	标准人当量基准	标准化后的潜在环境影响
全球变暖	8 700 千克/（人·年）	3.386×10^{-4}
大气酸化	36 千克/（人·年）	1.38×10^{-4}
富营养化	62 千克/（人·年）	3.16×10^{-3}
光化学氧	0.65 千克/（人·年）	3.53×10^{-3}
固体废弃物	251 千克/（人·年）	1.85×10^{-5}
粉尘	18 千克/（人·年）	4.7×10^{-4}

五、对生活的影响

人工湿地本身是一个小的生物圈，富有多种生物，是环境中重要的组成元素；而人工建设过程中，会依据实际特点，建成不同风格的景观。人工湿地添加了人工自然景区，不仅可以美化环境，这可以为人们提供一个良好的放松、锻炼、休憩、释放社会压力的场所，满足居民的心理与身体需求。此外，湿地本身提供的良好的自然环境能够陶冶人们的情操，激发自身灵感，具有不可替代的价值。

人工湿地的建设、规划可以为学习建筑设计、园林设计等相关人员提供学习素材；除此之外，湿地中的多种生物组成的生物链、生物群落、生态系统、生态圈具有教育和科研意义，不仅可以为他们提供材料，还可以作为试验基地，方便人们学习、研究。另外，湿地对生态环境的改善作用可以让人们认识到环境保护的重要性，亲身参与到环境保护的进程中，贡献自己的力量。

人工湿地由于其独特的地理特征，能够涵养大量的水分，即使是在较为干旱的情况下，也能够依靠土壤与丰富的植物资源储存一部分水分，减缓旱情；在发生洪涝灾害时，由于其具有储水能力，可以吸收大量的洪水，减少城市中洪涝的发生。

此外，人工湿地除了能够储存水源外，还能够净化雨水，减少雨水中污染物的含量，实现水资源的合理利用，这不仅能减少城市中发生旱涝灾害时造成的损失，同时又能够节约用水。在发达国家，人工湿地是常用的雨水处理与资源合理利用的技术，对水循环具有重要作用。

六、经济效益分析

以北京市延庆区上磨村污水处理项目为例，污水处理规模为 60 米^3/天，建设投资 70 万元，占地面积 850 米^2。操作维护简便易行，无复杂设备，年用电 1 642.5 千瓦·时，运行费用 821 元，1 吨水运行费用 0.037 5 元。

以上海市松江区泖港镇曹家浜污水净化站为例，采用工艺为组合式复合生物滤池-高负荷人工湿地联合工艺。服务 514 户家庭，共 1 756 人。基础设施建设费用 35.4 万元，设备投资 21.3 万元。处理 1 吨水耗电 0.07 元、人工费用 0.13 元，直接运行成本不超过 0.20 元。本污水处理站不采用任何药剂，因而无药剂费发生。

七、潜在环境风险

以处理能力为 70 米^3/天的典型垂直流人工湿地为评价对象，以处理 1 米^{3}污水为评价单元，把垂直流人工湿地生命周期分为建设阶段和运行阶段，建设阶段包括原材料的开采、生产与运输、能源生产、施工建设等单元，运行阶段包括温室气体排放、电力消耗等单元，进行生命周期环境排放的清单分析与影响评价，结果见表 3-39。

表 3-39 人工湿地技术评估

技术名称	技术适用条件	面源污染物减排	生产影响	经济效益	环境风险	备注
人工湿地	不受洪水、潮水或内涝的威胁，不影响行洪安全，且多年平均冬季气温在 0℃以上的地区	一般	小	一般	小	主要风险为富营养化

根据标准化后的影响评价结果可知，垂直流人工湿地系统生命周期环境影响从大到小依次是富营养化、光化学氧化、粉尘、全球变暖、大气酸化和固体废弃物。

八、推广政策建议

（1）建设期补贴。建议补贴部分建设费用，补贴比例为 60%，可以采用免费使用土地的形式进行补贴。

（2）运行期补贴。售卖人工湿地系统上获得的作物收益，补贴运行费用，补贴比例建议为 50%左右。

九、案例

（一）南京市六合区横梁镇石庙村污水处理项目

1. 项目建设基本信息 该工程为江苏省建设厅科技示范项目，设计人口 530 人，设计处理水量 42.5 吨/天。

2. **技术名称** 厌氧池-接触氧化-人工湿地技术。

3. **工艺设施** 采用厌氧池-接触氧化-人工湿地技术，污水利用原有雨污合流制管道收集，厌氧池利用原有三格式化粪池。

接触氧化沟渠利用自然沟渠建设而成，平面尺寸约 96 米×60 厘米，深约 0.78 米，实际水流深度 8～10 厘米，接触氧化沟渠上面加盖板。

人工湿地占地面积约 100 米^2，平面尺寸约 20 米×5 米。湿地填料分为 5 级，粒径由粗到细分为 Φ20～40 厘米、Φ10～30 厘米、Φ7～20 厘米、Φ5～10 厘米、Φ1～3 厘米，床体顶部铺设厚 20 厘米粗沙。

4. **工艺流程** 工艺流程见图 3-32。

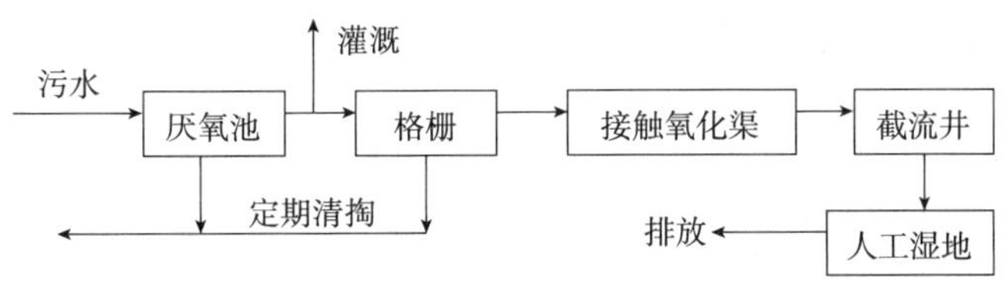

图 3-32 厌氧池-接触氧化-人工湿地技术工艺流程

5. **建设和运行成本** 项目总投资 6 万元（接触氧化渠和人工湿地的土建费用），无设备运行费用。

6. **运行效果** 2007 年 9 月 6 日与 9 月 13 日，系统的进、出水水质监测结果如表 3-40 所示。

表 3-40 进、出水水质监测结果

单位：毫克/升

检测日期	项目	COD_{cr}	NH_3-N	TN	TP
2007-09-06	进水浓度	58.1	20.9	24.0	2.25
	出水浓度	<10.0	9.12	9.67	1.02
2007-09-13	进水浓度	99.8	40.7	45.5	3.80
	出水浓度	58.3	35.2	35.8	3.30

7. **典型案例** 典型案例照片见图 3-33。

接触氧化渠实地表观

接触氧化渠内部

人工湿地（施工中）

人工湿地（施工后）

图 3-33 厌氧池-接触氧化-人工湿地技术典型案例

（二）北京市延庆区上磨村污水处理项目

1. 项目建设基本信息 建设地点：延庆区上磨村西北侧原废弃河道。建设时间：2009 年 7 月竣工。服务人口：居民 450 人、旅游人口 150 人。处理规模：60 米^3/天。

2. 技术名称 功能型精准湿地技术。

3. 工艺设施 格栅池、厌氧池、沉淀池、调节池、人工湿地、提升泵、鼓风机等。

4. 工艺流程 工艺流程见图 3-34。

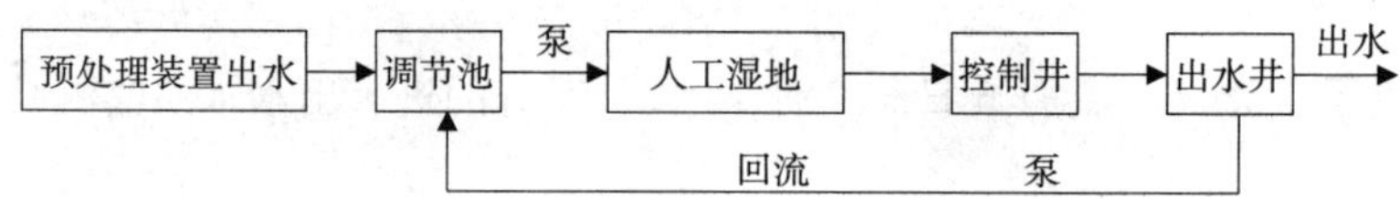

图 3-34 功能型精准湿地技术工艺流程

5. 建设和运行成本 建设投资：70 万元，占地面积 850 米^2。操作维护简便易行，无复杂设备，年用电 1 642.5 千瓦·时，运行费用 821 元，1 吨水运行费用 0.037 5 元。

6. 运行效果 延庆区上磨村污水处理工程处理结果按照《城镇污水处理厂污染物排放》一级 A 标准设计，运行后实际出水可达到《水污染物综合排放》中村庄生活污水处理站排入地表水体的水污染物排放限值的规定，具体指标见表 3-41。

表 3-41 进、出水水质

单位：毫克/升

项目	COD_{Cr}	BOD_5	TN	NH_3-N	TP	SS
进水浓度	377	56.1	24.4	20.7	3.6	163
设计出水浓度	50	10	15	5	1	10
实际出水浓度	30	6	15	1.5	0.3	5

7. 运行管理经验 本项目自动运行，没有专人管理，由村庄水管员兼职管理。污水处理设施需要定期进行巡视，日常管理要求如下：

（1）用户需要定期检查提升泵运转是否正常，可以通过电控箱中的故障指示灯和高液位报警的提示，同时也可以听水泵运转是否有杂音来判断，一般一个月左右观察一次。

（2）用户需要对格栅池中的栅渣、隔油池中的浮渣、沉淀池中的污泥定期进行清理，沉淀池中污泥的厚度不要超过50厘米，根据处理水量以及每户小型排水构筑物的设置情况，预处理系统中的废渣和污泥设计一年清理一次。清理出的污泥可以用作肥料改良土壤。

（3）功能型精准湿地处理系统中的植物为芦苇，芦苇种植初期，用户要清除系统中的杂草，等芦苇成熟之后，杂草就可以得到抑制。芦苇枯黄后可以收割作为有机质燃料使用，如果不收割，系统中的芦苇秆可以起到很好的保温效果。芦苇幼苗种植后，应立即把水位调高（离地面约15厘米），以便芦苇生长；几周后，根据芦苇生长情况恢复正常水位。苇床一旦缺水或处于特别干旱状态时，应提升水位，当运行条件恢复正常后再将水位降低。过滤层不宜压紧，因此应尽量避免在过滤层上行走。

（4）人工湿地由4部分组成，各部分中的布水系统由相应的阀门单独控制。通常，每次需有3套布水系统处于运行阶段，剩下的一部分停止运行一周。因此，每次需有1个阀门处于关闭状态，周末时操作人员需打开关闭的那个阀门，再关上另一个正开着的阀门。

8. 技术提供单位信息　该技术由北京森淼天成环保科技有限公司从丹麦引进。

9. 典型案例　典型案例照片见图3-35。

图3-35　功能型精准湿地技术典型案例

技术编写者及依托单位：夏训峰、王丽君、朱建超、高生旺　中国环境科学研究院
联系电话：010-84915289
电子邮箱：xiaxunfengg@sina.com、wanglijun.qq@163.com

稳 定 塘

一、技术概述

稳定塘旧称氧化塘或生物塘，是一种利用天然净化能力对污水进行处理的构筑物的总称。其净化过程与自然水体的自净过程相似，主要利用菌藻的共同作用处理废水中的有机污染物。通常是将土地进行适当的人工修整，建成池塘，并设置围堤和防渗层，依靠塘内生长的微生物来处理污水。稳定塘污水处理系统具有基础建设投资和运转费用低、维护和维修简单、便于操作、能有效去除污水中的有机物和病原体、无需污泥处理等优点。

稳定塘是以太阳能为初始能量，通过在塘中种植水生植物，进行水产和水禽养殖，形成的人工生态系统。在太阳能（日光辐射提供能量）作为初始能量的推动下，通过稳定塘中多条食物链的物质迁移、转化和能量的逐级传递、转化，将进入塘中污水的有机污染物进行降解和转化，最后不仅去除了污染物，而且以水生植物和水产、水禽的形式作为资源回收，净化的污水也可作为再生资源予以回收再用，使污水处理与利用结合起来，实现污水处理资源化。

按照塘内微生物的类型和供氧方式来划分，稳定塘可以分为以下 4 类：好氧塘、兼性塘、厌氧塘和曝气塘。

二、技术适用范围与条件

稳定塘适用于中低污染物浓度的生活污水处理，适用于有山沟、水沟、低洼地或池塘以及土地面积相对丰富的地区。

污水稳定塘选址必须符合城镇总体规划的要求，应因地制宜利用废旧河道、池塘、沟谷、沼泽、湿地、盐碱地、滩涂等闲置土地。

塘址应选在城镇水源下游，并宜在夏季最小风频的上风向，与居民住宅的距离应符合卫生防护距离的要求。

塘址的土质渗透系数宜小于 0.2 米/天。塘址选择必须考虑排洪设施，并应符合该地区防洪标准的规定。塘址选择在滩涂时，应考虑潮汐和风浪的影响。

三、技术规程

(一) 进水水质参数

稳定塘进水水质要求如表 3-42 所示。

表 3-42 稳定塘进水水质要求

单位：毫克/升

项　目	BOD_5	COD_{Cr}	SS
进水浓度	≤300	≤500	≤400

稳定塘系统中设有厌氧塘时，进水 BOD_5 浓度可放宽至 800 毫克/升。

(二) 设计参数

稳定塘的主要设计参数宜根据试验材料确定，无试验材料时，可采用经验数据或按表 3-43 给出的数据取值。

表 3-43 稳定塘的主要设计参数

稳定塘类型		BOD_5负荷［千克/（万米^2·天）］			有效水深（米）	处理率（%）	进塘 BOD_5 浓度（毫克/升）
		Ⅰ区	Ⅱ区	Ⅲ区			
厌氧塘		200	300	400	3～5	30～70	≤800
兼性塘		30～50	50～70	70～100	1.2～1.5	60～80	<300
好氧塘	常规处理塘	10～20	15～25	20～30	0.5～1.2	60～80	<100
	深度处理塘	<10	<10	<10	0.5～0.6	40～60	
曝气塘	部分曝气塘	50～100	100～200	200～300	3～5	60～80	300～500
	完全曝气塘	100～200	200～300	200～400	3～5	70～90	

注：Ⅰ区指年平均气温在 8℃以下的地区；Ⅱ区指年平均气温在 8～16℃的地区；Ⅲ区指年平均气温在 16℃以上的地区。

(三) 不同稳定塘的设计

稳定塘单塘宜采用矩形塘，长宽比不应小于（3∶1）～（4∶1）。利用旧河道、池塘、洼地等修建稳定塘，当水利条件不利时，宜在塘内设置导流墙（堤）。

稳定塘系统可由多塘组成，或分级串联或同级并联。多级塘系统中，单塘面积不宜大于 4.0×10^4 米^2，当单塘面积大于 0.8×10^4 米^{2}时，应设置导流墙（堤）。

1. 厌氧塘

（1）厌氧塘并联数目不宜小于 2。处理高浓度有机废水时，宜采用二级厌氧塘串联运行。在人口密集区，不宜采用厌氧塘。

（2）厌氧塘可采取加设生物膜载体填料、塘面覆盖和在塘底设置污泥消化坑等强化措施。

（3）厌氧塘深度一般为 2.0 米以上。

（4）厌氧塘应从底部进水和淹没式出水。当采用溢流出水时，在堰和孔口之间应设置挡板。

2. 兼性塘

（1）兼性塘可与厌氧塘、曝气塘、好氧塘、水生植物塘等组合成多级系统，也可由数座兼性塘串联构成塘系统。

（2）兼性塘系统可采用单塘，在塘内应设置导流墙（堤）。

（3）兼性塘深度一般为 1.2～1.5 米。

（4）兼性塘内可采取加设生物膜载体填料、种植水生植物和机械曝气等强化措施。

3. 好氧塘

（1）好氧塘可由数座塘串联构成塘系统，也可采用单塘。

（2）作为深度处理塘的好氧塘，总水力停留时间应大于 15 天。

（3）好氧塘可采取设置充氧机械设备、种植水生植物和养殖水产品等强化措施。

（4）好氧塘深度一般为 0.5 米左右。

4. 曝气塘

（1）曝气塘宜用于土地面积有限的场合，设计深度多为 2.0 米以上。

（2）曝气塘宜采用由一个完整曝气塘和 2～3 个部分曝气塘组成的系统。

（3）完全曝气塘的比曝气功率应为 5～6 瓦/米^3（塘容积）。

（4）部分曝气塘的曝气供氧量应按生物氧化降解有机负荷计算，其比曝气功率应为 1～2 瓦/米^3（塘容积）。

四、面源污染物减排效果

污水通过预处理、厌氧塘、兼性塘及曝气塘等处理后，污染物减排效果如表 3-44 所示。

表 3-44 稳定塘系统污染物去除率

单位：%

项目	BOD_5	COD_{Cr}	SS	NH_3-N	TN	TP
污染物去除率	80～90	70～80	80～90	80～92	60～80	50～80

五、对生活的影响

稳定塘污水处理技术的另一个优点就是污泥产生量小，仅为活性污泥法污泥产生量的 1/10。前端处理系统中产生的污泥可以送至该生态系统中的藕塘或芦苇塘或附近的农田，作为有机肥加以利用。前端带有厌氧塘或兼性塘的塘系统，通过厌氧塘或兼性塘底部的污泥发酵坑使污泥发生酸化、水解和甲烷发酵，从而使有机固体颗粒转化为液体或气体，可以实现污泥等零排放。

将净化后的污水引入人工湖中，用作景点和公园水景的水源。由此形成的处理与利用生态系统不仅将成为有效的污水处理设施，而且将成为现代化生态农业基地和游览胜地。但是，若设计或运行管理不当，则会造成二次污染；易产生臭味和滋生蚊蝇，对附近居民生活造成不良影响。

六、经济效益分析

以 3 万吨/天处理规模污水处理厂为例，将稳定塘系统的经济技术指标列入表 3-45。

表 3-45　稳定塘经济技术指标

项目	单位	数值
单位水量投资	元/米^3	650
单位处理成本	元/米^3	0.33
单位水量耗电	千瓦·时/米^3	0.27

另外，该工艺无需进行污泥处理，易于维护，在有大面积荒地的地方推广应用具有不可比拟的优势。

七、潜在环境风险

进水量为 2 000 米^3/天，出水 COD_{Cr}、BOD_5、SS、TP、TN 的浓度分别为 70 毫克/升、50 毫克/升、200 毫克/升、0. 15 毫克/升、3 毫克/升，出水水质符合《地表水环境质量标准》(GB 3838—2002）的Ⅳ类标准。在生命周期评价研究的系统边界内，考虑了该系统 20 年内建设、运营阶段所造成的环境影响，不包括拆除阶段。功能单元选为 1 米^3/天，影响分类包括非生物资源耗竭、大气酸化、富营养化、全球变暖、臭氧层耗竭、人类毒性、淡水水生生态毒性、陆地生态毒性、光化学氧化。根据以上 9 种影响类别进行特征化计算，工艺的特征化结果见表 3-46。

表 3-46　稳定塘的特征化和标准化结果

指　　标	特征化结果	标准化结果
非生物资源耗竭	1.18×10^{3}	7.46×10^{-9}
大气酸化	1.20×10^{3}	3.72×10^{-9}
富营养化	1.19×10^{4}	8.93×10^{-8}
全球变暖	4.87×10^{4}	1.11×10^{-9}
臭氧层耗竭	2.21×10^{-1}	1.93×10^{-10}
人类毒性	6.83×10^{4}	1.14×10^{-9}
淡水水生生态毒性	1.13×10^{4}	5.44×10^{-9}
陆地生态毒性	3.85×10^{2}	1.46×10^{-9}
光化学氧化	68	6.52×10^{-10}

根据标准化结果，稳定塘的环境影响大小依次为富营养化、非生物资源耗竭、淡水水生生态毒性、大气酸化、陆地生态毒性、人类毒性、全球变暖、光化学氧化和臭氧层耗竭，其中富营养化、非生物资源耗竭、淡水水生生态毒性、大气酸化为主要的环境影响类型。

本技术评估如表 3-47 所示。

表 3-47 稳定塘技术评估

技术名称	技术适用条件	面源污染物减排	生产影响	经济效益	环境风险	备注
稳定塘	低污染物浓度的生活污水处理，土地面积相对丰富的地区	较差	小	不明显	较小	主要风险为富营养化和非生物资源耗竭

八、推广政策建议

（1）建设期补贴。建议补贴部分建设费用，补贴比例为 60%，可以采用免费使用土地的形式进行补贴。

（2）运行期补贴。售卖稳定塘系统的植物、水产与水禽所得收益，补贴运行费用。补贴比例建议为 50%左右。

九、案例

（一）南京市江宁区禄口街道石埝村生活污水处理工程

1. 项目建设基本信息 该工程按照 150 户规模、人均污水排放量 100 升/天设计，计划处理水量 52.5 吨/天，现有农户 86 户 280 人。

2. 技术名称 厌氧滤池-氧化塘-生态渠技术。

3. 工艺流程 工艺流程见图 3-36。

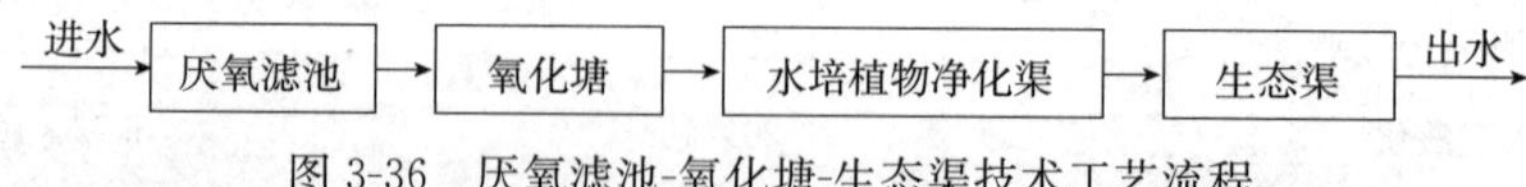

图 3-36 厌氧滤池-氧化塘-生态渠技术工艺流程

厌氧滤池利用原有的净化沼气池，氧化塘内设置一台 150 瓦的小型鱼塘曝气机，间歇运行。水培植物净化渠和生态渠利用原有灌渠进行改造，水培植物净化渠内种植水芹，生态渠采用生态混凝土护坡，并种植挺水植物。出水利用自然地势进行跌水。

4. 相关指标 工程处理设施（厌氧滤池＋氧化塘＋生态渠）土建费用约 12 万元，每月曝气机运行电费约 30 元，指定 1 名环卫工人不定期兼职维护工作。工程于 2007 年 11 月开始运行，2008 年 3 月 12 日对其进出水和净化沼气池出水进行监测，主要污染物指标数据见表 3-48。

表 3-48 厌氧滤池-氧化塘-生态渠工艺污染物指标

项目	pH	COD_{Cr}（毫克/升）	SS（毫克/升）	NH_3-N（毫克/升）	TP（毫克/升）
进水浓度	7.8	314	28	65.1	5.23
净化沼气池出水浓度	7.8	177	26	50.3	3.54
出水浓度	8.5	68.5	<20	27.6	1.82

5. 典型案例 典型案例照片见图 3-37。

氧化塘

跌水

水培植物净化渠

生态渠

图 3-37 厌氧滤池-氧化塘-生态渠技术典型案例

（二）浙江省临安市乐平乡七坑村生活污水处理工程

1. 项目建设基本信息 建设地点：浙江省临安市乐平乡七坑村。建设时间：2008 年。生活污水处理量：50 吨/天。占地面积：1 300 米^2。服务人口：350 人。

2. 技术名称 预处理＋生态塘技术。

3. 工艺设施 预处理池、生态塘。

4. 工艺流程 利用原有池塘，将农户生活污水先由管网集中，汇入预处理池进行预处理，并隔除水中的漂浮物。出水自流至由原池塘改造的高效生态氧化塘（前半塘），塘中安置悬挂型和漂浮型生态基，经过生态基上大量的本土微生物主要是好氧菌、兼氧菌、厌氧菌去除水体中的有机污染物，有益藻类和固氮菌、反硝化细菌、硝化细菌等去除水体中的氮、磷，水生动物对水体主要起到转移污染物的作用；再通过人造景观喷泉曝气系统进行曝气（后半塘），以增加水中的溶解氧含量，提高好氧微生物的活性，提高治理率，同时促进水体循环；最后水质得到净化后出水。

5. **建设和运行成本** 建设投资：总投资 29.57 万元，其中管网投资约 20 万元，折合吨水建设费 1 914 元（不含管网铺设费用）。运行成本：600 元/年。

6. **主要污染物去除效果** 出水标准达到《污水综合排放标准》（GB 8978—1996）一级标准。

7. **运行管理经验** 日常维护主要为植物的收割和整理，一般每年春秋两季收割，不需要专业技术人员。

8. **典型案例** 典型案例照片见图 3-38。

图 3-38 预处理+生态塘技术典型案例

技术编写者及依托单位：夏训峰、王丽君、朱建超、高生旺 中国环境科学研究院
联系电话：010-84915289
电子邮箱：xiaxunfengg@sina.com、wanglijun.qq@163.com

氧化沟技术

一、技术概述

氧化沟又称循环曝气池，始于20世纪50年代由荷兰的帕斯维尔所开发的一种污水生物处理技术，是活性污泥法的一种变型，属于延时曝气活性污泥法。氧化沟的反应池呈封闭无终端循环流渠型布置，池内配置充氧和推动水流设备的活性污泥法处理污水。氧化沟主要类型有单槽氧化沟、双槽氧化沟、三槽氧化沟、竖轴表面曝气机氧化沟和同心圆向心流氧化沟，变形工艺包括一体化氧化沟、微孔曝气氧化沟。

自20世纪60年代以来，氧化沟工艺在世界许多地区得到广泛应用，目前也是我国城市污水处理的主导工艺之一。国内现有城市污水处理厂的建设经验表明，氧化沟工艺在脱氮除磷、抗冲击负荷、污泥稳定、动力消耗等方面均有一定优势。氧化沟工艺既适合在我国中小城市污水处理厂采用，也适用于有条件进行污水处理的县城及乡镇。

二、技术适用范围与条件

氧化沟宜用于处理污染物浓度相对较高的污水，处理规模宜大不宜小，适用于村庄及以上规模区域。污水处理厂（站）的防洪标准不应低于城镇防洪标准，且具有良好的排水条件。

三、技术规程

（一）进水水质参数

氧化沟生物反应池的进水水质应符合下列条件：

（1）水温宜为12～35℃，pH宜为6.0～9.0，BOD_5/COD_{Cr}宜大于0.3。

（2）有去除氨氮要求时，进水总碱度（以$CaCO_3$计）/NH_3-N宜大于等于7.14，不满足时应补充碱度。

（3）有脱总氮要求时，进水的BOD_5/TN宜大于等于4.0，总碱度（以$CaCO_3$计）/氨氮宜大于等于3.6，不满足时应补充碳源或碱度。

（4）有除磷要求时，污水中的BOD_5/TP宜大于等于17。

（5）要求同时脱氮除磷时，宜同时满足（3）和（4）的要求。

（二）设计参数

氧化沟系统前可不设初沉池，一般由沟体、曝气设备、进水分配井、出水溢流堰和导流装置等部分组成。

（1）氧化沟处理城镇污水，去除碳源污染物时主要设计参数见表 3-49。

表 3-49 氧化沟工艺去除碳源污染物主要设计参数

项目名称		单位	参数值
反应池 BOD_5 污泥负荷	$BOD_5/MLVSS$	千克/（千克·天）	0.14～0.36
	$BOD_5/MLSS$	千克/（千克·天）	0.10～0.25
反应池 MLSS 平均质量浓度		千克/升	2.0～4.5
反应池 MLVSS 平均质量浓度		千克/升	1.4～3.2
MLVSS 在 MLSS 中所占比例	设初沉池	克/克	0.7～0.8
	不设初沉池	克/克	0.5～0.7
BOD_5 容积负荷		千克/（米^3·天）	0.20～2.25
设计污泥泥龄		天	5～15
污泥产率系数（VSS/BOD_5）	设初沉池	千克/千克	0.3～0.6
	不设初沉池	千克/千克	0.6～1.0
总水力停留时间		小时	4～20
污泥回流比		%	50～100
需氧量（O_2/BOD_5）		千克/千克	1.1～1.8
BOD_5 总处理率		%	75～95

（2）当需要脱氮时，宜设置缺氧区（池），生物脱氮氧化沟处理城镇污水时主要设计参数见表 3-50。

表 3-50 氧化沟工艺生物脱氮主要设计参数

项目名称		单位	参数值
反应池 BOD_5 污泥负荷	$BOD_5/MLVSS$	千克/（千克·天）	0.07～0.21
	$BOD_5/MLSS$	千克/（千克·天）	0.05～0.15
反应池 MLSS 平均质量浓度		千克/升	2.0～4.5
反应池 MLVSS 平均质量浓度		千克/升	1.4～3.2
MLVSS 在 MLSS 中所占比例	设初沉池	克/克	0.65～0.75
	不设初沉池	克/克	0.50～0.65
BOD_5 容积负荷		千克/（米^3·天）	0.12～0.50
总氮负荷率（TN/MLSS）		千克/（千克·天）	≤0.05
设计污泥泥龄		天	12～25

（续）

项目名称		单位	参数值
污泥产率系数（VSS/BOD_5）	设初沉池	千克/千克	0.3～0.6
	不设初沉池	千克/千克	0.5～0.8
污泥回流比		%	50～100
缺氧水力停留时间		小时	1～4
好氧力停留时间		小时	6～14
总水力停留时间		小时	7～18
混合液回流比		%	100～400
需氧量（O_2/BOD_5）		千克/千克	1.1～2.0
BOD_5总处理率		%	90～95
NH_3-N 总处理率		%	85～95
TN 总处理率		%	60～85

（3）当同时脱氮除磷时，宜设置厌氧区（池）、缺氧区（池），生物脱氮除磷氧化沟处理城镇污水时主要设计参数见表 3-51。

表 3-51　氧化沟工艺生物脱氮除磷主要设计参数

项目名称		单位	参数值
反应池 BOD_5污泥负荷	BOD_5/MLVSS	千克/（千克·天）	0.10～0.21
	BOD_5/MLSS	千克/（千克·天）	0.07～0.15
反应池 MLSS 平均质量浓度		千克/升	2.0～4.5
反应池 MLVSS 平均质量浓度		千克/升	1.4～3.2
MLVSS 在 MLSS 中所占比例	设初沉池	克/克	0.65～0.70
	不设初沉池	克/克	0.50～0.65
BOD_5容积负荷		千克/（米^3·天）	0.20～0.70
总氮负荷率（TN/MLSS）		千克/（千克·天）	≤0.06
设计污泥泥龄		天	12～25
污泥产率系数（VSS/BOD_5）	设初沉池	千克/千克	0.3～0.6
	不设初沉池	千克/千克	0.5～0.8
污泥回流比		%	50～100
厌氧水力停留时间		小时	1～2
缺氧水力停留时间		小时	1～4
好氧力停留时间		小时	6～12
总水力停留时间		小时	8～18
混合液回流比		%	100～400
需氧量（O_2/BOD_5）		千克/千克	1.1～1.8

（续）

项目名称	单位	参数值
BOD_5总处理率	%	85～95
TP 总处理率	%	50～75
TN 总处理率	%	55～80

（4）延时曝气氧化沟处理生活污水时，主要设计参数见表 3-52。

表 3-52　氧化池工艺延时曝气氧化沟主要设计参数

项目名称		单位	参数值
反应池 BOD_5污泥负荷	BOD_5/MLVSS	千克/（千克·天）	0.04～0.11
	BOD_5/MLSS	千克/（千克·天）	0.03～0.08
反应池 MLSS 平均质量浓度		千克/升	2.0～4.5
反应池 MLVSS 平均质量浓度		千克/升	1.4～3.2
MLVSS 在 MLSS 中所占比例	设初沉池	克/克	0.65～0.70
	不设初沉池	克/克	0.50～0.65
BOD_5容积负荷		千克/（$米^3$·天）	0.06～0.36
设计污泥泥龄		天	>15
污泥产率系数（VSS/BOD_5）	设初沉池	千克/千克	0.3～0.6
	不设初沉池	千克/千克	0.4～0.8
污泥回流比		%	75～150
总水力停留时间		小时	≥16
混合液回流比		%	100～400
需氧量（O_2/BOD_5）		千克/千克	1.5～2.0
BOD_5总处理率		%	95

（三）工艺流程

氧化沟宜采用以下流程（图 3-39）。

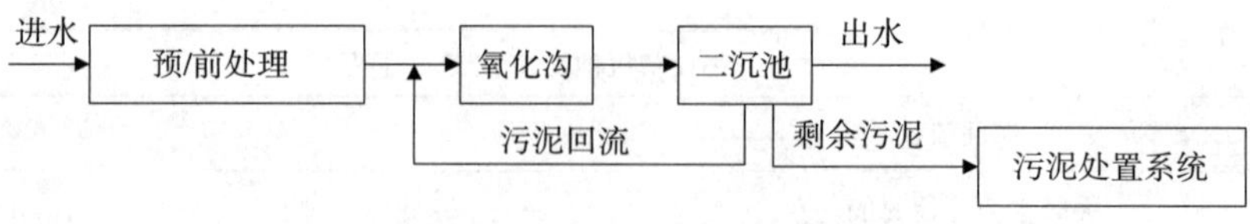

图 3-39　氧化沟工艺流程

单槽氧化沟、双槽氧化沟、竖轴表面曝气机氧化沟、同心圆向心流氧化沟、微孔曝气氧化沟宜单独设置二沉池，三槽氧化沟不宜设置单独的二沉池。

（四）沟型设计

（1）氧化沟一般建为环状沟渠型，其平面可为圆形和椭圆形或长方形的组合型。其四周池壁可根据土质情况挖成斜坡并衬砌，也可为钢筋混凝土直墙。处理构筑物应根据当地气温和环境条件，采取防冻措施。

（2）氧化沟的渠宽、有效水深视占地及氧化沟的分组和曝气设备性能等情况而定。一般情况下，当采用曝气转刷时，有效水深为 2.6～3.5 米；当采用曝气转碟时，有效水深为 3.0～4.5 米；当采用表面曝气机时，有效水深为 4.0～5.0 米。

（3）氧化沟内流速不得小于 0.25 米/秒。

（4）氧化沟的直线长度不宜小于 12 米或水面宽度的 2 倍（不包括同心圆向心流氧化沟），氧化沟的宽度应根据场地要求、曝气设备和规格确定。

（5）氧化沟的超高应根据曝气设备确定，当选用曝气转刷、曝气转盘时，超高宜为 0.5 米；当采用垂直轴表面曝气机时，在放置曝气机的弯道附近，超高宜为 0.6～0.8 米，其设备平台宜高出设计水面 1.0～1.7 米。

（6）氧化沟内宜设置导流墙与挡流板。导流墙与挡流板的设置应符合以下规定：

A. 导流墙宜设置成偏心导流墙，圆心一般设在水流进弯道一侧。导流墙（一道）的设置参考数据见表 3-53。

表 3-53　氧化沟工艺导流墙（一道）的设置参考数据

单位：米

转刷长度（直径 1 米）	氧化沟沟宽	导流墙偏心距	导流墙半径
3.0	4.15	0.35	2.25
4.5	5.56	0.50	3.00
6.0	7.15	0.65	3.75
7.5	8.65	0.60	4.50
9.0	10.15	0.95	5.25

B. 导流墙的数量一般根据沟宽确定，当沟宽小于 7.0 米时，可只设一道导流墙；当沟宽大于 7.0 米时，宜设两道或多道导流墙，设两道导流墙时外侧渠道宽为沟宽的 1/2。

C. 导流墙在下游方向宜延伸一个沟宽的长度。

D. 导流墙宜高出设计水位 0.3 米。

E. 曝气转刷上游和下游宜设置挡流板，挡流板宜设在水面下。上游挡流板高 1.0～2.0 米，垂直安装于曝气转刷上游 2.0～5.0 米处；下游挡流板通常设置于曝气转刷下游 2.0～3.0 米处，与水平呈 60°角倾斜放置，顶部在水面下 150 毫米，挡板下部宜超过 1.8 米水深。

F. 竖轴表面曝气机设在氧化沟转弯处时，该转弯处不应设导流墙。

G. 椭圆形氧化沟不宜设置挡流板。

（五）曝气设备

（1）氧化沟应根据污水特性、去除率及运行条件等计算标准状态下污水需氧量，再根据曝气设备的充氧能力、动力效率选择满足充氧要求的曝气设备。

（2）曝气设备宜兼具供氧、推流、混合等功能，可选用竖轴表面曝气、转刷曝气、转盘曝气、鼓风式潜水曝气等。

(3) 竖轴表面曝气器、转刷曝气器、转盘曝气器、鼓风式潜水曝气器应分别符合 HJ/T 247、HJ/T 259、HJ/T 280、HJ/T 260 的规定。

(4) 竖轴表面曝气机可按不小于需氧量的 20%备用，并有不少于 1 台采用变频调速控制。转刷和转盘曝气机宜备用 1～2 台。鼓风机房应设置备用鼓风机，工作鼓风机台数为 4 台以下时，应设 1 台备用鼓风机；工作鼓风机台数为 4 台或 4 台以上时，应设 2 台备用鼓风机。备用鼓风机应按设计配置的最大机组考虑。

(5) 转刷应布置在进弯道前一定长度（氧化沟的沟宽加 1.6 米）的直线段上。出弯道时，转刷应位于弯道下游直线段 5.0 米处。在直线段上的曝气转刷最小间距不宜小于 15 米。转刷的淹没深度一般为 0.15～0.30 米。转刷或转盘应在整个沟宽上布满，并有足够安装轴承的位置。曝气转碟也可安装在沟渠的弯道上。转盘的浸深一般为 0.40～0.55 米。

(6) 竖轴表面曝气机应设在弯道处，安装时设备应向出水端偏移。叶轮升降行程为 100 毫米左右，叶轮线速度采用 3.5～5.0 米/秒。

(7) 曝气设备应易于维修，易于排除故障；氧化沟宜有调节叶轮、转刷或转盘速度的控制设备。

四、面源污染物减排效果

氧化沟的污染物减排效果如表 3-54 所示。

表 3-54 氧化沟工艺污染物去除率

单位：%

主体工艺	SS	BOD_5	COD_{Cr}	TN	NH_3-N	TP
预/前处理＋氧化沟、二沉池	70～90	80～95	80～90	55～85	85～95	50～75

五、对生活的影响

氧化沟污水处理技术兼具完全混合和推流的特点，具有工艺流程简单、操作管理方便及能处理不同性质污水（适应面广）、处理能耗低、去除率高、出水水质稳定等优点，使得氧化沟工艺在污水处理工程中的应用具有显著的优势。尤其是改良型氧化沟工艺的研发，对氧化沟工艺在污水处理工程中得到更广泛的应用起了极大的推动作用。

从氧化沟的特点和运行方式可知，正是由于氧化沟的封闭环流和曝气设备分散布置的特点，其具有独特的应用优势和优良稳定的运行效果，可有效地达到去除有机物、悬浮固体及脱氮除磷效果，通过时空的合理安排使氧化沟的运行方式多种多样、灵活多变，因而被广泛应用于生活污水或工业废水处理。氧化沟经过广泛应用和不断发展，在污水处理中凸显出其独特的特点和优良的处理效果而博得青睐。

氧化沟工艺能够高效净化生活污水，实现水资源的合理利用，减少旱涝灾害发生时对人民造成的损失；同时又对水的循环利用起到了很大的辅助作用，对于水循环具有重要意义。

六、效益分析

氧化沟的建设成本主要包括池体建设和设备购置。一般氧化沟钢筋混凝土池体的建设费用为600～1 000元/米^3（池容）。不同地区或池体埋地与否会有差别，采用钢板或玻璃钢池体的造价约为850元/米^3（池容）。转刷的费用为15 000～30 000元/米。每吨污水运行费用为0.6～0.7元。

以河南省某乡镇农村小型生活污水处理工程为例，采用厌氧-帕斯维尔氧化沟工艺，污水处理能力3 000米^3/天，占地5 600米^2，建设费用为450万元，运行费用为0.7元/吨。污水处理效果见表3-55。

表3-55　河南省某乡镇农村小型生活污水处理工程污水处理效果

项目	COD_{Cr}	BOD_5	NH_3-N	TN	SS	TP
进水浓度（毫克/升）	290	130	25	44	100	2.8
出水浓度（毫克/升）	30	7	3	12	5	0.18
去除率（%）	89.66	94.62	88.00	72.73	95.00	93.57

出水指标均达到《城镇污水处理厂污染物排放标准》一级A类标准。

七、潜在环境风险

该工艺的环境风险主要是温室气体的排放，其中温室气体排放主要包括污水处理过程中温室气体的排放以及污泥处理过程中温室气体的排放。

（一）污水处理过程温室气体排放

在污水处理过程中，温室气体的排放来源包括两部分：一是源于污水处理过程中产生的温室气体，称为直接排放；二是污水处理厂设备能耗所产生的温室气体排放，称为间接排放，具体见表3-56。

表3-56　氧化沟工艺CO_2当量排放水平

单位：千克/米^3

间接排放		直接排放		总排放	
2006年	2009年	2006年	2009年	2006年	2009年
0.357 4	0.368 0	0.232 1	0.201 2	0.589 5	0.569 2

（二）污泥处理过程温室气体排放

污泥处理过程中的碳排放主要包括两方面：一是污泥处理过程直接排放的二氧化碳，

二是设备运行能耗间接造成的碳足迹。如果污水处理厂利用污泥消化产生的沼气发电，可以抵消一部分温室气体的排放。从全球尺度来看，前者主要来自大气中已存在的二氧化碳，只是通过碳吸收—存储—释放的循环过程，又回到大气环境中，属于中性碳，对于碳减排的影响有限。从碳源上讲，运行能耗的碳排放来自于化石能源，属于典型的碳减排领域。

在目前现行的几种主流污泥处理方式中，填埋1吨湿污泥（含水率80%）会造成0.5吨二氧化碳的总排放量，在各种工艺中其碳排放量最大。厌氧消化技术碳排放量为28～35千克/吨，利用产生的沼气发电还可以减排二氧化碳100千克。生物堆肥和热干化-焚烧的碳排放量强度分别为25～30千克和150～180千克。从处理过程的碳排放角度来看，厌氧消化和生物堆肥的碳减排效果较好。

本技术评估见表3-57。

表3-57 氧化沟工艺技术评估

技术名称	技术适用条件	面源污染物减排	生产影响	经济效益	环境风险	备注
氧化沟工艺	污染物浓度相对较高，规模宜大不宜小	较好	较小	不明显	小	主要风险是温室气体排放

八、推广政策建议

（1）建设期补贴。建议补贴60%左右建设费用，可以采用免费使用土地的形式进行补贴。

（2）运行期补贴。根据进水水量及出水水质补贴部分运行费用，补贴比例建议为50%左右，建议采用将商用电价改为民用电价、征收污水处理费等方式进行补贴。

九、案例：苏州市吴中区淞南村污水处理工程

1. 项目建设基本信息 工程共收集淞南村所辖3个农民居住区209户居民和农业观光园的生活污水，设计处理水量200吨/天。

2. 技术名称 地埋式微动力氧化沟技术

3. 工艺流程 地埋式微动力氧化沟工艺流程见图3-40。

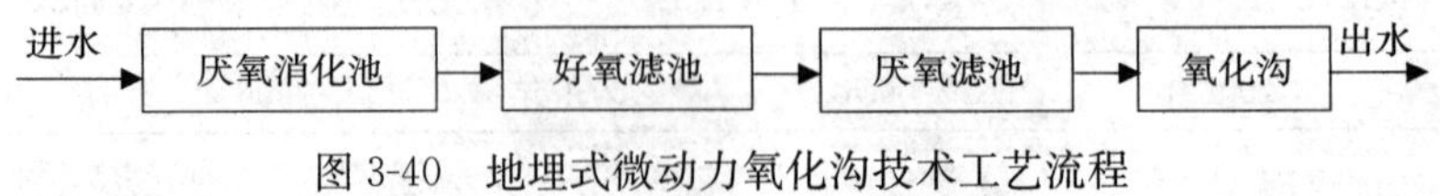

图3-40 地埋式微动力氧化沟技术工艺流程

4. 相关指标 地表水位较高，本工艺采用二级提升，工程建设费用约为35万元，设备运行成本约为0.2元/吨。

2008年3月22日对系统的进、出水水质监测结果见表3-58。

表 3-58 进、出水水质监测结果

指标	pH	COD_{Cr}（毫克/升）	SS（毫克/升）	NH_3-N（毫克/升）	TP（毫克/升）
进水浓度	7.8	158	32	49.1	2.73
出水浓度	8.4	44.1	<20	49.7	0.711

技术编写者及依托单位：夏训峰、王丽君、朱建超、高生旺　中国环境科学研究院
联系电话：010-84915289
电子邮箱：xiaxunfengg@sina.com、wanglijun.qq@163.com

化粪池技术

一、技术概述

化粪池又称腐化池，是一种利用沉淀和厌氧发酵的原理，去除生活污水中悬浮性有机物的处理设施，属于初级的过渡性生活污水处理构筑物。其主要作用不但可以去除生活污水中可沉淀和悬浮的污染物，而且能够储存并厌氧消化沉在池底的污泥，使污泥集中，用作肥料。该技术在国外应用较为普遍，在我国应用更加广泛。作为一种无需搅拌和加热的生活污水处理构筑物，化粪池对减轻环境污染起到了重要的作用。

化粪池是一种小型污水处理系统，包括一个水池及化粪系统。污水在进入水池时，微生物会对污染物进行无氧分解，并会使固体废弃物体积减小，再经过沉淀后排出，水质污染程度就会降低。最早的化粪池起源于19世纪的欧洲，距今已有100多年的历史。化粪池是基本的污泥处理设施，同时也是生活污水的预处理设施。生活污水中含有大量粪便、纸屑、病原虫等，污水进入化粪池经过12～24小时的沉淀，可去除50%～60%的悬浮物。沉淀下来的污泥经过3个月以上的厌氧发酵分解，使污泥中的有机物分解成稳定的无机物，易腐败的生污泥转化为稳定的熟污泥，改变了污泥的结构，降低了污泥的含水率。定期将污泥清掏外运，填埋或用作肥料。

二、技术适用范围与条件

化粪池作为初级的过渡性生活污水处理构筑物，适用于发展水平不高的住宅区、办公区、学校、疗养院与企业车间、生活间以及农村生活污水的初步处理，它在截流、沉淀污水中的大颗粒杂质、防止污水管道堵塞、减少管道埋深方面起着积极作用。化粪池的选用必须根据不同构筑物、不同水量标准、不同清掏周期、粪便污水与生活废水合流及粪便污水单独排入化粪池等实际情况设计。

三、技术规程

（一）进水水质参数

化粪池进水水质参数见表3-59。

表 3-59　化粪池进水水质参数

单位：毫克/升

项目	COD_{Cr}	BOD_5	SS
进水浓度	100～400	50～200	100～350

（二）化粪池设计

化粪池的基本原理图见图 3-41。

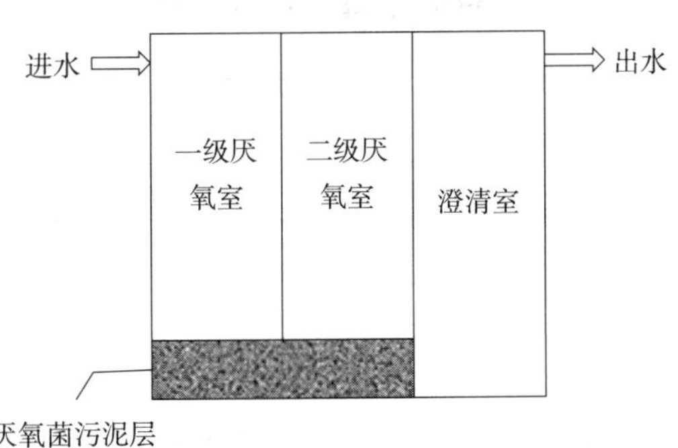

图 3-41　化粪池原理图

1. 清掏周期设计　化粪池的清掏周期与粪便污水温度、气温、构筑物性质及排水水质、水量有关。设计清掏周期过短，则化粪池粪液浓度过高，与实际清掏周期差距过大，影响正常发酵和污水处理效果，甚至造成粪液漫溢，影响环境卫生；设计清掏周期过长，则化粪池容积过大，增加造价。《建筑给水排水设计规范（2009 年版）》（GB 50015—2003）（以下简称《规范》）要求清掏周期为 3～12 个月，实际设计中多取 3～9 个月，而酸性发酵阶段的酸性发酵期为 3 个月，酸性减退期为 5 个月左右。实践证明：清掏周期的确定，应兼顾污水处理效果、建设造价、管理 3 个方面因素，清掏周期一般不宜少于 12 个月。

2. 停留时间设计　化粪池的停留时间是关系污水处理效果和化粪池容积与造价的重要指标。停留时间过短，则污水处理效果差；停留时间过长，又增加化粪池容积与造价，且布置困难。停留时间的设计，应兼顾污水处理效果与建设造价两方面因素。同时，应考虑以下因素：①发酵产生气泡对沉淀要求的层流状态的影响；②化粪池流线转折多对沉淀的不利影响；③生活污水排放的瞬时变化大对进水流量均匀的影响。化粪池的停留时间应留有余地，《规范》要求：停留时间取 12～24 小时。实践证明：停留时间不宜少于 12 小时，以保证污水处理效果。

3. 抗渗设计　为保护环境，防止污染，化粪池应按水工构筑物要求进行抗渗设计，抗渗标号不宜过低。化粪池的抗渗设计应做到以下几个方面：

（1）耐压抗冲。

（2）结构紧凑，节约空间。

（3）绿色环保，便于管理。

（4）经济实用，节约成本。

（5）经久耐用，安全高效。

四、污染物减排效果

化粪池主要是利用沉淀和厌氧发酵的原理，去除生活污水中的悬浮性有机物，属于初级的过渡性生活处理构筑物。采用化粪池处理废水能够去除废水中 COD_{Cr}、BOD_5、SS（表 3-60）；但是对 NH_3-N、TN 和 TP 等污染物基本没有去除效果，甚至会出现 NH_3-N、TN、TP 污染物浓度增加的现象。

表 3-60 化粪池污染物去除率

单位：%

污水类别	COD_{Cr}	BOD_5	SS
农村生活污水	10～30	10～30	40～60

五、对生活的影响

在城市生活区内设置化粪池的初始目的是汲取肥料，随着城市化的进展及环境污染的加剧，化粪池对保护水体也起到了积极作用。如今，在我国许多大城市，化粪池作为环境保护的基本措施并为农业生产提供肥料的作用已基本消失。在城镇化进展缓慢、经济发展相对落后和集中式污水处理设施不完善时，化粪池作为生活污水在进入自然水体时预处理模式之一将广泛存在。

《给水排水设计手册（第二版）》明确了应建设化粪池的情况，其中两种情况为：一是城镇没有集中式污水处理设施时，生活粪便污水经过化粪池处理合格后排入自然水体中；二是城镇有集中式污水处理设施的规划，但其建设滞后于建成生活小区，则应设置化粪池。在设计规范的约束下，无论是否有集中式污水处理厂，设置化粪池成为一个理所当然的事，甚至设置化粪池被设计人员和审批部门理解为必要的环保设施，但并没有考虑污水处理设施和化粪池之间的关系。这也是现在化粪池遍布全国各个角落的根源。

在人口稠密和环境条件要求高的城市，化粪池表现出其固有的缺点：

（1）管理混乱和管理费用高。化粪池的数量多，设置相对分散，而且由于是地埋式的构筑物，检修不方便，清掏工作也需要投入大量的人力和物力。

（2）危险性高。生活污水在化粪池中进行厌氧处理，在厌氧消化的过程中，释放出大量的甲烷气体。甲烷只能通过井盖排出，如果井盖堵塞，大量的甲烷气体就会积累在化粪池。有资料表明，甲烷浓度超过 1.5 毫克/升，遇到明火就会发生爆炸。更有报道称，甲烷气体积累到一定程度，有自燃的可能。

（3）对污水处理厂的影响。随着水体富营养化问题的突出，氮和磷的去除成为污水处理厂处理生活污水的关键步骤。生物脱氮除磷需要污水中有足够的碳源才能实现，而处理过程中微生物对有机物的降解作用导致在脱氮除磷的过程中出现碳源不足的情况。

（4）排水管线复杂。为尽量减小化粪池的容积，在使用化粪池时采用建筑排水系统清污分流，即“灰水”和“黑水”通过两根立管分别连接市政管网和化粪池，从而导致室外的管线较多，使施工更为复杂。

在小城市及农村，由于污水管道和污水处理设施配套不完善，化粪池将继续成为单元住宅最普遍且必须配置的设施。对于经济落后的农村，如果没有资金和技术建设污水处理厂（站）或者配置小型污水设备，仍然采用化粪池作为主要的污水处理技术。污水通过简单的化粪池优化，能提高出水水质，对环境保护有重要的作用。现在由于大量的粪便和杂物进入了市政污水管网，不仅降低了污水处理厂的处理水量，而且城市建设中一般采取分流制的排水体系。这种排水方式缺乏对排水管网暴雨的冲刷和清淤作用，粪便和杂物会增加市政污水管网堵塞的概率。采用化粪池进行预处理能够防止市政污水管网堵塞。如果不设置化粪池，随着城市化进程的加快，大城市数量增多，市政污水管网会越来越长，管网将无法单纯依靠重力流作用将收集的污水输送到污水处理系统中，必须通过中途泵站加压，从而也加大了泵站的投入和管理。为有效缓解泵站投入与管理的投资，需要增加化粪池，因此建设并使用化粪池，能够产生较好的环境效益和经济效益。

六、效益分析

上海市周边部分农村地区采用改良化粪池+地下土壤渗滤系统组合工艺处理农村生活污水，以此为例分析其经济效益。调查可知，上海市周边农村排放的污水基本为洗浴水、冲厕水、厨房水等生活污水，无有毒有害工业废水。本工程区为农村地区，配套设施建设相对落后，没有完善的雨水收集系统，雨水基本沿着地势自行汇入周边河道。根据《上海市污水处理系统专业规划》，本工程人均生活污水量标准取 105 升/（人·天）。出水水质执行《城镇污水处理厂污染物排放标准》一级 B 标准，具体设计进、出水水质见表 3-61。

表 3-61　设计进、出水水质

单位：毫克/升

项目	COD_{Cr}	BOD_5	TP	NH_3-N	SS
进水浓度	350	150	8	60	150
出水浓度	≤60	≤20	≤1	≤8（15）	20

注：NH_3-N 出水浓度括号外数值为水温>12℃时的控制指标，括号内数值为水温≤12℃时的控制指标。

该工程于 2008 年 2 月建成并投入使用。运行初期由于负荷不稳定，出水水质波动较大，通过检查调节管网系统目前已进入稳定运行阶段。连续监测结果显示，出水水质各项指标均达到《城镇污水处理厂污染物排放标准》一级 B 标准，监测结果见表 3-62。

表 3-62　系统运行监测结果

项目	进水浓度（毫克/升）	出水浓度（毫克/升）	去除率（%）
COD_{Cr}	87.61～394.27	12.36～54.26	61.74～95.02
BOD_5	25.23～137.99	4.12～18.64	64.04～95.87

（续）

项目	进水浓度（毫克/升）	出水浓度（毫克/升）	去除率（%）
NH_3-N	14.87～72.35	0.88～6.68	62.09～93.07
TP	1.78～13.43	0.05～0.97	68.80～97.47
SS	135～210	8～17	96.37～99.44

本工程污水处理系统建设过程中，电费按 0.62 元/（千瓦·时）、药剂投量（主要是吸附性材料）按 0.5%计，则污水处理系统运行费用为 0.15～0.20 元/米^3。

七、潜在环境风险

（1）建设不达标或者维护不到位的话，可能造成化粪池渗漏污染土壤或地下水。

（2）清掏不及时，臭味四溢，滋生蚊虫，危害当地人居环境。宜根据粪便污水温度、气温、构筑物性质及排水水质、水量等合理确定清掏周期。

本技术评估见表 3-63。

表 3-63 化粪池技术评估

技术名称	技术适用条件	面源污染物减排	生产影响	经济效益	环境风险	备 注
化粪池	适用于发展水平不高的住宅区、办公区、学校、疗养院与企业车间、生活间以及农村生活污水的初步处理	较差	小	不明显	较小	主要风险是渗漏及蚊虫等

八、推广政策建议

（1）建设期补贴。建议补贴部分化粪池建设费用，补贴比例为 50%左右。

（2）运行期补贴。化粪池除清掏费用外基本无运行费用，清掏费用可以通过采用谁清掏、肥料归谁的方式进行运行费用补贴。

技术编写者及依托单位：夏训峰、王丽君、朱建超、高生旺 中国环境科学研究院

联系电话：010-84915289

电子邮箱：xiaxunfengg@sina.com、wanglijun.qq@163.com

接 触 氧 化 技 术

一、技术概述

接触氧化技术是一种介于活性污泥法与生物滤池之间的膜生物法污水处理工艺。其特点是在池内设置填料，池底曝气对污水进行充氧，利用栖附在填料上的生物膜和充分供应的氧气，通过生物氧化作用，将污水中的有机物氧化分解，达到净化污水的目的。池体内污水处于流动状态，以保证污水与污水中的填料充分接触。其中微生物所需氧气由鼓风曝气供给，生物膜生长至一定厚度后，填料壁的微生物会因缺氧而进行厌氧代谢，产生的气体及曝气形成的冲刷作用会造成生物膜脱落，并促进新生物膜的生长，此时脱落的生物膜将随出水流出池外。

通常在前端加水解酸化过程，水解酸化利用厌氧微生物的水解和产酸作用，将污水中的固体、大分子和不易被微生物降解的有机物降解为易于降解的小分子有机物，使得污水在后续的处理单元以较少的能耗和较短的停留时间得到处理。

二、技术适用范围与条件

既可设置为地埋式，也可设置为半地埋式。南方地区适应性广泛，经过保温措施处理后，也适用于一般的寒冷地区。目前处理水量应用规模为200～3 000米^3/天，均取得较好效果。

三、技术规程和流程

（一）进水水质参数

接触氧化池的进水应符合下列条件：

（1）水温宜为12～37℃、pH宜为6.0～9.0、营养组合比（BOD_5∶NH_3-N∶TP）宜为100∶5∶1，当氮磷比例小于营养组合比时，应适当补充氮磷。

（2）去除氨氮时，进水总碱度（以$CaCO_3$计）/NH_3-N不宜小于7.14，不满足时应补充碱度。

（3）脱氮时，进水的易降解碳源BOD_5/TN不宜小于4.0，不满足时应补充碳源。

（二）设计参数

接触氧化池的主要工艺参数，宜根据水质目标确定。

(1) 去除碳源污染物时，主要设计参数见表3-64。

表 3-64 接触氧化池去除碳源污染物主要设计参数

项 目	单 位	参 数
BOD_5 填料容积负荷	千克/（米^3·天）	0.5～3.0
悬挂式填料填充率	%	50～80
悬浮式填料填充率	%	20～50
污泥产率	千克/千克	0.2～0.7
水力停留时间	小时	2～6

注：设计水温为20℃。

(2) 同时除碳脱氮时，应设置缺氧池和接触氧化池，主要设计参数宜按表3-65取值。

表 3-65 接触氧化池除碳脱氮处理主要设计参数

项 目	单 位	参 数
BOD_5 填料容积负荷	千克/（米^3·天）	0.4～2.0
硝化填料容积负荷	千克/（米^3·天）	0.5～1.0
好氧池悬挂填料填充率	%	50～80
好氧池悬浮填料填充率	%	20～50
缺氧池悬挂填料填充率	%	50～80
缺氧池悬浮填料填充率	%	20～50
水力停留时间	小时	4～16（缺氧段0.5～3.0）
污泥产率	千克/千克	0.2～0.6
出水回流比	%	100～300

注：设计水温为10℃。

另外，多级接触氧化工艺的一级接触氧化池的水力停留时间应占总水力停留时间的55%～60%。

(三) 工艺流程

1. 基本工艺流程 接触氧化技术的基本工艺流程由接触氧化池和沉淀池两部分组成，可根据进水水质和处理效果选用一级接触氧化池或多级接触氧化池（图3-42、图3-43）。

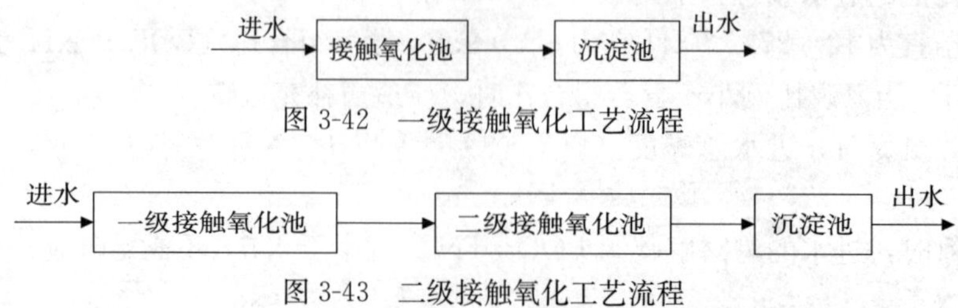

图 3-42 一级接触氧化工艺流程

图 3-43 二级接触氧化工艺流程

2. 组合工艺流程 以“缺氧接触氧化＋好氧接触氧化”为主体工艺的组合流程适宜普通生活污水的除碳和脱氮处理，除磷时应组合化学除磷工艺（图3-44）。

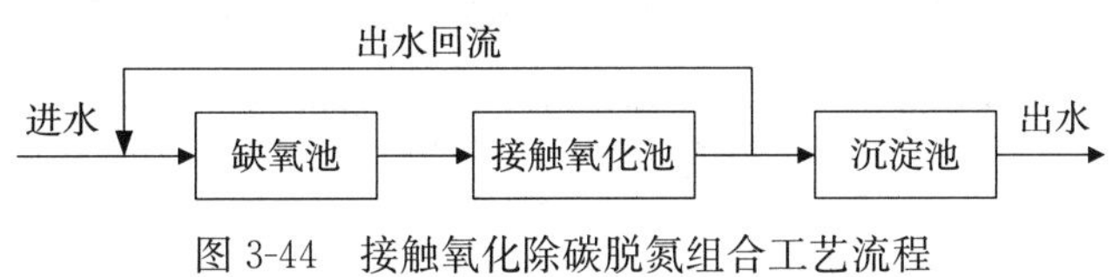

图 3-44　接触氧化除碳脱氮组合工艺流程

(四) 池体设计

(1) 接触氧化池一般为矩形池体，数量一般不宜少于 2 个，每池分为 2 室。

(2) 接触氧化池的长宽比宜取（1∶1）～（2∶1），有效水深宜取 3～6 米，超高不宜小于 0.5 米。

(3) 接触氧化池采用悬挂式填料时，应由下至上布置曝气区、填料层、稳水层和超高。其中，曝气区高宜采用 1.0～1.5 米，填料层高宜取 2.5～3.5 米，稳水层高宜取 0.4～0.5 米。

(4) 接触氧化池进水应防止短流，进水端宜设导流槽，其宽度不宜小于 0.8 米。导流槽与接触氧化池之间应用导流墙分隔。导流墙下缘至填料底面的距离宜为 0.3～0.5 米，至池底的距离不宜小于 0.4 米。

(5) 竖流式接触氧化宜采用堰式出水，过堰负荷宜为 2.0～3.0 升/（秒·米）。

(6) 池底部应设置排泥和放空装置。

(五) 填料的选择

接触氧化技术污水处理工艺可选用不同种类的填料，包括悬挂式填料、悬浮式填料和固定式填料等。填料材质应对微生物无毒害、易挂膜，并具有质量轻、强度高、材质抗老化、比表面积大和不易结垢等性能。填料的技术参数包括填料附着生物量、附着生物膜厚度和生物膜活性。

接触氧化技术污水处理工艺应优先选用高效填料。应依据污水处理要求确定接触氧化池需要的总生物量和填料附着生物量，依据填料附着生物量确定填料品种，依据池型、流态和施工安装条件选择填料类别；并考虑附着生物膜厚度和生物膜活性等对污水处理效果的影响。

(六) 加药系统

(1) 加药设备应不少于 2 套，应采用精密计量泵投加。

(2) 化学药剂储存容量应为理论加药量的 4～7 天的总投加量。

(3) 接触氧化池进水的 BOD_5/TKN 小于 4 时，应在缺氧池中投加碳源。

(4) 污水生物除磷不能达到要求时，宜采用化学除磷。化学除磷的药剂宜采用铝盐、铁盐或石灰。采用铝盐或铁盐时，宜按照铁或铝与污水总磷的摩尔比［(1.5～3)∶1］进行投加。接触铝盐和铁盐等腐蚀性物质的设备和管道应采取防腐措施。

四、面源污染物减排效果

接触氧化技术污水处理工艺的污染物去除效果见表 3-66。

表 3-66 接触氧化技术污水处理工艺的污染物去除率

单位：%

项目	SS	BOD_5	COD_{Cr}	NH_3-N	TN
去除率	70～90	80～95	80～90	60～90	50～80

五、对生活的影响

接触氧化技术作为一种高效的水处理工艺，相较于传统活性污泥法，产泥量较少，对氧的利用率是传统活性污泥法的 4～9 倍，可以节省 20%～30%的动力消耗。

接触氧化技术在经济上可承受，投资少，运行、维护费用低，几乎无需处理残余物；在生态上可忍受，不会造成二次污染，出水水质良好，常可作为杂用水；社会上可接受，出水水质良好、稳定，占地少，无异味，运行、维护简单，适合村镇、社区污水就地处理、回用；有机污染物去除率高，抗冲击能力强，能有效去除病原菌等，可长期满足污水排放标准。农村生活污水分散式处理工艺中接触氧化技术因各方面优势突出，适用性强，常作为最适工艺的首选。该工艺在农村地区的应用和推广将从根本上改变农村生活污水随意排放而致使人居环境脏、乱、差的现象。

六、效益分析

以福建省泉州市安溪县蓬莱镇镇区生活污水处理厂为例，采用的工艺为水解酸化＋接触氧化法；设计规模为 2 500 吨/天，服务人口 3 万人；出水水质达到《城镇污水处理厂污染物排放标准》一级 B 标准。

建设投资：649.2 万元。运行费用：用电量 0.09（千瓦·时）/吨，电费 45 168 元/年［电价标准按 0.55 元/（千瓦·时）计算］。设备维护及厂区环境卫生维护费用约为 36 000 元/年。配备 2～3 名专业管理人员，每年人员工资约为 12 万元。年运行费用合计约 201 168 元，折合吨水处理成本约 0.22 元。

七、潜在环境风险

以接触氧化技术为评价对象，以处理 1 米^{3}污水为评价单元，进行全生命周期评价。在确定研究范围的基础上，收集基础数据，形成以功能单位为依据的清单表，进而进行分类、特征化和标准化，形成评价结果。研究所考虑的影响类型分别为大气酸化、富营养化、淡水水生生态毒性、全球变暖、人类毒性、臭氧层耗竭、光化学氧化、陆地生态毒性（表 3-67）。

表 3-67 接触氧化技术生命周期评价结果

项目	大气酸化	富营养化	淡水水生生态毒性	全球变暖	人类毒性	臭氧层耗竭	光化学氧化	陆地生态毒性
特征化结果	2.58×10^{-3}	2.89×10^{-4}	3.90×10^{-3}	3.71×10^{-1}	1.39×10^{-1}	1.16×10^{-11}	2.05×10^{-4}	3.55×10^{-3}

（续）

项目	大气酸化	富营养化	淡水水生生态毒性	全球变暖	人类毒性	臭氧层耗竭	光化学氧化	陆地生态毒性
标准化结果	1.08×10^{-14}	1.83×10^{-15}	1.65×10^{-15}	8.88×10^{-15}	5.39×10^{-14}	5.13×10^{-20}	5.56×10^{-15}	3.25×10^{-15}

根据接触氧化技术的生命周期环境影响标准化结果可知，环境影响从大到小依次为人类毒性、大气酸化、全球变暖、光化学氧化、陆地生态毒性、富营养化、淡水水生生态毒性、臭氧层耗竭。

本技术评估见表3-68。

表3-68 接触氧化技术评估

技术名称	技术适用条件	面源污染物减排效果	生产影响	经济效益	环境风险	备　注
接触氧化技术	南方地区适应性广泛，经过保温措施处理后，也适用于一般的寒冷地区	一般	一般	不明显	较小	主要风险是人类毒性

八、推广政策建议

(1) 建设期补贴。建议补贴60%左右建设费用，可以采用免费使用土地的形式进行补贴。

(2) 运行期补贴。根据进水水量及出水水质补贴部分运行费用，补贴比例建议为50%左右，建议采用将商用电价改为民用电价、征收污水处理费等方式进行补贴。

九、案例

(一) 福建省泉州市安溪县蓬莱镇镇区生活污水处理厂

1. 项目建设基本信息　建设地点：泉州市安溪县蓬莱镇美滨村。建设时间：2012年7月开工，2013年1月投入运行。处理规模：设计规模为2 500吨/天。服务人口数量：3万。

2. 技术名称　水解酸化+接触氧化技术。

3. 工艺设施　格栅槽、旋流沉沙池、调节池、水解酸化池、一级接触氧化池、二级接触氧化池、辐流式沉淀池、污泥井、污泥浓缩池。

4. 工艺流程　污水经管网收集后首先进入格栅槽，去除污水中的塑料袋、破布等漂浮物。而后流入旋流沉沙池，去除污水中的泥沙，保证后续处理设备的正常运行。沉沙池出水进入调节池，再由提升泵提升至水解酸化池，通过厌氧菌的新陈代谢作用，把污水中的大分子有机物分解成小分子有机物，以利于提高后续好氧处理的处理率。水解酸化池出水进入两级接触氧化池，通过池内好氧微生物的新陈代谢作用，去除污水中的有机污染物。经好氧处理后的污水再进入辐流式沉淀池，进行泥水分离，上清液流入规范化排放口进行计量后达标排入自然水体；沉淀污泥则部分回流至水解酸化池进行再降解，剩余污泥经污泥浓缩池浓缩后外运处置。工艺流程见图 3-45。

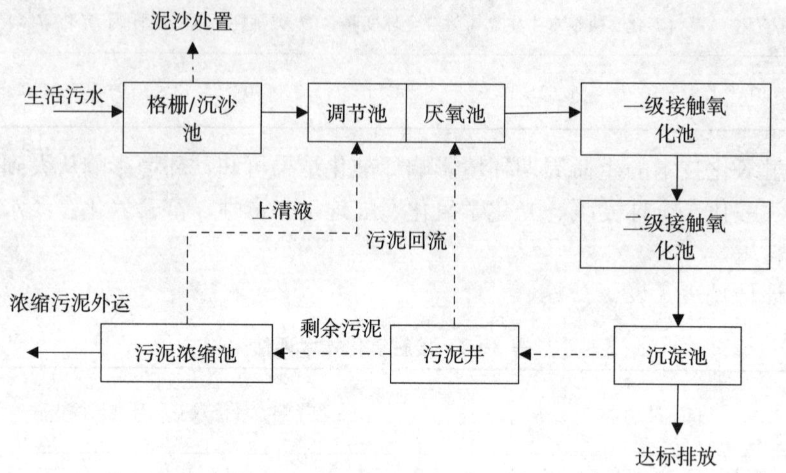

图 3-45 水解酸化+接触氧化技术工艺流程

5. **建设和运行成本** 建设投资：649.2 万元。运行成本：用电量 0.09（千瓦·时）/吨，电费 45 168 元/年［电价标准按 0.55 元/（千瓦·时）计算］。设备维护及厂区环境卫生维护费用约为 36 000 元/年。配备 2～3 名专业管理人员，每年人员工资约为 12 万元。年运行费用合计约 201 168 元，折合吨水处理成本约 0.22 元。

6. **主要污染物去除效果** 出水水质达到《城镇污水处理厂污染物排放标准》一级 B 标准。

7. **运行管理经验** 配置管理人员 2～3 名。

8. **技术提供单位和设备供应单位信息** 技术提供单位和设备供应单位均为福建中榕信环保工程有限公司。

9. **典型案例** 典型案例照片见图 3-46。

图 3-46 水解酸化+接触氧化技术典型案例

（二）重庆市九龙坡区白市驿镇海龙村污水处理站

1. **项目建设基本信息** 项目名称：重庆市九龙坡区白市驿镇海龙村污水处理站。建设地点：九龙坡区白市驿镇海龙村。建设时间：2010 年 10 月开工，2011 年 5 月投入试运行。服务人口数量：7 500 人。生活污水处理量：1 100 米^3/天。

2. 技术名称 接触氧化+潜流人工湿地技术。

3. 工艺设施 格栅、污泥泵、风机、流量计、曝气器、组合生物填料、湿地植物、湿地基质填料等。

4. 工艺流程 进水—格栅—调节池—水解酸化池—接触氧化池—二沉池—潜流人工湿地—消毒—出水井—排放。

5. 建设和运行成本 建设投资：厂区总投资约 350 万元。运行成本：综合处理费用为 0.18 元/米^3。

6. 主要污染物去除效果 出水水质达到《城镇污水处理厂污染物排放标准》一级 B 标准（表 3-69）。

表 3-69 接触氧化+潜流人工湿地技术污水处理率

单位：%

项目	COD	SS	NH_3-N	TN	TP
处理率	92.5	91.2	88.6	>55.0	>85.6

7. 运行管理经验 人员设置：1 人。运行操作：格栅栅渣定期清除，设备自动运行。维护要求：风机、水泵等定期维护检查。监督检查：检查泵启停是否正常、风机曝气时长及气水比、人工湿地基质填料渗透率。

8. 技术提供单位和设备供应单位信息 技术提供单位和设备供应单位均为重庆清源环保科技有限公司。

9. 典型案例 典型案例照片见图 3-47。

图 3-47 接触氧化+潜流人工湿地技术典型案例

技术编写者及依托单位：夏训峰、王丽君 中国环境科学研究院
联系电话：010-84915289
电子邮箱：xiaxunfengg@sina.com、wanglijun.qq@163.com

小型两段式热解气化炉＋填埋技术

一、技术概述

20世纪90年代初，国外科学家研究发现垃圾焚烧过程中会产生对人体极其有害的致癌物——二噁英。因此，发达国家在研究治理垃圾焚烧产生的二次污染的同时，投巨资开发研究新的垃圾处理技术。高温热解技术是近几年研究开发出来的一种垃圾处理新技术。垃圾热解技术被各国环保专家普遍看好，认为这是垃圾处理无害化、减量化和资源化的一条新路。发达国家投入大量的人力物力进行研究开发，并取得可喜的成果。

热解法和焚烧法是两个完全不同的过程。焚烧是一个放热过程，而热解需要吸收大量热量。焚烧的主要产物是二氧化碳和水；而热解的主要产物是可燃的小分子化合物：气体如氢气、甲烷、一氧化碳，液体如甲醇、丙酮、乙酸、乙醛等有机物及焦油、溶剂油等，固体主要是焦炭和炭黑。

热解法是利用垃圾中有机物的热不稳定性，在无氧或缺氧条件下对其进行加热蒸馏，使有机物产生裂解，经冷凝后形成各种新的气体、液体和固体，从中提取燃料油、可燃气的过程。热解产率取决于原料的化学结构、物理形态和热解的温度与速度。低温、低速加热条件下，有机分子有足够时间在其薄弱的接点处分解，重新结合为热稳定性固体，而难以进一步分解，固体产率增加；高温、高速加热条件下，有机物分子结构发生全面裂解，生成大面积的小分子有机物，产物中气体成分增加。对于粒度较大的有机物原料，要达到均匀的温度分布需要较长的传热时间，其中心附近的加热速度低于表面的加热速度，热解产生的气体和液体也要通过较长的传输过程，这期间将会发生许多二次反应。有机物的成分不同，整个热解过程开始的温度也不同。不同的温度区间进行的反应过程不同，产物的组成也不同。总之，热解的实质是加热有机分子使之裂解成小分子析出的过程，它包含了许多复杂的物理化学过程。

热解过程由于供热方式、产品形态、热解炉结构等方面的不同，热解方式各异。按热解温度不同分类，1 000℃以上称为高温热解，600～700℃称为中温热解，600℃以下称为低温热解。按供热分类：①直接加热法。直接加热法供给热解产物的热量是被热解物（所处理的废弃物）部分直接燃烧或向热解反应器提供补充燃料时产生的，由于燃烧需要提供氧气助燃，而采用空气、富氧或纯氧，其热解可燃气的热效应是不同的。采用空气作催化剂还含大量的 N_2，更稀释了可燃气，使热解可燃气的热值大大降低；采用纯氧作催化剂会产生 CO_2、H_2O 等气体混在热解可燃气中，稀释了可燃气，结果降低了热解的热效应。

热解气化城市混合有机废弃物所得可燃气以空气作催化剂其热值一般为5 500千焦/米^{3}左右，采用纯氧一般为11 000千焦/米^{3}左右。②间接加热法。间接加热法是将被热解的废弃物料由直接供热介质在热解反应器（或热解炉）中分离开来的一种方法，可利用干墙式导热或一种中间介质来传热。间接加热法的主要优点在于其产品的品位高，产热值可达18 630千焦/米^3，相当于用空气作氧化剂的直接加热法产生热值的 3 倍多，完全可当成燃气直接利用。

垃圾热解气化技术原理如图 3-48 所示，热解气化炉从上到下，依次为干燥层、热解气化层、燃烧层、燃烬层。垃圾热解一般是将垃圾置于缺氧环境并供给热量，垃圾中有机物分子吸热而发生裂解，最终生成可燃性气体。在热解装置里，首先垃圾在干燥层中吸热，干燥的垃圾在热解气化层受燃烧层的强热气流和强热辐射作用，有机垃圾分解成CO、气态烷烃类（C_nH_n）等可燃混合烟气，残留物（液态焦油、无机物及少量有机垃圾）进入燃烧层。燃烧层在高度方向分为氧化区和还原区，氧化区内残留物与氧气发生剧烈燃烧反应，炉温可达750～1 000℃，产生的热量供给还原区、热解层和干燥层；还原区内 CO_2和 H_2O 被炽热的碳还原，产生 CO、H_2等可燃气体，部分进入混合烟气中。燃烧层的残渣在燃烬层完全燃尽，炉渣由炉排落入灰斗并排出，灰渣可用于制作多孔免烧砖。垃圾热解产生的混合烟气进入下一道工序。

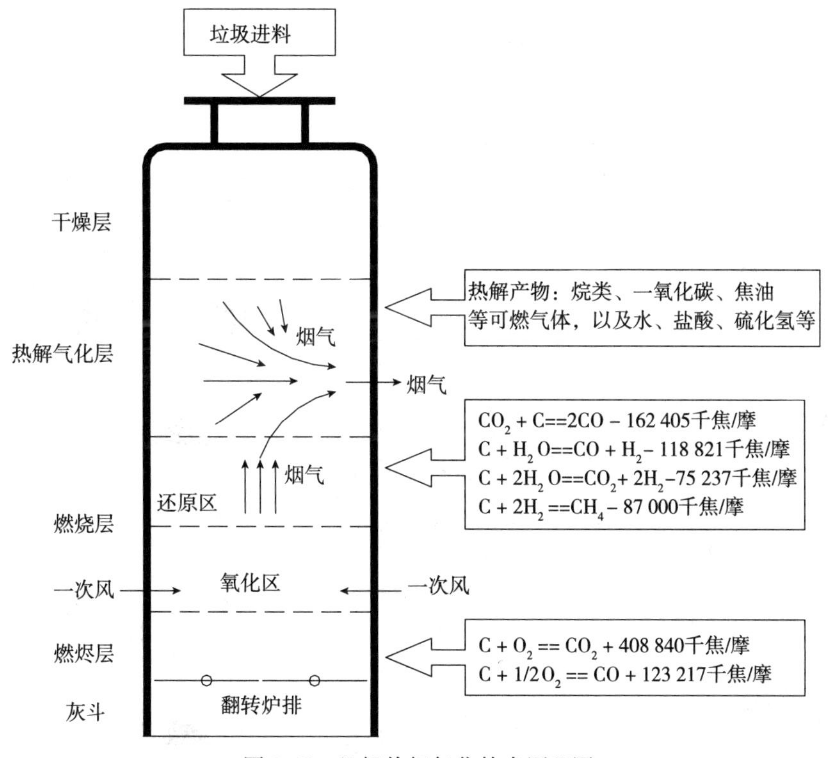

图 3-48　垃圾热解气化技术原理图

（一）小型两段式热解气化炉

根据垃圾热解气化原理，小型垃圾热解气化炉设计成两段式结构：第一段为一燃室，结构由烘干层、热解气化层、燃烧层、炉灰仓等组成，辅助设备包括布料机、液压卸料装置和螺旋出灰机等；第二段为二燃室，结构由5个形成涡流、折流的燃烧分室组成，各分室布置供氧管道，可燃混合烟气在各分室燃烧达到强扰动并产生除尘作用。

垃圾经简单预处理后，由抓斗将垃圾送到推料装置推入热解炉的一燃室，垃圾在干燥层中吸热，干燥后的垃圾被送入热解气化层，在设计成缺氧环境的热解气化层，垃圾获得燃烧层的强热气流和强热辐射而热解气化，产生的可燃混合烟气进入二燃室，垃圾残留物被送入富氧的一燃室燃烧层，在强热条件下发生激烈燃烧，炉温达750～900℃，部分高温烟气也被引入二燃室，灰渣经翻板而被排到灰仓中，并由机械送出炉外。高温混合烟气进入二燃室后，可燃烟气在富氧环境中发生强扰动的激烈燃烧并产生除尘作用，炉温高达850～1 100℃，烟气停留时间超过3秒以上，有毒物质全部分解。后期高温废烟气进入空气预热器，余热使冷空气温度提高，热空气用于炉内供氧和垃圾预处理烘干。废气进入净化系统后，急冷器将废气从500℃左右迅速降至200℃以下，抑制烟气二噁英的重新合成，然后在废气中喷入活性炭＋石灰捕捉漏网的二噁英、重金属粉尘并中和酸性气体，再用布袋除尘器保证废气粉尘低于30毫克/米^{3}以下排出，烟气最后经过尾部设置的喷淋塔进一步去除酸性气体、烟尘等成分后，最终达到合格排放。

两段式热解气化炉示意图如图3-49所示。

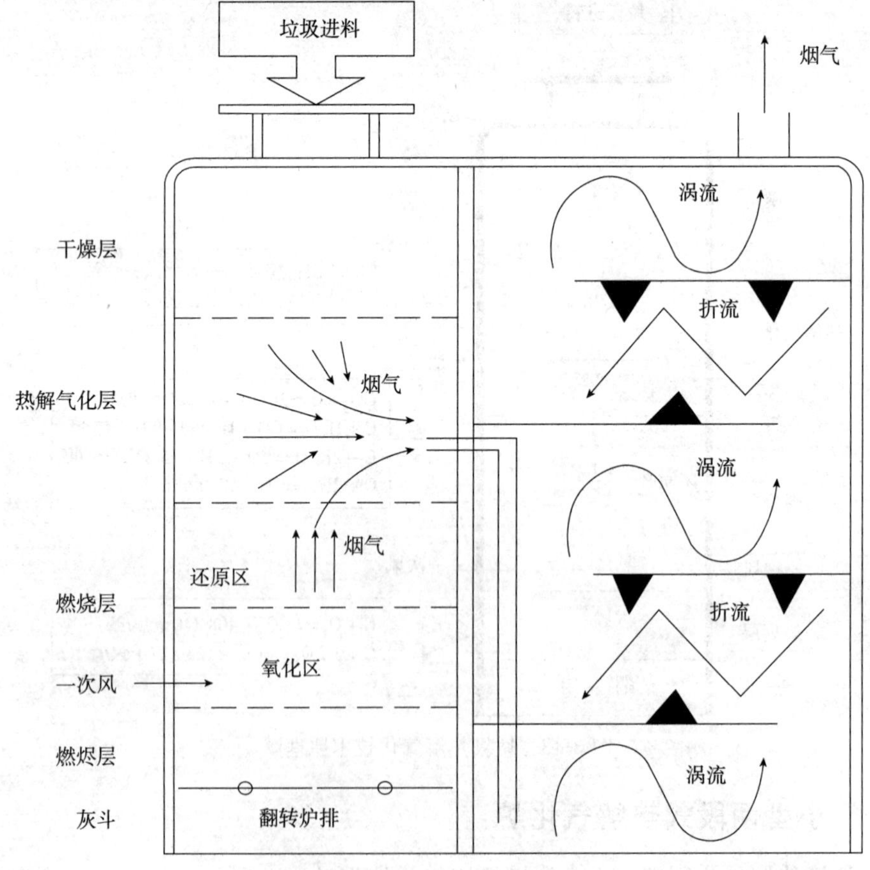

图3-49 小型两段式热解气化炉示意图

（二）填埋

垃圾填埋是我国目前大多数城市解决生活垃圾出路的最主要方法，根据工程措施是否齐全、环保标准能否满足来判断，可分为简易填埋场、受控填埋场和卫生填埋场三个等级。

1. **简易填埋场**（Ⅳ级填埋场） 这是我国传统沿用的填埋方式，其特征是：基本没有工程措施，或仅有部分工程措施，也未执行相关环保标准。目前，我国约有50%的城市生活垃圾填埋场属于Ⅳ级填埋场。Ⅳ级填埋场为衰减型填埋场，它不可避免地会对周围的环境造成严重污染。

2. **受控填埋场**（Ⅲ级填埋场） Ⅲ级填埋场目前在我国约占30%，其特征是：虽有部分工程措施，但不齐全；或虽有比较齐全的工程措施，但不能满足相关环保标准或技术规范。目前，主要问题集中在场底防渗、渗滤液处理、日常覆盖等不达标。Ⅲ级填埋场为半封闭型填埋场，也会对周围的环境造成一定的影响。

3. **卫生填埋场**（Ⅰ、Ⅱ级填埋场） 卫生填埋场是采取防渗、铺平、压实、覆盖对城市生活垃圾进行处理和对气体、渗沥液、蝇虫等进行治理的垃圾处理方法。这是近年来我国不少城市开始采用的一种生活垃圾填埋技术，其特征是：既有比较完善的环保措施，又能满足或大部分满足相关环保标准。Ⅰ、Ⅱ级填埋场为封闭型或生态型填埋场，其中Ⅱ级填埋场（基本无害化）目前在我国约占15%，Ⅰ级填埋场（无害化）目前在我国约占5%。

二、技术适用范围与条件

小型两段式热解气化炉＋填埋技术适用于偏远村镇、运输不方便的山区与人口稀疏、用地方便、垃圾分散式处理的地区。控气型热解炉处理规模为10吨/天左右，经过热解炉处理后产生的炉渣和飞灰、生活垃圾分类收集后不宜焚烧组分及焚烧残留物进行卫生填埋处理。生活垃圾要求建筑和金属块状垃圾含量极少。

建设规模应综合考虑服务区域范围内的垃圾产生量、分布情况、发展规划以及变化趋势等因素，并以近期为主、远期可扩建规模为辅的原则确定。

三、技术规程

（一）热解处理对象及建设规模

（1）处理对象为农村居民生活垃圾。

（2）建设规模。当地年产干垃圾的量为444.8吨/公顷，按照要求平均每周焚烧1次，则每次处理量为8～13吨/天。因此，垃圾焚烧炉按处理量为12～15吨/天的方案设计。

（二）热解处理系统设计参数

（1）燃烧温度。一燃室≥850℃；二燃室≥900℃。

（2）烟气在燃烧室停留时间为3～4秒。

（3）焚烧率≥99.9%，有害物质焚烧去除率≥99.99%，焚烧残渣热灼减率<5%。

（4）焚烧炉出口烟气中的氧气含量为6%～10%（干气）。

（5）焚烧炉运行过程确保处于负压状态，避免有害气体逸出。

（6）焚烧设备配有烟气净化系统、应急处理安全防爆系统。

（7）前处理系统参数设计见表3-70。

表3-70　前处理系统参数设计

序号	设备名称及规格	性能说明	数量	单位
1	垃圾抓斗（0.8米^3）	垃圾抓取	1	套
2	输送机（选装）	分拣/磁选，提升	1	套
3	强力磁选机	自动分选金属	1	台
4	烘干筒	预热烘干入炉垃圾	1	台
5	渗滤液的喷淋系统	进入喷炉内	1	套

（8）热解气化系统参数设计见表3-71。

表3-71　热解气化系统参数设计

序号	设备名称及规格	性能说明	数量	单位
1	小型热解气化主体设备	处理量10吨/天	1	套
2	柴油燃烧器	辅助燃烧	1	套
3	供风（一次）系统	炉膛供氧送风	1	台
4	供风（二次）系统	二燃室供氧、送风	1	台
5	多功能特制旋转炉排	自动破渣、出渣	1	套
6	炉渣螺旋出渣机	自动输出炉渣	1	台

（9）预热利用及尾气处理系统参数设计见表3-72。

表3-72　预热利用及尾气处理系统参数设计

序号	设备名称及规格	性能说明	数量	单位
1	热交换器	冷却烟气，输出热水	1	套
2	综合处理塔	除酸、脱硫脱硝	1	台
3	活性炭喷射器	二噁英吸附	1	套
4	布袋除尘器	烟气除尘	1	套
5	主风机系统	锅炉专用引风机	1	台
6	烟囱	排烟	1	套

（10）电控及仪表系统参数设计见表3-73。

表 3-73 电控及仪表系统参数设计

序号	设备名称及规格	性能说明	数量	单位
1	电气控制柜	操作台实现 PLC 自动控制	1	套
2	监测及大屏显示	实时显示运行工况各参数	1	套
3	变频器	任意调节电机转速	若干	台
4	温度传感器、压力传感器	控制柜屏幕实时显示	若干	套
5	监控系统	远程监控	1	套
6	阀门、仪表	控制	若干	
7	其他零配件及管线	配件	若干	
8	专用工具	工具	若干	
9	备品备件	工具	若干	

（11）装机功率参数设计见表 3-74。

表 3-74 装机功率参数设计

单位：千瓦

序号	名称	方式	型号	使用说明	系统功率
1	耐高温锅炉离心风机	变频	定制非标		11
2	一、二次风机		定制非标		0.75
3	垃圾抓斗		定制非标	间歇使用	2.2
4	一次输送电机		定制非标	间歇使用	7.5
5	炉排旋转	变频	定制非标	间歇使用	4
6	烘干装置	变频	定制非标	间歇使用	7.5
7	循环水泵		定制非标	间歇使用	1.5
8	除渣机		定制非标	间歇使用	2.2
9	空压机		定制非标	间歇使用	2.2
11	其他		定制非标	间歇使用	2.2

注：装机总功率为 41.05 千瓦，实际运行平均功率约为 11 千瓦。耗电约为 250 千瓦·时，相当于每吨垃圾处理用电 25 千瓦·时。

（12）主要技术参数设计见表 3-75。

表 3-75 主要技术参数设计

项　　目	参　　数
处理量	10 吨/天
入炉物料	日常生活垃圾
辅助燃料	无需任何辅助燃料
年处理量	＞3 500 吨
年运行时间	＞8 000 小时

（续）

项　目		参　数
二燃室	温度	>850℃
	烟气停留时间	3～4 秒
“三废”排放	废气	符合《生活垃圾焚烧污染控制标准》(GB 18485—2014) 的限值
	废渣	一般废弃物（可制砖、铺路、填埋）
	废水	无
垃圾减量率		>92%
场地	设备占地面积	80 米^2
	厂房面积	300 米^2
	垃圾处理厂面积	1 500 米^2
设备参数	设备总质量	120 吨
	主体尺寸	长×宽×高为 5.3 米×2.8 米×6 米
	使用年限	15 年
用电量	供电负荷	50 千瓦
	平均用电量	250 千瓦·时
	每吨垃圾耗电量	25 千瓦·时

（三）填埋系统参数设计

填埋系统参数设计参考《生活垃圾卫生填埋处理技术规范》(GB 50869—2013)，具体如下：

（1）填埋库区的占地面积宜为总面积的 70%～90%，不得小于 60%。每平方米填埋库区垃圾填埋量不宜低于 10 米^3。

（2）填埋场主体工程构成内容应包括计量设施，地基处理与防渗系统，防洪、雨污分流及地下水导排系统，场区道路，垃圾坝，渗沥液收集和处理系统，填埋气体导排和处理（可含利用）系统，封场工程及监测井等。

（3）填埋场的配套工程及辅助设施和设备应包括：进场道路，备料场，供配电，给排水设施，生活和管理设施，设备维修、消防和安全卫生设施，车辆冲洗、通信、监控等附属设施和设备。填埋场宜设置环境监测室、停车场，并设置应急设施（包括垃圾临时存放、紧急照明等设施）。填埋场辅助工程构成内容应包括：进场道路，备料场，供配电，给排水设施，生活和行政办公管理设施，设备维修、消防和安全卫生设施，车辆冲洗、通信、监控等附属设施或设备，并宜设置应急设施（包括垃圾临时存放、紧急照明等设施）。Ⅲ类以上填埋场宜设置环境监测室、停车场等设施。

（4）填埋库区应按照分区进行布置，库区分区的大小主要应考虑易于实施雨污分流，分区的顺序应有利于垃圾场内运输和填埋作业，应考虑与各库区进场道路的衔接。

（5）摊铺作业方式有由上往下、由下往上、平推 3 种，由下往上摊铺比由上往下摊铺

、推广政策建议

建设期补贴。 建议补贴部分热解气化工艺建设费用，可以采用免费使用土地的形补贴。

) 运行期补贴。 根据热解气化处理量补贴部分运行费用，补贴比例建议为50%左议采用将商用电价改为民用电价、征收垃圾处理费等方式进行补贴。

术编写者及依托单位：夏训峰、王丽君、朱建超、高生旺　中国环境科学研究院
系电话：010-84915289
子邮箱：xiaxunfengg@sina.com、wanglijun.qq@163.com

压实效果好，因此宜选用从作业单元的边坡底部向顶部的方式进行摊铺，每层垃圾摊铺厚度以0.4～0.6米为宜。填埋场宜采用专用垃圾压实机分层连续不少于两遍碾压垃圾，当压实机发生故障时，可使用大型推土机连续不少于三遍碾压垃圾。压实作业坡度宜为（1∶4）～（1∶5），压实后要求保证层面平整，垃圾压实密度要求不小于600千克/米^3。

（四）工艺流程

工艺流程见图3-50。

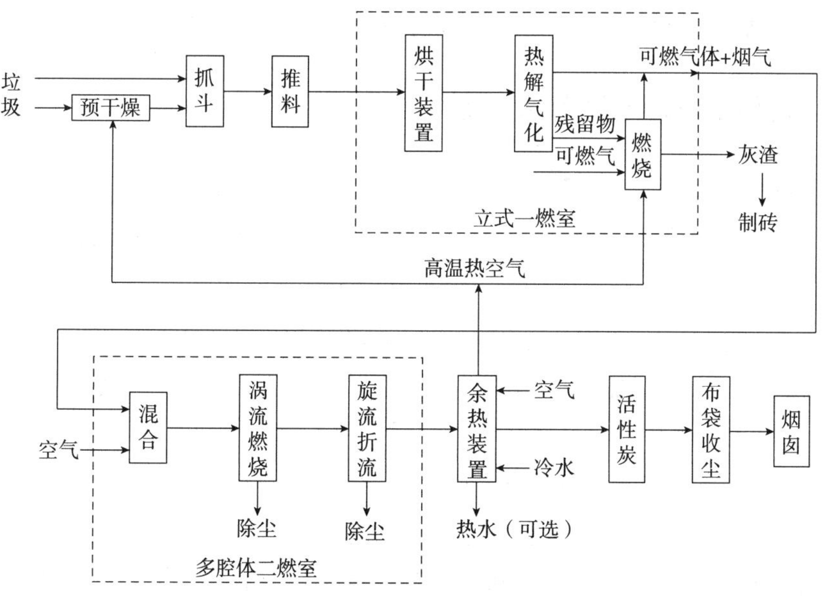

图3-50　生活垃圾热解填埋处理工艺流程

（五）主要设备

1. **炉本体**　热解炉炉本体外壳为钢结构，内壁为不同性质的耐火浇铸材料，内层为耐高温浇铸料（可耐1 790℃的高温），中间为轻质耐火材料，既可保证炉内有足够的燃烧温度，又可保持外壳低温，以防烫伤。耐火材料为整体浇铸，不宜脱落。炉体设有负压侧点，用于实时监测系统负压。设有热电偶用于检测炉内的运行温度。另外，还设有一个观察孔，便于检修设备和观察炉内状况。

2. **旋风除尘器**　旋风除尘器作为一种高效布袋集尘器，烟气从下方进入，通过过滤层后，气流中的尘粒被滤层阻截下来，从而实现气固分离。烟气经过热量的初步交换后，温度将下降300～400℃。

3. **喷淋吸收塔**　喷淋吸收塔基本结构由两部分组成：上塔体（设烟气入口、喷雾装置）、下塔体（设烟气出口、排灰口）。吸收塔主要用于去除烟气中的气态污染物，是半干法烟气净化系统的主要设备。以3%～5%碱液为净化吸收剂，烟气从上部进入吸收塔内，在喷嘴下方区域与吸收剂充分混合，吸收剂与酸性气态污染物发生化学反应。最后，反应物以固体的形式从塔底部排出。净化后的烟气则进入脉冲布袋除尘器中。喷嘴靠压缩空气完成吸收剂的雾化。其结构为双层夹套管，吸收剂浆液途经内管，压缩空气途经外管，浆

液与压缩空气在喷嘴头处强烈混合后从喷嘴喷出，从而使浆液雾化为细小的颗粒，与烟气进行接触吸收。

4. **废渣水分离器** 废渣水分离器作用原理是灰水由砂浆泵注入搅拌混凝区后进入斜板沉淀区，最后通过滤层获得满足回用和排放标准的清水。必要时利用配置的反冲洗系统对滤料等进行反冲洗。灰水分离闭路循环工艺净化率95%以上，回收每吨清水成本0.06元左右，回收清水率90%～95%，可做到无废水排放的闭路循环，用地少、投资省。

5. **烟囱** 烟囱对气体起扩散作用，排放符合国家标准。烟囱加装采样孔、测温孔，本烟囱需用防风浪锁固定，具有独特的固定装置。

四、面源污染物减排效果

监测指标包括颗粒物、CO、SO_2、NO_x、HCl和Hg、Cd、Pb，结果显示，除了CO和SO_2含量超过《生活垃圾焚烧污染控制标准》外，需要对烟气净化工艺进一步优化；其他指标均低于国家标准（表3-76）。

表3-76 烟气监测结果统计

单位：毫克/米^3

项目	颗粒物	CO	SO_2	HCl	NO_x	Hg	Cd	Pb
烟气监测结果	7.8	337.7	247	25.3	231	0.024	0.063	0.27
国家标准	30	100	100	60	300	0.05	0.1	1

对二噁英进行6次监测发现，结果均低于国家标准值（0.1纳克/米^3），结果见表3-77。

表3-77 二噁英监测结果统计

单位：纳克/米^3

项目	监测次数						平均值
	1	2	3	4	5	6	
二噁英含量	0.072	0.084	0.066	0.058	0.088	0.092	0.077

五、对生活的影响

（1）技术门槛低。垃圾热解气化技术作为行业的领先技术，正在发达国家逐步推广。我国近年来自主研发的垃圾连续热解气化技术含量高，更适合我国国情，在国内有成熟的使用经验。因此，村镇使用生活垃圾热解气化技术选择障碍少，引入门槛低，使用有方可循，是一个能够在短时间内投入生产的实用型技术。

（2）政府引导易。政府是治理垃圾污染的责任主体之一，需要在很多方面发挥作用，特别在城市规划建设方面更是起到决定性的作用。垃圾热解气化技术在国内很多地区已经投入使用，可以直接借鉴其运作和管理方式。相对于大型的填埋场、焚烧厂等垃圾处理设

施的影响，热解气化处理厂的环境和社会影响小，政府引导更为高效
染低、处理能力强、占地面积小的热解气化处理厂在全国广袤的村镇
弱化运输和选址的困难，更能够及时彻底解决村镇生活垃圾，达到
只需严格把关垃圾分类收集和运输，在合理区域合理投入经费，规划
气化处理厂，并配套宣传教育工作，积极开展调研，树立政府本身
识，建立透明公正的监督系统，完善法律体系，就能更好地发挥热解

（3）促进垃圾分类。作为生活垃圾的制造者，居民的素质对于垃
圾热解气化技术的实施，更需要良好的分类水平，也只有这样才能更
效率、效能和水平。普通热解气化的对象主要集中于有机物，其中餐
分，因此居民良好的分类习惯和高度的环保意识是垃圾热解气化的基

六、经济效益分析

以广西壮族自治区柳州市鹿寨县江口乡的生活垃圾处理厂为例，
化+填埋法；设计规模为10吨/天，服务人口为2万人；烟气指标监
垃圾焚烧污染控制标准》；炉渣与飞灰监测结果低于《危险废物填埋
18598—2001)，且炉渣可以作为制作环保砖的原料。

工程建设投资112.3万元。装机总功率为42.85千瓦，实际运行
瓦。耗电量约为250（千瓦·时）/天，相当于每吨垃圾处理用电25
耗水量1.5吨/天，根据热值及运行经验计算，耗固体碱0.12吨/天
+水费+药剂费+工资）/每天处理量＝（4.4×0.55×20+0.5×2+
20=12.67元/吨。

七、环境风险分析

垃圾热解气化+填埋技术项目运行过程所使用的主要设施与设备
圾热解气化炉、烟气净化系统、填埋系统等，垃圾在处理过程中产
尘、SO_2、HCl、NO_x、重金属、二噁英、垃圾渗滤液和热解气化飞

（1）热解气化过程潜在危险性。垃圾热解气化炉的运行故障将导
到850℃或烟气在炉膛内停留时间不到2秒，会造成二噁英污染物的

（2）飞灰运输事故潜在危险性。飞灰运输罐车事故，严重的导致
沿途水体、土壤等，使事故沿途环境受到污染。

（3）火灾、爆炸事故潜在危险性。包括工艺、设计因素、设备因
灾害引发的火灾和爆炸事故。

（4）物质危险性。生活垃圾热解气化处理厂处理的垃圾是非特殊
毒有害物质。运行过程中所使用的辅助材料为粉状物质，在环境中能
为0号轻柴油，属于易燃品，用量与储存均很小。热解气化过程中产
主要风险物质。

流化床焚烧+填埋技术

一、技术概述

（一）流化床焚烧

流化床焚烧具有对燃料适应性好、有害气体排放量低等优点，自问世以来在世界各主要工业化国家得到了迅速的发展。流化床焚烧是介于层燃和煤粉焚烧之间的一种焚烧方式。层燃焚烧效率低；煤粉焚烧效率高，但气体污染排放物多。流化床焚烧克服了二者的某些缺点，保留了它们的优点，是一种很有竞争力和竞争优势的洁净焚烧技术。它的基本原理是床料在流化状态下进行焚烧。

流化床焚烧炉的炉床由耐火沙粒组成，焚烧时沙床在风力作用下呈沸腾状态，生活垃圾与流化载体以一定的比例通过流化床上部进入焚烧炉内，借助流化载体的作用，垃圾在炉内激烈翻腾，同时不断循环流动，处于悬浮焚烧状态，焚烧效果好。

目前主要有3种流化床焚烧炉：传统的鼓泡式流化床焚烧炉、内旋流式流化床焚烧炉和循环流化床焚烧炉。流化床焚烧可以用来处理各种废物，近几年来得到了迅速的发展。流化床焚烧废物具有如下的优点：

（1）对焚烧废物适应性好，固体、液体和气体废物均能在流化床内焚烧。

（2）与其他焚烧装置相比，燃烧效率高。

（3）低温燃烧不易结渣，并能有效控制氮氧化物和硫氧化物的产生，降低污染物的排放。

（4）对焚烧低热值的废物不需用油助燃。

（5）与其他固定炉排、往复炉排焚烧炉相比，流化床焚烧装置没有活动部件，事故发生少，也比较紧凑。

不过流化床焚烧炉不能焚烧大尺寸的废物，对废物必须进行预处理，需将大尺寸废物加工成一定尺寸。而且与炉排炉相比较，用电量比较大。

（二）填埋

垃圾填埋是我国目前大多数地方解决生活垃圾出路的最主要方法，根据工程措施是否齐全、环保标准能否满足来判断，可分为简易填埋场、受控填埋场和卫生填埋场三个等级。

1. 简易填埋场（Ⅳ级填埋场） 这是我国传统沿用的填埋方式，其特征是：基本没有工程措施，或仅有部分工程措施，也未执行相关环保标准。目前，我国约有 50%的城市生活垃圾填埋场属于Ⅳ级填埋场。Ⅳ级填埋场为衰减型填埋场，它不可避免地会对周围的环境造成严重污染。

2. **受控填埋场**（Ⅲ级填埋场） Ⅲ级填埋场目前在我国约占 30%，其特征是：虽有部分工程措施，但不齐全；或者是虽有比较齐全的工程措施，但不能满足相关环保标准或技术规范。目前，主要问题集中在场底防渗、渗滤液处理、日常覆盖等不达标。Ⅲ级填埋场为半封闭型填埋场，也会对周围的环境造成一定的影响。

3. **卫生填埋场**（Ⅰ、Ⅱ级填埋场） 卫生填埋场是采取防渗、铺平、压实、覆盖对城市生活垃圾进行处理和对气体、渗沥液、蝇虫等进行治理的垃圾处理方法。这是近年来我国不少城市开始采用的一种生活垃圾填埋技术，其特征是：既有比较完善的环保措施，又能满足或大部分满足相关环保标准。Ⅰ、Ⅱ级填埋场为封闭型或生态型填埋场，其中Ⅱ级填埋场（基本无害化）目前在我国约占 15%，Ⅰ级填埋场（无害化）目前在我国约占 5%。

二、技术适用范围与条件

流化床焚烧+填埋技术适用于经济发展水平较高、人口较密集、用地紧张、垃圾分类收集集中处理的地区。流化床焚烧系统处理规模不宜超过 200 吨/天，且垃圾在进入焚烧炉之前，必须经分类和破碎处理，经过焚烧处理后产生的炉渣和飞灰、生活垃圾分类收集后不宜焚烧组分及焚烧残留物进行卫生填埋处理。生活垃圾要求建筑和金属块状垃圾含量极少。

建设规模应综合考虑服务区域范围内的垃圾产生量、分布情况、发展规划以及变化趋势等因素，并以近期为主、远期可扩建规模为辅的原则确定。

三、技术规程

（一）垃圾的储存和进料

1. **流程概述** 垃圾坑为钢筋混凝土防渗结构，储坑上方空间设有抽气系统，以控制臭味和甲烷的积聚，并使垃圾储坑保持负压。抽风口位于垃圾炉进料口的上方，抽出的空气作为焚烧炉的二次燃烧空气。由于垃圾含有较高的水分，在储料坑内有部分水分从垃圾中渗出，因此储料坑底部为倾斜设计，以收集渗出的污水排入渗沥水坑，由泵抽出喷入焚烧炉内燃烧。为防止蚊蝇和细菌的滋生，设置了药剂喷洒设施，夏季定期喷洒药剂杀菌、消毒。

在垃圾储坑的上面设置一台 5 米^{3}桥式液压抓斗吊车，用于垃圾坑内垃圾均化以及向焚烧炉内喂料。抓斗自身配备自动称量系统，可累计焚烧的垃圾量，以便掌握垃圾焚烧总量。桥式液压抓头吊车由操作人员在垃圾储坑的上部中间位置的操作室内进行遥控操作，并设有限位开关，以防止抓斗与料斗或其他设施相互碰撞。焚烧炉进料斗设有料位测量装置且其上方设有电视监视器，操作人员在操作时可清楚地了解料斗中的料位，以便及时加料和保持料斗中基本的料位高度。

垃圾经抓斗送入炉前垃圾储料斗后，由双轴螺旋输送机送入流化床垃圾焚烧炉内。垃圾与高温热载体以及预热至240℃的一次风充分混合燃烧。垃圾进料的双轴螺旋给料机具有对垃圾进行破碎的功能，当大件超过双轴螺旋输送机的破碎能力时，双轴螺旋输送机会自动反向旋转并使螺旋轴之间的距离加大，将大件垃圾剔除，保证设备不被损坏。在燃烧过程中，煤同样按设定的比例由煤仓经螺旋输送机加入炉内燃烧，保持炉内燃烧稳定。不燃物及燃烧后的重质灰渣从炉底排出炉外。

垃圾焚烧所需的空气分为一次空气和二次空气，一次空气用专用的高压风机从前处理仓中抽取，经过锅炉加热后从炉底鼓入炉膛，流化床内物料并在垃圾焚烧过程中助燃。由于一次空气小于完全燃烧所需要的空气量，在流化床底部所产生的气体中有部分可燃气体二次空气同样从垃圾仓中抽取，经预热后送入循环流化床内，使未燃尽物质继续燃烧。

垃圾焚烧炉上部设置了渗沥液喷入接口，垃圾坑内产生的渗沥液由泵抽出，从渗沥液喷入接口喷至炉内进行燃烧。

2. **恶臭防止** 垃圾综合处理厂恶臭主要来源于原始垃圾本身，包括垃圾储料坑、垃圾卸料大厅、渗沥水储坑等。为避免臭气外溢，采取以下控制措施：①抽取空气。利用焚烧炉一、二次风抽取垃圾储料坑、污水池、卸料大厅内的空气，作为焚烧炉助燃空气。所抽取空气先经过滤后送入炉内燃烧，空气中的恶臭物质在燃烧过程中被分解氧化而除去。②阻隔帘幕。垃圾卸料大厅出入口装置空气帘幕，以作为防止臭气及灰尘外泄的屏幕。③对卸料大厅和垃圾储坑进行隔离。为达到将臭气及灰尘封闭在垃圾料储坑中，在卸料大厅垃圾投入口设置可迅速开启的卷帘门，平时保持密闭以将臭气封闭在储料坑内。④加强垃圾储料坑的操作管理。对垃圾储料坑进行规范操作管理，可降低臭气产生，利用抓斗对垃圾进行不停的搅拌翻动，不仅可使进炉垃圾热值均匀，且可避免垃圾的厌氧发酵，减少恶臭的产生。

3. **垃圾储料坑废水处理** 垃圾卸料池中的垃圾渗沥液污水中BOD与COD较高，需将此部分水全部回喷至焚烧炉内焚烧。生产和生活污水铺设专用污水管网输送至污水处理厂统一处理。

（二）循环流化床焚烧炉

本技术焚烧炉排出的烟气总量约为40 000米^3/时，蒸汽量约为23吨/时。锅炉受热面由水冷壁、锅筒、对流管束、过热器及省煤器等组成。焚烧炉出来的900℃烟气，首先被焚烧炉上部第一通道的水冷壁管吸收部分热量，然后燃气继续冲刷屏式受热面及过热器，烟气中的大部分热量在这里被吸收，再经省煤器吸收一部分，最后经过空气预热器换热后，排至烟气净化系统。排烟温度大约180℃。表3-78列出了循环流化床焚烧炉的主要技术参数。

表3-78 循环流化床焚烧炉主要技术参数

序号	项目名称	单位	参数
1	额定蒸发量	吨/时	23
2	额定工作压力（表压）	兆帕	3.82

（续）

序号	项目名称	单位	参数
3	过热蒸汽温度	℃	450
4	给水温度	℃	146
5	烟气进口温度	℃	900

（三）灰渣处理系统

垃圾在流化床内燃尽后，与一些沙石一同落至炉底，通过冷渣器的自动出灰装置排出炉体。排出流化床的灰渣由振动筛将粒度小于1毫米的沙石筛分出来，经斗式提升机重新返回炉前沙仓，供流化床使用；而粒度大于1毫米的灰渣则由大倾角耐热带式输送机送至灰渣仓。灰渣仓能储放4天的灰渣。在大倾角耐热带式输送机上方设电磁除铁器，可将灰渣中的部分金属分选出来，分选出来的金属堆放在金属仓库内，由汽车外运销售。为减少灰渣装车时产生大量飞灰，灰渣仓内的灰渣装车时经气动装车装置落入汽车内外运。

燃烧产生的炉渣由焚烧炉底排出，焚烧渣量为0.8吨/时。焚烧炉清灰器排出的灰与炉底灰一起外运。吸收塔底产生的干燥钙末及附着物与布袋降尘器的固化飞灰一起外运。循环流化床的垃圾焚烧炉烟气飞灰含量一般小于2 020克/米^3，烟气含灰量20克/米^3，按焚烧炉的最大烟气流量［40 000克/（米^3·时）］计算，飞灰量约800千克/时。此时的飞灰量占垃圾量的10%，而筛上物的含灰量为17%。考虑脱硫和氯所加入的CaO，总飞灰量约为0.85吨/时。

（四）烟气净化系统

1. **概述** 为避免垃圾燃烧后的有害物质（如SO_2、HCl、HF、NO_x、二噁英和重金属等）污染环境，焚烧装置配备了一套烟气净化设施。采用干法脱除酸性气体、喷吹活性炭吸附二噁英、袋式除尘的烟气净化工艺满足环保要求。净化后烟气符合废气排放设计指标的要求。净烟气由引风机抽出经烟囱排入大气。除尘灰采用水泥固化处理或作为建筑材料。表3-79列出了典型的烟气组成。

表3-79 烟气组成

项目		单位	产生量
烟气量		米^3/时	36 540
烟气温度		℃	180
烟气组成	CO_2	%	10.4
	N_2	%	70.9
	O_2	%	6.4
	H_2O	%	12.3

（续）

项目		单位	产生量
有害气体含量	SO_2	毫克/米^3	450
	CO	毫克/米^3	100
	HCl	毫克/米^3	680
	NO_x	毫克/米^3	300

2. **工艺流程** 从焚烧炉出来的180℃左右的热烟气经喷水降温后首先进入循环流化床反应器底部，与喷入反应器内的石灰粉和具有反应性的循环干燥副产品进行充分接触并发生化学反应。石灰粉被高速的烟气吹散，附着在床内循环流动的物料表面，显著增大了石灰反应表面，石灰和烟气中的酸性气体充分接触反应，在反应器的干燥过程中，酸性气体被吸附中和。同时，高浓度的循环物料的强烈湍流，可以加剧石灰和酸性气体之间的传质，提高反应速率，而且可破坏固体物料在反应器内表面的沉积。同时定量喷水，其水分蒸发（烟气温度降至130～140℃）随烟气排出进入袋式除尘器。袋式除尘器采用进口滤料，为了防止开炉时烟气温度过高或过低导致烧袋或黏结布袋，袋式除尘器设有旁路烟道和热风再循环系统。除尘后的烟气由引风机抽出经烟囱（60米）排入大气。吸收塔塔底排出的少量残渣与除尘灰一并处理。送入石灰仓的外购石灰纯度>80%，粒度0.18毫米，经称量给料机用气力输送进入石灰粉槽，由螺旋输送机送至反应器内。

3. **酸性气体控制** 本技术采用干式洗涤和袋式除尘器组合工艺，HCl去除率达98%，同时在循环流化床中限氧燃烧；SO_2生成受到限制，剩余的SO_x经半干式洗涤塔后去除率达80%。因此，HCl、SO_2的排放浓度可分别控制在25毫克/米^3、200毫克/米^{3}之内，大大低于现行标准。

NO_x的生成机理主要有两种：一是垃圾中所含氮成分在燃烧时生成NO_x，即燃料型NO_x；二是空气中所含N_2在高温下氧化成NO_x，称为热力型NO_x，此反应需要1 300℃以上的高温条件。流化床内的燃烧温度可以控制在800～950℃的温度范围内而能保证稳定和高效的燃烧，抑制了热力型NO_x的形成；同时采用分级燃烧方式送入二次风，限制了一次助燃空气量，又抑制了燃料型NO_x的产生。因此，烟气中NO_x含量（折合NO_2为240毫克/米^{3}左右）符合《生活垃圾焚烧污染控制标准》的要求。

4. **重金属去除** 高效的颗粒物补集和低温控制是重金属净化的两个主要方面。重金属以固态、液态和气态形式进入除尘器，当烟气冷却时，气态部分转化为可捕集的固态或液态颗粒。垃圾烟气净化系统温度越低，重金属的净化效果越好；反之越差。

在生活垃圾中，重金属及其化合物可依其沸点和挥发性加以区分。部分重金属沸点小于炉体温度（1 100℃），焚烧中易蒸发至废气中。铅的沸点约为1 700℃，大部分将残存于灰渣之中。

近年来，人们对重金属逸入大气中造成人体健康的危害日趋重视。在生活垃圾焚烧炉的废气排放中，尤以重金属排放量最受关注。控制其排放浓度首要方法是在垃圾收集管理中做好垃圾分类的工作，将含有重金属的垃圾如电池、日光灯管、杀虫剂灯等回收处理。重金属去除的最佳方式为通过降温将易挥发的重金属冷凝，再用集尘设备与粒状污染物同时去除冷凝物。Hg、Cd 等重金属在烟气中部分以气体形式存在，除去上述通过降温的方式将其冷凝后收集外，由于排放要求的提高，根据需要可采取活性炭注入法，即将活性炭混入废气管道中，与废气接触，利用化学吸附附着在活性炭上，再用袋式集尘设备去除，最好的去除率可达 99%。

5. 二噁英有机污染物控制和飞灰处理 微量的二噁英也会对人体健康有严重威胁，因此需要对其采取措施，严格控制其排放。该项目主要通过燃烧过程控制及后续尾气处理措施进行防控。

垃圾焚烧炉中产生的二噁英，在很大程度上通过氧化使之分解，即通过有效的燃烧加以控制。然而在之后的冷却过程中，当温度在 300～470℃范围内时，由于烟气中的碳粒子和作为催化剂的重金属又会促使其再合成，因此控制二噁英生成及其再合成的最佳方法是做到尽可能使垃圾在炉内得到完全燃烧，并在烟气冷却过程中防止二噁英再合成。烟气冷却必须考虑的是要尽量减少在有助于二噁英合成的温度范围内烟气和灰尘的停留时间，要使有余热的焚烧炉的水管不易沾住烟气中的飘尘，并方便清灰。

根据现运行的垃圾焚烧厂的实践资料可知，通过良好的燃烧控制，即控制烟气温度、停留时间，使燃烧空气充分混合，可使垃圾中的原生二噁英 99.9%得以分解。

除对焚烧技术进行控制外，本技术在后置的污染防控设备中，采用干式洗涤塔及袋式集尘设备来控制微量二噁英。在烟气进入除尘器前的管道上设置活性炭喷入装置，可以吸附烟气中的二噁英、重金属等有害物质，飞灰也具有一定的吸附二噁英和重金属等有害物质的功能。在除尘器内，吸附了有害物质的活性炭和烟气的飞灰被布袋滤出。国内外研究报告显示，多氯代二苯、多氯二苯并呋喃及其有机污染物、重金属均倾向与烟气中微小粒状物结合，袋式薄膜滤料集尘器在收集粒状污染物的同时，也能去除该有机物。

除尘灰含有二噁英和重金属等有害物质，根据《生活垃圾焚烧污染控制标准》规定，袋式除尘器排出的飞灰按危险废物处理。该技术对袋式除尘器排出的飞灰进行固化处理，处理后送至垃圾填埋场填埋。表 3-80 列出了飞灰成分。

表 3-80 飞灰浸出液测试结果

监测项目	数 值	监测项目	数 值
铜	0.2 毫克/升	总铬	0.5 毫克/升
铅	1.0 毫克/升	镉	0.05 毫克/升
锌	0.05 毫克/升	砷	0.02 毫克/升
六价铬	0.004 毫克/升	汞	5×10^{-5}毫克/升
pH	8.5	二噁英	0.5 纳克/米^3

袋式除尘器排出的飞灰经气力输送机送至飞灰仓内，飞灰仓能储放 7 天的飞灰。飞灰仓及水泥仓内的飞灰及水泥分别由变量联合给料机按一定的比例加入飞灰固化机内，并添加适量水分，成型后外运。

（五）辅助燃料供应系统

在垃圾热值偏低时需要补充燃料，以维持理想的燃烧状态和保证焚烧炉的蒸汽参数。

压实效果好，因此宜选用从作业单元的边坡底部向顶部的方式进行摊铺，每层垃圾摊铺厚度以 0.4～0.6 米为宜。填埋场宜采用专用垃圾压实机分层连续不少于两遍碾压垃圾，当压实机发生故障时，可使用大型推土机连续不少于三遍碾压垃圾。压实作业坡度宜为 (1∶4)～(1∶5)，压实后要求保证层面平整，垃圾压实密度要求不小于 600 千克/米^3。

(四) 工艺流程

工艺流程见图 3-50。

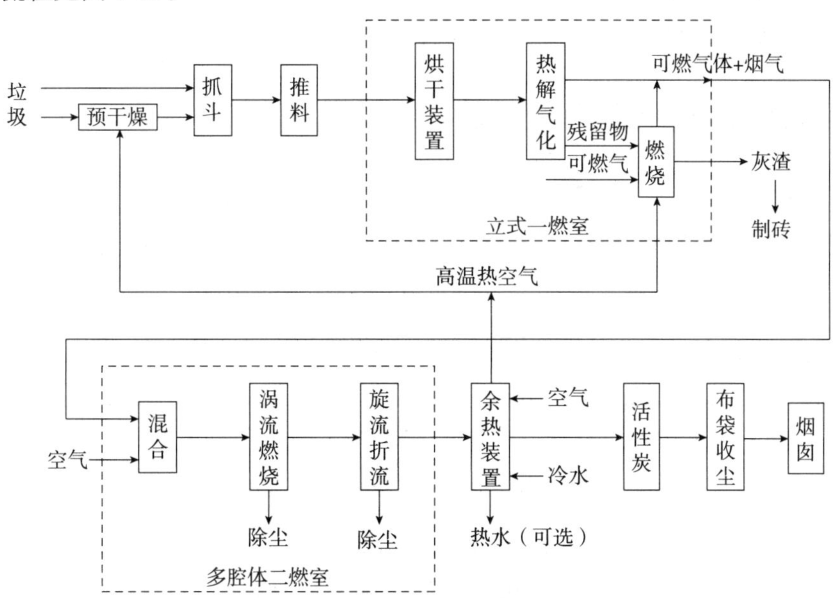

图 3-50　生活垃圾热解填埋处理工艺流程

(五) 主要设备

1. **炉本体**　热解炉炉本体外壳为钢结构，内壁为不同性质的耐火浇铸材料，内层为耐高温浇铸料（可耐 1 790℃的高温），中间为轻质耐火材料，既可保证炉内有足够的燃烧温度，又可保持外壳低温，以防烫伤。耐火材料为整体浇铸，不宜脱落。炉体设有负压侧点，用于实时监测系统负压。设有热电偶用于检测炉内的运行温度。另外，还设有一个观察孔，便于检修设备和观察炉内状况。

2. **旋风除尘器**　旋风除尘器作为一种高效布袋集尘器，烟气从下方进入，通过过滤层后，气流中的尘粒被滤层阻截下来，从而实现气固分离。烟气经过热量的初步交换后，温度将下降 300～400℃。

3. **喷淋吸收塔**　喷淋吸收塔基本结构由两部分组成：上塔体（设烟气入口、喷雾装置）、下塔体（设烟气出口、排灰口）。吸收塔主要用于去除烟气中的气态污染物，是半干法烟气净化系统的主要设备。以 3%～5%碱液为净化吸收剂，烟气从上部进入吸收塔内，在喷嘴下方区域与吸收剂充分混合，吸收剂与酸性气态污染物发生化学反应。最后，反应物以固体的形式从塔底部排出。净化后的烟气则进入脉冲布袋除尘器中。喷嘴靠压缩空气完成吸收剂的雾化。其结构为双层夹套管，吸收剂浆液途经内管，压缩空气途经外管，浆液与压缩空气在喷嘴头处强烈混合后从喷嘴喷出，从而使浆液雾化为细小的颗粒，与烟气进行接触吸收。

4. 废渣水分离器 废渣水分离器作用原理是灰水由砂浆泵注入搅拌混凝区后进入斜板沉淀区，最后通过滤层获得满足回用和排放标准的清水。必要时利用配置的反冲洗系统对滤料等进行反冲洗。灰水分离闭路循环工艺净化率95%以上，回收每吨清水成本0.06元左右，回收清水率90%～95%，可做到无废水排放的闭路循环，用地少、投资省。

5. 烟囱 烟囱对气体起扩散作用，排放符合国家标准。烟囱加装采样孔、测温孔，本烟囱需用防风浪锁固定，具有独特的固定装置。

四、面源污染物减排效果

监测指标包括颗粒物、CO、SO_2、NO_x、HCl和Hg、Cd、Pb，结果显示，除了CO和SO_2含量超过《生活垃圾焚烧污染控制标准》外，需要对烟气净化工艺进一步优化；其他指标均低于国家标准（表3-76）。

表3-76 烟气监测结果统计

单位：毫克/米^3

项目	颗粒物	CO	SO_2	HCl	NO_x	Hg	Cd	Pb
烟气监测结果	7.8	337.7	247	25.3	231	0.024	0.063	0.27
国家标准	30	100	100	60	300	0.05	0.1	1

对二噁英进行6次监测发现，结果均低于国家标准值（0.1纳克/米^3），结果见表3-77。

表3-77 二噁英监测结果统计

单位：纳克/米^3

项目	监测次数						平均值
	1	2	3	4	5	6	
二噁英含量	0.072	0.084	0.066	0.058	0.088	0.092	0.077

五、对生活的影响

（1）技术门槛低。垃圾热解气化技术作为行业的领先技术，正在发达国家逐步推广。我国近年来自主研发的垃圾连续热解气化技术含量高，更适合我国国情，在国内有成熟的使用经验。因此，村镇使用生活垃圾热解气化技术选择障碍少，引入门槛低，使用有方可循，是一个能够在短时间内投入生产的实用型技术。

（2）政府引导易。政府是治理垃圾污染的责任主体之一，需要在很多方面发挥作用，特别在城市规划建设方面更是起到决定性的作用。垃圾热解气化技术在国内很多地区已经投入使用，可以直接借鉴其运作和管理方式。相对于大型的填埋场、焚烧厂等垃圾处理设施的影响，热解气化处理厂的环境和社会影响小，政府引导更为高效便利。如果有更多污染低、处理能力强、占地面积小的热解气化处理厂在全国广袤的村镇范围内运作，不仅能弱化运输和选址的困难，更能够及时彻底解决村镇生活垃圾，达到就近处理的目的。政府只需严格把关垃圾分类收集和运输，在合理区域合理投入经费，规划建设相应规模的热解气化处理厂，并配套宣传教育工作，积极开展调研，树立政府本身和企业个人的责任意识，建立透明公正的监督系统，完善法律体系，就能更好地发挥热解气化技术的作用。

(3) 促进垃圾分类。作为生活垃圾的制造者，居民的素质对于垃圾处理至关重要。垃圾热解气化技术的实施，更需要良好的分类水平，也只有这样才能更好地保证垃圾热解的效率、效能和水平。普通热解气化的对象主要集中于有机物，其中餐厨垃圾是重要组成部分，因此居民良好的分类习惯和高度的环保意识是垃圾热解气化的基础之一。

六、经济效益分析

以广西壮族自治区柳州市鹿寨县江口乡的生活垃圾处理厂为例，采用的工艺为热解气化＋填埋法；设计规模为 10 吨/天，服务人口为 2 万人；烟气指标监测结果远低于《生活垃圾焚烧污染控制标准》；炉渣与飞灰监测结果低于《危险废物填埋污染控制标准》（GB 18598—2001），且炉渣可以作为制作环保砖的原料。

工程建设投资 112.3 万元。装机总功率为 42.85 千瓦，实际运行平均功率约为 11 千瓦。耗电量约为 250（千瓦·时）/天，相当于每吨垃圾处理用电 25 千瓦·时。设备运行耗水量 1.5 吨/天，根据热值及运行经验计算，耗固体碱 0.12 吨/天，运行成本＝（电费＋水费＋药剂费＋工资）/每天处理量＝（4.4×0.55×20＋0.5×2＋1 200×0.12＋60）/20＝12.67 元/吨。

七、环境风险分析

垃圾热解气化＋填埋技术项目运行过程所使用的主要设施与设备包括垃圾储料仓、垃圾热解气化炉、烟气净化系统、填埋系统等，垃圾在处理过程中产生的污染物主要为烟尘、SO_2、HCl、NO_x、重金属、二噁英、垃圾渗滤液和热解气化飞灰等。

（1）热解气化过程潜在危险性。垃圾热解气化炉的运行故障将导致炉膛内温度无法达到 850℃或烟气在炉膛内停留时间不到 2 秒，会造成二噁英污染物的排放量增大。

（2）飞灰运输事故潜在危险性。飞灰运输罐车事故，严重的导致储罐破裂，飞灰进入沿途水体、土壤等，使事故沿途环境受到污染。

（3）火灾、爆炸事故潜在危险性。包括工艺、设计因素、设备因素、管理因素、环境灾害引发的火灾和爆炸事故。

（4）物质危险性。生活垃圾热解气化处理厂处理的垃圾是非特殊垃圾，燃料不属于有毒有害物质。运行过程中所使用的辅助材料为粉状物质，在环境中能稳定存在。点火燃料为 0 号轻柴油，属于易燃品，用量与储存均很小。热解气化过程中产生的二噁英和飞灰为主要风险物质。

八、推广政策建议

(1) 建设期补贴。建议补贴部分热解气化工艺建设费用，可以采用免费使用土地的形式进行补贴。

(2) 运行期补贴。根据热解气化处理量补贴部分运行费用，补贴比例建议为 50%左右，建议采用将商用电价改为民用电价、征收垃圾处理费等方式进行补贴。

技术编写者及依托单位：夏训峰、王丽君、朱建超、高生旺　中国环境科学研究院
联系电话：010-84915289
电子邮箱：xiaxunfengg@sina. com、wanglijun. qq@163. com

流化床焚烧+填埋技术

一、技术概述

（一）流化床焚烧

流化床焚烧具有对燃料适应性好、有害气体排放量低等优点，自问世以来在世界各主要工业化国家得到了迅速的发展。流化床焚烧是介于层燃和煤粉焚烧之间的一种焚烧方式。层燃焚烧效率低；煤粉焚烧效率高，但气体污染排放物多。流化床焚烧克服了二者的某些缺点，保留了它们的优点，是一种很有竞争力和竞争优势的洁净焚烧技术。它的基本原理是床料在流化状态下进行焚烧。

流化床焚烧炉的炉床由耐火沙粒组成，焚烧时沙床在风力作用下呈沸腾状态，生活垃圾与流化载体以一定的比例通过流化床上部进入焚烧炉内，借助流化载体的作用，垃圾在炉内激烈翻腾，同时不断循环流动，处于悬浮焚烧状态，焚烧效果好。

目前主要有3种流化床焚烧炉：传统的鼓泡式流化床焚烧炉、内旋流式流化床焚烧炉和循环流化床焚烧炉。流化床焚烧可以用来处理各种废物，近几年来得到了迅速的发展。流化床焚烧废物具有如下的优点：

（1）对焚烧废物适应性好，固体、液体和气体废物均能在流化床内焚烧。

（2）与其他焚烧装置相比，燃烧效率高。

（3）低温燃烧不易结渣，并能有效控制氮氧化物和硫氧化物的产生，降低污染物的排放。

（4）对焚烧低热值的废物不需用油助燃。

（5）与其他固定炉排、往复炉排焚烧炉相比，流化床焚烧装置没有活动部件，事故发生少，也比较紧凑。

不过流化床焚烧炉不能焚烧大尺寸的废物，对废物必须进行预处理，需将大尺寸废物加工成一定尺寸。而且与炉排炉相比较，用电量比较大。

（二）填埋

垃圾填埋是我国目前大多数地方解决生活垃圾出路的最主要方法，根据工程措施是否齐全、环保标准能否满足来判断，可分为简易填埋场、受控填埋场和卫生填埋场三个等级。

1. 简易填埋场（Ⅳ级填埋场） 这是我国传统沿用的填埋方式，其特征是：基本没有

工程措施，或仅有部分工程措施，也未执行相关环保标准。目前，我国约有50%的城市生活垃圾填埋场属于Ⅳ级填埋场。Ⅳ级填埋场为衰减型填埋场，它不可避免地会对周围的环境造成严重污染。

2. **受控填埋场**（Ⅲ级填埋场） Ⅲ级填埋场目前在我国约占30%，其特征是：虽有部分工程措施，但不齐全；或者是虽有比较齐全的工程措施，但不能满足相关环保标准或技术规范。目前，主要问题集中在场底防渗、渗滤液处理、日常覆盖等不达标。Ⅲ级填埋场为半封闭型填埋场，也会对周围的环境造成一定的影响。

3. **卫生填埋场**（Ⅰ、Ⅱ级填埋场） 卫生填埋场是采取防渗、铺平、压实、覆盖对城市生活垃圾进行处理和对气体、渗沥液、蝇虫等进行治理的垃圾处理方法。这是近年来我国不少城市开始采用的一种生活垃圾填埋技术，其特征是：既有比较完善的环保措施，又能满足或大部分满足相关环保标准。Ⅰ、Ⅱ级填埋场为封闭型或生态型填埋场，其中Ⅱ级填埋场（基本无害化）目前在我国约占15%，Ⅰ级填埋场（无害化）目前在我国约占5%。

二、技术适用范围与条件

流化床焚烧＋填埋技术适用于经济发展水平较高、人口较密集、用地紧张、垃圾分类收集集中处理的地区。流化床焚烧系统处理规模不宜超过200吨/天，且垃圾在进入焚烧炉之前，必须经分类和破碎处理，经过焚烧处理后产生的炉渣和飞灰、生活垃圾分类收集后不宜焚烧组分及焚烧残留物进行卫生填埋处理。生活垃圾要求建筑和金属块状垃圾含量极少。

建设规模应综合考虑服务区域范围内的垃圾产生量、分布情况、发展规划以及变化趋势等因素，并以近期为主、远期可扩建规模为辅的原则确定。

三、技术规程

（一）垃圾的储存和进料

1. **流程概述** 垃圾坑为钢筋混凝土防渗结构，储坑上方空间设有抽气系统，以控制臭味和甲烷的积聚，并使垃圾储坑保持负压。抽风口位于垃圾炉进料口的上方，抽出的空气作为焚烧炉的二次燃烧空气。由于垃圾含有较高的水分，在储料坑内有部分水分从垃圾中渗出，因此储料坑底部为倾斜设计，以收集渗出的污水排入渗沥水坑，由泵抽出喷入焚烧炉内燃烧。为防止蚊蝇和细菌的滋生，设置了药剂喷洒设施，夏季定期喷洒药剂杀菌、消毒。

在垃圾储坑的上面设置一台5米^{3}桥式液压抓斗吊车，用于垃圾坑内垃圾均化以及向焚烧炉内喂料。抓斗自身配备自动称量系统，可累计焚烧的垃圾量，以便掌握垃圾焚烧总量。桥式液压抓头吊车由操作人员在垃圾储坑的上部中间位置的操作室内进行遥控操作，并设有限位开关，以防止抓斗与料斗或其他设施相互碰撞。焚烧炉进料斗设有料位测量装置且其上方设有电视监视器，操作人员在操作时可清楚地了解料斗中的料位，以便及时加料和保持料斗中基本的料位高度。

垃圾经抓斗送入炉前垃圾储料斗后，由双轴螺旋输送机送入流化床垃圾焚烧炉内。垃

圾与高温热载体以及预热至 240℃的一次风充分混合燃烧。垃圾进料的双轴螺旋给料机具有对垃圾进行破碎的功能，当大件超过双轴螺旋输送机的破碎能力时，双轴螺旋输送机会自动反向旋转并使螺旋轴之间的距离加大，将大件垃圾剔除，保证设备不被损坏。在燃烧过程中，煤同样按设定的比例由煤仓经螺旋输送机加入炉内燃烧，保持炉内燃烧稳定。不燃物及燃烧后的重质灰渣从炉底排出炉外。

垃圾焚烧所需的空气分为一次空气和二次空气，一次空气用专用的高压风机从前处理仓中抽取，经过锅炉加热后从炉底鼓入炉膛，流化床内物料并在垃圾焚烧过程中助燃。由于一次空气小于完全燃烧所需要的空气量，在流化床底部所产生的气体中有部分可燃气体二次空气同样从垃圾仓中抽取，经预热后送入循环流化床内，使未燃尽物质继续燃烧。

垃圾焚烧炉上部设置了渗沥液喷入接口，垃圾坑内产生的渗沥液由泵抽出，从渗沥液喷入接口喷至炉内进行燃烧。

2. 恶臭防止 垃圾综合处理厂恶臭主要来源于原始垃圾本身，包括垃圾储料坑、垃圾卸料大厅、渗沥水储坑等。为避免臭气外溢，采取以下控制措施：①抽取空气。利用焚烧炉一、二次风抽取垃圾储料坑、污水池、卸料大厅内的空气，作为焚烧炉助燃空气。所抽取空气先经过滤后送入炉内燃烧，空气中的恶臭物质在燃烧过程中被分解氧化而除去。②阻隔帘幕。垃圾卸料大厅出入口装置空气帘幕，以作为防止臭气及灰尘外泄的屏幕。③对卸料大厅和垃圾储坑进行隔离。为达到将臭气及灰尘封闭在垃圾料储坑中，在卸料大厅垃圾投入口设置可迅速开启的卷帘门，平时保持密闭以将臭气封闭在储料坑内。④加强垃圾储料坑的操作管理。对垃圾储料坑进行规范操作管理，可降低臭气产生，利用抓斗对垃圾进行不停的搅拌翻动，不仅可使进炉垃圾热值均匀，且可避免垃圾的厌氧发酵，减少恶臭的产生。

3. 垃圾储料坑废水处理 垃圾卸料池中的垃圾渗沥液污水中 BOD 与 COD 较高，需将此部分水全部回喷至焚烧炉内焚烧。生产和生活污水铺设专用污水管网输送至污水处理厂统一处理。

（二）循环流化床焚烧炉

本技术焚烧炉排出的烟气总量约为 40 000 米^3/时，蒸汽量约为 23 吨/时。锅炉受热面由水冷壁、锅筒、对流管束、过热器及省煤器等组成。焚烧炉出来的 900℃烟气，首先被焚烧炉上部第一通道的水冷壁管吸收部分热量，然后燃气继续冲刷屏式受热面及过热器，烟气中的大部分热量在这里被吸收，再经省煤器吸收一部分，最后经过空气预热器换热后，排至烟气净化系统。排烟温度大约 180℃。表 3-78 列出了循环流化床焚烧炉的主要技术参数。

表 3-78 循环流化床焚烧炉主要技术参数

序号	项目名称	单位	参数
1	额定蒸发量	吨/时	23
2	额定工作压力（表压）	兆帕	3.82

（续）

序号	项目名称	单位	参数
3	过热蒸汽温度	℃	450
4	给水温度	℃	146
5	烟气进口温度	℃	900

（三）灰渣处理系统

垃圾在流化床内燃尽后，与一些沙石一同落至炉底，通过冷渣器的自动出灰装置排出炉体。排出流化床的灰渣由振动筛将粒度小于1毫米的沙石筛分出来，经斗式提升机重新返回炉前沙仓，供流化床使用；而粒度大于1毫米的灰渣则由大倾角耐热带式输送机送至灰渣仓。灰渣仓能储放4天的灰渣。在大倾角耐热带式输送机上方设电磁除铁器，可将灰渣中的部分金属分选出来，分选出来的金属堆放在金属仓库内，由汽车外运销售。为减少灰渣装车时产生大量飞灰，灰渣仓内的灰渣装车时经气动装车装置落入汽车内外运。

燃烧产生的炉渣由焚烧炉底排出，焚烧渣量为0.8吨/时。焚烧炉清灰器排出的灰与炉底灰一起外运。吸收塔底产生的干燥钙末及附着物与布袋降尘器的固化飞灰一起外运。循环流化床的垃圾焚烧炉烟气飞灰含量一般小于2 020克/米^3，烟气含灰量20克/米^3，按焚烧炉的最大烟气流量［40 000克/（米^3·时）］计算，飞灰量约800千克/时。此时的飞灰量占垃圾量的10%，而筛上物的含灰量为17%。考虑脱硫和氯所加入的CaO，总飞灰量约为0.85吨/时。

（四）烟气净化系统

1. 概述 为避免垃圾燃烧后的有害物质（如SO_2、HCl、HF、NO_x、二噁英和重金属等）污染环境，焚烧装置配备了一套烟气净化设施。采用干法脱除酸性气体、喷吹活性炭吸附二噁英、袋式除尘的烟气净化工艺满足环保要求。净化后烟气符合废气排放设计指标的要求。净烟气由引风机抽出经烟囱排入大气。除尘灰采用水泥固化处理或作为建筑材料。表3-79列出了典型的烟气组成。

表3-79 烟气组成

项目		单位	产生量
烟气量		米^3/时	36 540
烟气温度		℃	180
烟气组成	CO_2	%	10.4
	N_2	%	70.9
	O_2	%	6.4
	H_2O	%	12.3

（续）

项目		单位	产生量
有害气体含量	SO_2	毫克/米^3	450
	CO	毫克/米^3	100
	HCl	毫克/米^3	680
	NO_x	毫克/米^3	300

2. **工艺流程** 从焚烧炉出来的180℃左右的热烟气经喷水降温后首先进入循环流化床反应器底部，与喷入反应器内的石灰粉和具有反应性的循环干燥副产品进行充分接触并发生化学反应。石灰粉被高速的烟气吹散，附着在床内循环流动的物料表面，显著增大了石灰反应表面，石灰和烟气中的酸性气体充分接触反应，在反应器的干燥过程中，酸性气体被吸附中和。同时，高浓度的循环物料的强烈湍流，可以加剧石灰和酸性气体之间的传质，提高反应速率，而且可破坏固体物料在反应器内表面的沉积。同时定量喷水，其水分蒸发（烟气温度降至130～140℃）随烟气排出进入袋式除尘器。袋式除尘器采用进口滤料，为了防止开炉时烟气温度过高或过低导致烧袋或黏结布袋，袋式除尘器设有旁路烟道和热风再循环系统。除尘后的烟气由引风机抽出经烟囱（60米）排入大气。吸收塔塔底排出的少量残渣与除尘灰一并处理。送入石灰仓的外购石灰纯度>80%，粒度0.18毫米，经称量给料机用气力输送进入石灰粉槽，由螺旋输送机送至反应器内。

3. **酸性气体控制** 本技术采用干式洗涤和袋式除尘器组合工艺，HCl去除率达98%，同时在循环流化床中限氧燃烧；SO_2生成受到限制，剩余的SO_x经半干式洗涤塔后去除率达80%。因此，HCl、SO_2的排放浓度可分别控制在25毫克/米^3、200毫克/米^{3}之内，大大低于现行标准。

NO_x的生成机理主要有两种：一是垃圾中所含氮成分在燃烧时生成NO_x，即燃料型NO_x；二是空气中所含N_2在高温下氧化成NO_x，称为热力型NO_x，此反应需要1 300℃以上的高温条件。流化床内的燃烧温度可以控制在800～950℃的温度范围内而能保证稳定和高效的燃烧，抑制了热力型NO_x的形成；同时采用分级燃烧方式送入二次风，限制了一次助燃空气量，又抑制了燃料型NO_x的产生。因此，烟气中NO_x含量（折合NO_2为240毫克/米^{3}左右）符合《生活垃圾焚烧污染控制标准》的要求。

4. **重金属去除** 高效的颗粒物补集和低温控制是重金属净化的两个主要方面。重金属以固态、液态和气态形式进入除尘器，当烟气冷却时，气态部分转化为可捕集的固态或液态颗粒。垃圾烟气净化系统温度越低，重金属的净化效果越好；反之越差。

在生活垃圾中，重金属及其化合物可依其沸点和挥发性加以区分。部分重金属沸点小于炉体温度（1 100℃），焚烧中易蒸发至废气中。铅的沸点约为1 700℃，大部分将残存于灰渣之中。

近年来，人们对重金属逸入大气中造成人体健康的危害日趋重视。在生活垃圾焚烧炉的废气排放中，尤以重金属排放量最受关注。控制其排放浓度首要方法是在垃圾收集管理中做好垃圾分类的工作，将含有重金属的垃圾如电池、日光灯管、杀虫剂灯等回收处理。重金属去除的最佳方式为通过降温将易挥发的重金属冷凝，再用集尘设备与粒状污染物同

时去除冷凝物。Hg、Cd等重金属在烟气中部分以气体形式存在，除去上述通过降温的方式将其冷凝后收集外，由于排放要求的提高，根据需要可采取活性炭注入法，即将活性炭混入废气管道中，与废气接触，利用化学吸附附着在活性炭上，再用袋式集尘设备去除，最好的去除率可达99%。

5. 二噁英有机污染物控制和飞灰处理 微量的二噁英也会对人体健康有严重威胁，因此需要对其采取措施，严格控制其排放。该项目主要通过燃烧过程控制及后续尾气处理措施进行防控。

垃圾焚烧炉中产生的二噁英，在很大程度上通过氧化使之分解，即通过有效的燃烧加以控制。然而在之后的冷却过程中，当温度在300～470℃范围内时，由于烟气中的碳粒子和作为催化剂的重金属又会促使其再合成，因此控制二噁英生成及其再合成的最佳方法是做到尽可能使垃圾在炉内得到完全燃烧，并在烟气冷却过程中防止二噁英再合成。烟气冷却必须考虑的是要尽量减少在有助于二噁英合成的温度范围内烟气和灰尘的停留时间，要使有余热的焚烧炉的水管不易沾住烟气中的飘尘，并方便清灰。

根据现运行的垃圾焚烧厂的实践资料可知，通过良好的燃烧控制，即控制烟气温度、停留时间，使燃烧空气充分混合，可使垃圾中的原生二噁英99.9%得以分解。

除对焚烧技术进行控制外，本技术在后置的污染防控设备中，采用干式洗涤塔及袋式集尘设备来控制微量二噁英。在烟气进入除尘器前的管道上设置活性炭喷入装置，可以吸附烟气中的二噁英、重金属等有害物质，飞灰也具有一定的吸附二噁英和重金属等有害物质的功能。在除尘器内，吸附了有害物质的活性炭和烟气的飞灰被布袋滤出。国内外研究报告显示，多氯代二苯、多氯二苯并呋喃及其有机污染物、重金属均倾向与烟气中微小粒状物结合，袋式薄膜滤料集尘器在收集粒状污染物的同时，也能去除该有机物。

除尘灰含有二噁英和重金属等有害物质，根据《生活垃圾焚烧污染控制标准》规定，袋式除尘器排出的飞灰按危险废物处理。该技术对袋式除尘器排出的飞灰进行固化处理，处理后送至垃圾填埋场填埋。表3-80列出了飞灰成分。

表3-80 飞灰浸出液测试结果

监测项目	数 值	监测项目	数 值
铜	0.2毫克/升	总铬	0.5毫克/升
铅	1.0毫克/升	镉	0.05毫克/升
锌	0.05毫克/升	砷	0.02毫克/升
六价铬	0.004毫克/升	汞	5×10^{-5}毫克/升
pH	8.5	二噁英	0.5纳克/米^3

袋式除尘器排出的飞灰经气力输送机送至飞灰仓内，飞灰仓能储放7天的飞灰。飞灰仓及水泥仓内的飞灰及水泥分别由变量联合给料机按一定的比例加入飞灰固化机内，并添加适量水分，成型后外运。

（五）辅助燃料供应系统

在垃圾热值偏低时需要补充燃料，以维持理想的燃烧状态和保证焚烧炉的蒸汽参数。

流化床焚烧炉的补充燃料是燃煤，可直接外购粉煤，在焚烧厂内设置储煤间。由于外购的原料煤（粒度小于10毫米）能够满足锅炉用煤的粒度要求，故上煤系统不考虑原料煤的破碎、筛分，只负责焚烧炉用煤的存储及运输。焚烧炉每天最大耗煤量按30吨/天设计，厂内设置一个干煤棚，面积为108米^2（6米×18米），堆煤高度为3米，煤棚储量约为200吨，储煤天数约为7天。原料煤首先由铲车运至受煤斗内，经往复给煤机、胶带输送机将原料煤送至位于焚烧炉上方的煤斗内存储备用。同时，在胶带输送机的上方设置一个永磁除铁器，用于清除混杂在原料煤中的铁磁性物质。

流化床焚烧炉启动点火时，采用床下点火方式，点火用柴油。柴油在床下热烟气发生器内筒燃烧，产生高温烟气，以加热床料、升高炉床温度，并使床料呈流化状态。点火需要燃油约8吨/年，配备两个5米^{3}的油罐，可满足垃圾焚烧炉启动时用油的需要。

自然通风堆肥+填埋技术

一、技术概述

（一）自然通风堆肥

好氧堆肥通风方式分为自然通风、定期翻堆、被动通风和强制通风（机械通风）。选择合适的堆肥通风方式，需要综合考虑经济技术条件、物料利用率、运输和操作费用、设备维护和管理、工作人员培训、场地等因素。在实际运用中，自然通风、定期翻堆、被动通风方式常用于条垛式堆肥系统，强制通风（机械通风）方式常用于强制通风静态垛和大多数反应器堆肥系统。自然通风即表面扩散供氧，是利用垃圾堆体表面与堆体内部氧的浓度差产生扩散，使氧气与物料接触从而为垃圾发酵提供氧气。经理论计算，通过表面扩散供氧，在一次发酵阶段只能保证离表层22厘米内有氧气。显然，此种通风方式仅适用于小规模堆肥。对大规模堆肥而言，堆体内部容易出现厌氧状态，堆肥过程升温与降温非常缓慢，从而会延长堆肥周期；对小规模堆肥而言，此种通风方式可节省能源，适合经济发展水平较低地区生活垃圾的就地处理。

（二）填埋

垃圾填埋是我国目前大多数城市解决生活垃圾出路的最主要方法，根据工程措施是否齐全、环保标准能否满足来判断，可分为简易填埋场、受控填埋场和卫生填埋场3个等级。

1. **简易填埋场**（Ⅳ级填埋场） 这是我国传统沿用的填埋方式，其特征是：基本没有工程措施，或仅有部分工程措施，也未执行相关环保标准。目前，我国约有50%的城市生活垃圾填埋场属于Ⅳ级填埋场。Ⅳ级填埋场为衰减型填埋场，它不可避免地会对周围的环境造成严重污染。

2. **受控填埋场**（Ⅲ级填埋场） Ⅲ级填埋场目前在我国约占30%，其特征是：虽有部分工程措施，但不齐全；或者是虽有比较齐全的工程措施，但不能满足相关环保标准或技术规范。目前，主要问题集中在场底防渗、渗滤液处理、日常覆盖等不达标。Ⅲ级填埋场为半封闭型填埋场，也会对周围的环境造成一定的影响。

3. **卫生填埋场**（Ⅰ、Ⅱ级填埋场） 卫生填埋场是采取防渗、铺平、压实、覆盖对城市生活垃圾进行处理和对气体、渗沥液、蝇虫等进行治理的垃圾处理方法。这是近年来我国不少城市开始采用的生活垃圾填埋技术，其特征是：既有比较完善的环保措施，又能满足或大部分满足相关环保标准。Ⅰ、Ⅱ级填埋场为封闭型或生态型填埋场，其中Ⅱ级填埋场（基本无害化）目前在我国约占 15%，Ⅰ级填埋场（无害化）目前在我国约占 5%。

二、技术适用范围与条件

自然通风堆肥＋填埋技术适用于巢湖、辽河流域村庄及人口分布较稀少的地区，且此地区有农田消耗堆肥产品。生活垃圾经源头分类处理后，有机废弃物适宜以村为单位进行自然通风静态垛堆肥，自然通风堆肥规模不宜大于 0.5 吨/天，分类后的其他不可回收组分进行填埋处理。

三、技术规程

（一）自然通风堆肥

1. **堆肥原料** 堆肥原料应是农村生活垃圾和其他可作为堆肥原料的垃圾。堆肥原料应符合下列要求：①含水率宜为 40%～60%；②有机物含量为 20%～60%；③碳氮比为 20～30；④重金属含量指标应符合《城镇垃圾农用控制标准》的规定。

2. **条垛式堆肥工艺**

（1）堆制条垛。条垛式堆肥工艺流程见图 3-51。定期翻堆条垛式堆肥系统即将堆肥物料堆成条垛状，通过定期翻堆来实现堆体的有氧状态，属于自然通风。如图 3-52 所示，条垛的横切面形状没有严格要求，可以是梯形、不规则四边形或三角形，在供氧充分的情

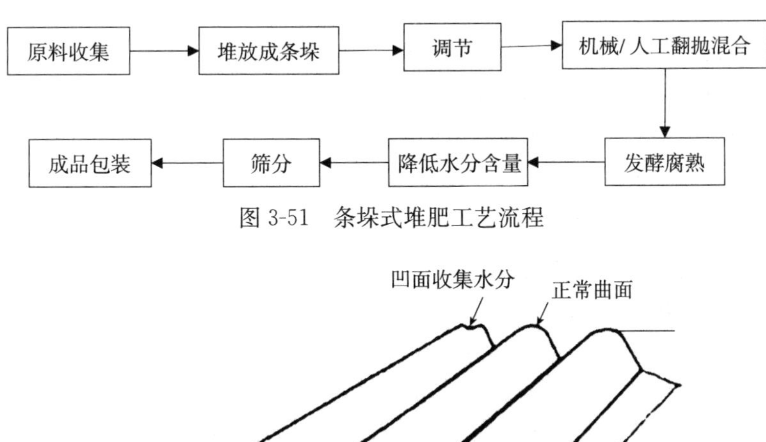

图 3-51 条垛式堆肥工艺流程

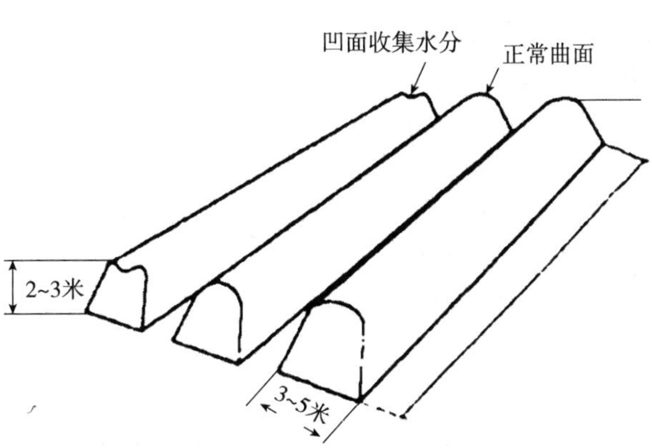

图 3-52 条垛式堆肥

况下进行发酵。条垛堆制的大小必须给予充分考虑，如果堆体体积太小，抗气候因素的能力弱，极易导致堆肥发酵中断，堆体自身温度散失较快，不能很好地维持高温阶段，导致腐熟不完全，从占地面积考虑，处理等量的废弃物，小堆体所需的土地面积更大；反之，如果堆体体积过大，通透性会减弱，堆体内部氧气含量低，容易发生厌氧发酵。最普遍的形状是宽3～5米、高2～3米的梯形条垛，也可根据规模而定。条垛之间留足间隙，以便于翻抛机操作，一般留0.8～1.2米。一次发酵周期为1～3个月。

（2）调节。条垛式堆肥运行中一般需要添加一定比例的秸秆、玉米芯、花生壳、蘑菇渣等调理剂，一方面降低物料容重及含水率，有利于好氧发酵；另一方面提供碳源，控制NH_3扩散，利于堆肥保氮。

调节主要是调节含水率和C/N。含水率过低会影响微生物正常的新陈代谢，不利于有机物分解和堆肥温度的提升；含水率过高则会堵塞堆肥物料中的孔隙，导致含氧量不足，影响发酵效率和有机肥的品质。C/N过高，氮素不足，导致微生物不能正常繁殖和作用；C/N过低，过量的氮素转变成NH_3引起氮素损失，并会污染环境。条垛式堆肥一般要求含水率为60%左右，C/N为30最佳。

物料含水率偏低，可添加污水、人粪尿等来调节水分；物料含水率过高，可以采用机械压缩脱水，也可以在场地和时间允许的条件下将物料摊开蒸发水分，还可以在物料中加入稻草、木屑、干叶等松散物或吸水物，还可以掺入调理剂，干调理剂对控制湿度较有利。

物料C/N过低，说明含碳量不足，可以补充碳含量高而氮含量少的材料，如秸秆、木屑、稻草等；物料C/N过高，说明含氮量不足，可添加畜禽粪便等高氮材料。

（3）翻堆。翻堆可以人工或采用特有的机械设备进行。翻堆频率受多种条件的影响，但初期显著高于后期。在堆肥开始的2～3周内一般每隔3～4天翻堆1次，然后1周左右翻堆1次。若以温度作为翻堆指标则更为合理，但有机质含量高的固体废弃物在初期则需要频繁翻堆，经济上不合算。翻堆要求内外相调，上下换位，以保证物料能均匀发酵。每次翻堆时应检查基料失水情况，根据天气情况加入少许水分，一般每次翻堆可按料水比（1∶0.1）～（1∶0.2）加水。翻堆后也应监测温度情况。定期翻堆条垛式堆肥系统一般堆在沥青水泥或者其他坚固的地面上。

3. 堆肥制品 堆肥制品必须符合《城镇垃圾农用控制标准》的规定；堆肥制品可按用途分别制成初级堆肥、腐熟堆肥和专用堆肥等不同品级；堆肥制品宜存放在有一定规模、具有良好通风条件和防雨淋的设施内。

（二）填埋

填埋库区的占地面积宜为总面积的70%～90%，不得小于60%。填埋场宜根据填埋场处理规模和建设条件做出分期和分区建设的安排与规划。

填埋场主体设施应包括计量设施、基础处理与防渗系统、地表水及地下水导排系统、场区道路、垃圾坝、渗沥液导流系统、渗沥液处理系统、填埋气体导排及处理系统、封场工程及监测设施等。

填埋场配套工程及辅助设施和设备应包括进场道路、备料场与供配电、给排水设施，生活和管理设施，设备维修、消防和安全卫生设施，车辆冲洗、通信、监控等附属设施或设备。填埋场宜设置环境监测室、停车场，并宜设置应急设施（包括垃圾临时存放、紧急照明等设施）。

填埋场必须进行防渗处理，防止对地下水和地表水造成污染，同时还应防止地下水进入填埋区。人工合成衬里的防渗系统应采用复合衬里防渗系统，位于地下水资源贫乏地区的防渗系统也可采用单层衬里防渗系统，在特殊地质和环境要求非常高的地区，库区底部应采用双层衬里防渗系统。

填埋物进入填埋场必须进行检查和计量。垃圾运输车辆离开填埋场前宜冲洗轮胎和底盘。填埋应采用单元、分层作业，填埋单元作业工序应为卸车、分层摊铺、压实，达到规定高度后应进行覆盖、再压实。每层垃圾摊铺厚度应根据填埋作业设备的压实性能、压实次数及垃圾的可压缩性确定，厚度不宜超过 60 厘米，且宜从作业单元的边坡底部至顶部摊铺，垃圾压实密度应大于 600 千克/米^3。每个单元的垃圾高度宜为 2～4 米，最高不得超过 6 米；单元作业宽度按填埋作业设备的宽度及高峰期同时进行作业的车辆数确定，最小宽度不宜小于 6 米；单元的坡度不宜大于 1∶3。每个单元作业完成后，应进行覆盖，覆盖层厚度宜根据覆盖材料确定，土覆盖层厚度宜为 20～25 厘米；每个作业区完成阶段性高度后，暂时不在其上继续进行填埋，应进行中间覆盖，覆盖层厚度宜根据覆盖材料确定，土覆盖层厚度宜大于 30 厘米。填埋场填埋作业达到设计标高后，应及时进行封场和生态环境恢复工作。

四、案例分析

（一）研究区域情况概述

1. 研究区域自然和社会因素情况 江苏省宜兴市大浦镇总面积 45.5 千米^2，总人口 3.4 万人，下辖 18 个行政村，2 个居委会，是江苏省新型示范小城镇和江苏省卫生镇。大浦镇位于宜兴市东郊 3 千米处，东濒太湖，属亚热带季风气候，四季分明，温和湿润，雨量充沛，年平均气温 15.5℃。

2. 生活垃圾产生状况调查 生活垃圾产生状况调查区域为宜兴市下属大浦镇沿太湖的 2 个行政村：洋渚村和渭渎村（距宜兴市城区约 15 千米），其基本的人口与经济状况见表 3-81。村民的收入来源均以第二、三产业为主（占 90%左右），与太湖地区农村现状一致，其中洋渚村有约10 000米^{2}第三产业经营面积。

表 3-81 研究区域人口和经济状况

项　目		洋渚村	渭渎村
总户数（户）		860	779
人口数（人）		2 640	2 580
暂住人口/常住人口		0.21	0.14
人口密度（人/千米^2）	全村域	1 015	683
	居住区	3 718	1 897

（续）

项　　目	洋渚村	渭渎村
村域总面积（千米^2）	2.60	3.78
人均年收入［元/（人·年）］	5 920	5 420

研究区域生活垃圾产生特征见表 3-82、表 3-83 和图 3-53。由表 3-82 可见，所调查的 2 个行政村的垃圾人均产生率差异较大。通过比较 2 个行政村的社会经济条件，可以发现，造成差异的主要因素是人口密度和人均耕地面积，二者都通过对村民生活模式的影响，而改变生活垃圾产生状况。居住区人口密度大，限制了村民由家庭养殖和自留地还田对垃圾的消纳量；耕地面积少则务农人口少，非务农人口消费品的外购量大于务农人口，产生的垃圾也多。这些与调查结果均一致。尽管如此，由于 2 个行政村生活垃圾产生途径仍基本相同，生活垃圾组成（表 3-83）接近；同时，在 2 个行政村所属的大浦镇 19 个行政村中，人口密度和人均耕地面积分别排列第三、十五位和第十四、四位。因此，这 2 个行政村的平均值基本可以代表研究区域的生活垃圾产生特征。显然，农村生活垃圾人均产生率和产生密度均远低于相同区位的城市，分别为城市的 1/5 和 1/75 左右；而组成则与之相近，均以食品类有机垃圾为主；且产生量的季节性波动也相似，波动的原因主要由蔬菜、果类消费的季节性变动所引起。

表 3-82　研究区域农村生活垃圾产生量

项目	洋渚村	渭渎村	平均
垃圾人均产生率［千克/（人·天）］	0.27	0.15	0.21
垃圾产生密度［吨/（千米^2·天）］	0.27	0.10	0.18

表 3-83　研究区域农村生活垃圾组成

单位：%

垃圾分类	垃圾名称	平均值
有机垃圾	食品垃圾	51.7
	草木	2.2
	小计	53.9
无机垃圾	灰土	4.3
	渣石	1.4
	制陶废物	10.4
	小计	16.1
废品	塑料	14.6

（续）

垃圾分类	垃圾名称	平均值
废品	纸类	8.8
	玻璃	2.1
	金属	0.4
	布类	3.2
	其他	0.6
	小计	29.7
毒害性垃圾		0.3

注：煤灰及煤渣石已由源头直接分流，生活垃圾组成不再包含该部分垃圾。

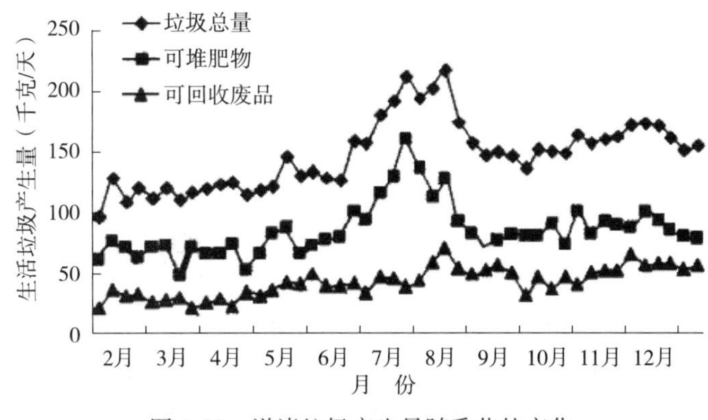

图 3-53 洋渚垃圾产生量随季节的变化

（二）研究区域自然通风堆肥技术简介

1. 生活垃圾产生量 农村生活垃圾的产生密度小，而垃圾无害化和资源化又要求处理达到一定的规模，因此需将垃圾集中至各村收集房处理。根据大浦镇的具体情况，各行政村的垃圾产生量为450千克/天，其中有机垃圾（可堆肥垃圾）占到53.9%，即242.55千克/天。考虑到垃圾产生量的浮动情况，村收集房堆肥厂处理容量设计为0.5吨/天。

2. 堆肥工艺 分流收集后需处理的垃圾有毒害、惰性、可堆肥3类：毒害垃圾应集中至当地县级市处理设施处置，惰性垃圾由各村自行进行填埋处理，可堆肥垃圾则集中至各村收集房堆肥厂处理后农用。考虑到提高堆肥销售率并提供销售赢利途径，应采用腐熟堆肥深加工为复合肥的方式。主要特点是：依托源头分拣，不再设预分选，条垛式自然通风堆肥1、2次发酵见图3-54，后分选并精制复合肥。

3. 经济可行性 根据11个月的实践情况，洋渚村生活垃圾收集与源头分拣成本核算见表3-84。经入户调查，村民对垃圾管理的支付意愿为每户每月3～5元，目前运行中的垃圾收集示范成本为每户每月3.4元，渴望通过村民缴费实现长效运行。

图 3-54 条垛式自然通风堆肥

表 3-84 农村生活垃圾收集分拣成本测算

项　目	费　用
收集分拣工人工资	500 元/月
水电费	30 元/月
设备维护费	20 元/月
合计	550 元/月
户均收集成本	3.4 元/（户·月）

注：服务户数为 163 户。

根据前述的技术方式和处理容量，农村生活垃圾运输和堆肥化处理及农家肥加工成本的测算结果见表 3-85（根据工艺按 0.5 吨/天处理规模做土建设计、设备选型及工程概预算的结果），成品与有机肥市场价比较见表 3-86。可见，通过复合农家肥成品销售平衡全厂成本（含运输）是有潜在可能的。

表 3-85 堆肥厂投资、运行成本概算

单位：万元/年

项　目	投资成本	运行成本
垃圾运输	0.47	0.19
堆肥处理	15.72	0.84
农家肥加工	12.47	1.71
合计	28.66	2.74

表 3-86 堆肥成品成本与有机肥市场价比较

产品类型	总成本与市场价之比	运行成本与市场价之比
堆肥成品（含运输成本）	2.64	1.14
农家肥成品（含运输、堆肥成本）	0.91	0.49

注：堆肥市场价以 100 元/吨计，农家肥市场价以 500 元/吨计。

农村生活污染治理技术推广政策建议

一、农村生活污水处理技术推广政策建议

（一）构建农村生活污水治理技术体系

（1）全面摸底和评估，建立农村生活污水处理设施数据库。针对全国已有农村生活污水处理设施的运行情况开展现状调查，摸清现有污水处理设施不能正常运行的数量及原因，结合现场实测运行结果，评估验证工艺的运行效果，反馈修改后期其他污水处理设施的设计。建立农村生活污水处理设施数据库，为农村生活污水处理工作的推进提供依据。

（2）成立农村生活污水治理技术推广平台和专家委员会。成立技术推广平台，提供治理效益好的典型案例，推广适用技术，形成适合不同区域的农村生活污水治理成熟技术库，为后续更多的农村生活污水治理提供优秀项目和实施模板。成立专家委员会，对农村生活污水治理的全过程、各环节进行技术支持把关，节约前期建设成本、把控质量、促进后期运行监管有章可循。组织开展农村生活污水污染源减排核查，加大农村生活污水处理技术研发和集约化处理设施推广应用。

（3）健全农村生活污水治理技术标准和规范体系。从设计、建设、运行、检查等多方面建立完善的农村生活污水治理技术标准和规范体系等。制定《农村生活污水处理技术规范》《农村一体化污水处理设备技术规范》《农村生活污水处理技术指南》《农村生活污水治理最佳可行技术清单》《农村生活污水处理设备评估技术指南》及《农村生活污水处理设施运行与维护技术导则》等技术标准和规范，严把质量关，保证农村生活污水治理工作全过程有章可循。

（二）完善农村污水处理资金投入机制政策框架

（1）高效区域统筹安排。农村生活污水处理项目往往投资额较少，居民住宅区域分散，无法形成规模效益，若按各行政村单独立项审批实施，会导致县域范围内类似小型项目居多，前期费用翻倍增加。因此，政府应由县级相关主管部门统筹安排，成立项目实施领导小组，将农村生活污水处理项目整体打包，将县域范围内的农村生活污水处理项目进行捆绑实施，统一规划、统一建设、统一运行、统一管理，提升项目的规模效益，提高项目收益能力，吸引较多的社会资本。而且，采用项目整体打包立项的办法，还可以降低前期各类咨询费用，节省人力、物力，提高审批、实施效率。

（2）加强政府专项资金整合。地方各级政府要统筹整合相关渠道涉农资金，加大投入

力度，保障农村生活污水处理设施建设和运行资金支持。支持地方发行政府债券，引导政策性金融机构提供优惠贷款，鼓励以各县（区）政府为单元推行农村生活污水处理公私合营（PPP）项目，并采取厂网一体化模式。积极引导信贷资金和社会资本参与农村生活污水处理设施建设和运营。

（3）建立合理的运营补偿机制。加大对农村生活污水处理设施项目建设和运营的扶持力度，落实用地、用电、设备折旧等支持政策。健全价格调整机制，对于收费不足以维持设施正常运营的，各县（区）政府可根据有关规定给予补贴。鼓励银行为符合条件的第三方专业服务机构开展应收账款、收费权质押贷款等金融服务。

（三）建立有效监管制度

（1）建立国家农村环境监管平台。利用先进的物联网技术、大数据技术等，统筹规划，建成涵盖农村污水水质监控预警、信息共享、业务管理、应急指挥、科学决策、公众服务于一体的专业化、智能化、图文化的综合监管信息平台，实现水质监管可视化、业务管理一体化、数据资源集成化、监测评估常态化、管理决策科学化。

（2）建立多方协同的管理体系。农村污水治理属于公共服务的范畴，必须由政府主导推进、组织和监管，才能保证实施的效率和实施的质量。完整的农村污水治理设施包括室内排水设施（厕所等）、室外排水设施（公共排水）、污水处理和污泥处置设施（污染削减）以及尾水向河、湖等水体的排放，农村污水治理需满足卫生健康、人居环境改善和生态环境保护的要求。在污水治理中，可能会采用沼气技术，产生的污泥可能会最终还田。建议农村污水治理的技术组织和管理统一由行业管理部门负责，由环保部门负责对农村污水的环境排放进行监管，其他部门按照相关职能进行监管和配合。

（3）引入第三方专业化管理。缺乏专业的人才来管理、维护、监管这一批污水治理设施，出现损坏、障碍的情况不能及时知晓和维修。这是许多农村污水治理的难点。为了真正发挥好农村生活污水治理工程的效用，除了设立专门的管理机构，出台具体的管理办法外，政府还应积极引入第三方管理维护，填补在管理、维护上的技术与人才短板。

（4）完善农村污水用电、税收制度。农村污水处理系统中，日常运行费用中电费支出占较大比重。目前，许多地方农村污水用电费用相当于一般工商业用电费用，造成了乡（镇）负担过重的问题。建议将农村生活污水工程设备用电从一般工商业用电价调为居民生活用电价，减轻相关电费负担。此外，对相关企业税费政策等进行优化，降低污水治理成本。

二、农村生活垃圾处理技术推广政策建议

（一）建立村庄保洁制度

每个行政村原则上落实1名专职清运人员，负责用机动三轮车将本村不可回收的生活垃圾运送至本乡镇垃圾中转站；每个村民小组原则上落实1名保洁人员，负责本组院落垃圾池垃圾收集，负责本组垃圾分类处理池垃圾分类，负责本组道路、重要场所清扫保洁、垃圾捡拾、沟渠垃圾清理等工作。

（二）推行垃圾源头减量

适合在农村消纳的垃圾应分类后就地减量。果皮、枝叶、厨余等可降解有机垃圾应就近堆肥，或利用农村沼气设施与畜禽粪便以及秸秆等农业废弃物合并处理，发展生物质能源；灰渣、建筑垃圾等惰性垃圾应铺路填坑或就近掩埋；可回收的废品垃圾，如金属、塑料等垃圾，由保洁员收集变卖，出售所得归保洁员所有；垃圾分拣是劳动密集型工作，可将拾荒者组织起来，成立拾荒者合作社，创造大量就业机会；有毒有害垃圾应单独收集，送相关废物处理中心或按有关规定处理。

（三）完善基础设施设备建设

垃圾的收运主要包括收集和清运两个方面，在这个过程中，垃圾处理设施的完善和环保机构的建立十分重要。整治村容必须从解决农村的生活垃圾入手，只有生活垃圾的问题得到解决，农村人民的生活环境才会得到改善。依据“布局合理、方便群众、便于转运”的原则，完善生活垃圾设施的布点建设。在村组院落适当位置设置院落垃圾户投池，5户左右1个；1个村民小组修建1个垃圾分类处理池，配置1辆人力三轮车；配齐中转站转运箱，1个中转站配备1辆转运车。

（四）落实资金筹措与投入

实行“财政补助一点、乡镇及村安排一点、社会统筹一点、受益村民出一点”等多种渠道筹集，鼓励广大农民群众投工投劳，充分调动村民参与环境治理、保护环境的积极性。设施设备一次性投入经费由市财政承担，维护、更换由乡镇负责；保洁人员经费可通过收取农户卫生费、企业清洁费、社会捐助以及市、乡镇财政共同补贴予以解决。垃圾中转所需经费可通过乡镇财政承担、市财政补助予以解决。

（五）健全管理机制

实行目标责任制，由市政府与各乡镇及相关部门签订目标责任书，将此项工作纳入年度目标考核；形成市级干部帮镇带村、乡镇干部帮村带组，一级抓一级、层层抓落实的工作格局；由市环境综合整治办公室（市农村生活垃圾处理机制建设工作领导小组办公室）、市政府目标管理办公室、市委督查室、市委农村工作委员会组成联合检查组，对各项工作进行督促检查与考评，考评结果要向全市通报。对工作开展不力、效果不佳的单位要进行曝光，并依据各级相关规定，启动问责程序，对责任主体实施严格问责；对工作开展得力、效果明显的单位要进行应有的奖励。

图书在版编目（CIP）数据

农业农村面源污染防控技术 / 张庆忠，梅旭荣，朱昌雄主编．—北京：中国农业出版社，2020.2
ISBN 978-7-109-25827-3

Ⅰ．①农… Ⅱ．①张… ②梅… ③朱… Ⅲ．①农业污染源－面源污染－污染防治－研究－中国 Ⅳ．①X501

中国版本图书馆 CIP 数据核字（2019）第 183182 号

中国农业出版社出版
地址：北京市朝阳区麦子店街 18 号楼
邮编：100125
责任编辑：阎莎莎　文字编辑：史佳丽
版式设计：王　晨　责任校对：沙凯霖
印刷：中农印务有限公司
版次：2020 年 2 月第 1 版
印次：2020 年 2 月北京第 1 次印刷
发行：新华书店北京发行所
开本：787mm×1092mm　1/16
印张：19.75
字数：460 千字
定价：78.00 元